L O C U S

LOCUS

LOCUS

LOCUS

from 59 科學的9堂入門課

The Canon

作者：娜妲莉·昂吉兒（Natalie Angier）

譯者：郭兆林·周念縈

責任編輯：湯皓全

校對：呂佳眞

美術編輯：蔡怡欣

法律顧問：全理法律事務所董安丹律師

出版者：大塊文化出版股份有限公司

台北市 105 南京東路四段 25 號 11 樓

www.locuspublishing.com

讀者服務專線：0800-006689

TEL：(02) 87123898　FAX：(02) 87123897

郵撥帳號：18955675　戶名：大塊文化出版股份有限公司

總經銷：大和書報圖書股份有限公司

地址：台北縣五股工業區五工五路 2 號

TEL：(02) 8990-2588（代表號）　FAX：(02) 2290-1658

排版：天翼電腦排版印刷有限公司　製版：源耕印刷事業有限公司

初版一刷：2009 年 5 月

定價：新台幣 280 元

Printed in Taiwan

THE CANON
科學的9堂入門課

Natalie Angier 著
郭兆林．周念縈 譯

目次

獻給瑞克——6.5×10^9人中，我的他！

導論
大力士來唱歌

當姐姐的老二也過十三歲時，她說一家人最常流連忘返的科博館與動物園，以後不用再辦會員證了。她解釋那是小孩玩的地方，但是現在兩個小孩的品味比較成熟，喜歡更上乘的娛樂消遣，如美術館、劇院與芭蕾舞等等。這不是很好嗎？孩子的身子拉長了，注意力也隨之增長，可以安靜坐幾個小時欣賞「馬克白」，不會一直偷摸椅子底下有沒有口香糖；不會再將科展台打得乒乒乓乓、用力敲按鈕製造地震，或是使勁搖把手，以便體驗牛頓的運動定律（或其它東東……反正沒有人去看說明，只是常會以為東西弄壞了，急著向媽咪討救兵）。現在，他們不再模仿大猩猩、熱烈討論北極熊的體形架構，或者對駱駝的那一大沱口水好奇得不得了。噢！光陰的步履輕盈飛揚，瞧孩子的靴頭已多麼帥勁挺拔。這種中產階級的成年儀式司空見慣：從白眉猴到莫迪利亞尼（Modigliani），從雷克斯龍（*Torex*）到伊底帕斯王（*Oedipus Rex*）。

從分貝大小也可看出這層轉變。動物園與自然科學博物館總是吵吵鬧鬧，喧嘩之聲不絕於耳。劇院與美術館則是輕聲細語，要是觀賞時閣下的手機膽敢響起一丁點貝多芬的來電鈴聲，尤其是還白目到接電話時，其它觀眾早就捲起**節目單**打人啦。大家總以為，親近科學是留給年紀小小的過動兒，這是當生長激素急速分泌時能稍稍引人駐足的遊戲，等到哪天巴黎的馬蒂斯與畢卡索畫展，比起電影院裏的蜘蛛大戰更具吸引力時，就是大腦處女秀的時候了：來啊！來捉我啊！別忘了帶普魯斯特（Proust）來喔！

我當然利用機會好好唸了姐姐一頓。妳在說什麼啊？只因爲小孩長大了，就不用再管科學了嗎？妳覺得學科學到這種程度就足夠了嗎？他們已經知道宇宙、細胞、原子、電磁學、晶簇、三葉蟲、染色體，以及連史帝芬・傑・古爾德（Stephen Jay Gould）說他也搞不懂的傅科擺嗎？那妳怎麼解釋那些詭異的眼睛錯覺，讓人一次只能看見一個花瓶或兩張臉孔，但絕對不會同時看到花瓶**與**臉孔，不管如何擠眉弄眼、硬要同時看兩邊，不行就是不行！妳的孩子眞的準備要將宇宙種種謎團拋在腦後嗎？我兇巴巴地問：眞的嗎？

我的聲音拉高了，就像每次自以爲是正義的化身時一樣。早已習慣的姐姐不以爲意，她隨口說會員費很貴吶，而且孩子們在學校學的科學夠多了，還有一個想當海洋生物學家呢！至於她自己呢？她說都有公共電視啊，問我何必那麼在意。

因爲我腦子淸醒啊！我嘀咕著。給我機會，我會證明的。

雖然我氣呼呼，但是不能怪姐姐決定將與科學少有的聯繫切斷。老實說，雖然像奧瑞崗科學工業博物館滿不錯的，但是受到熱列歡迎的「人體奇觀」特展，顯然也是專爲年輕孩子的品味所設計的。

小學是人生中大家都要念科學的時期。一旦上中學後開始風雲變色，科學成爲少數教士的禁地，鮮有人想越雷池一步；小時候參觀「人體奇觀」的眼界大開與促狹歡樂，長大後反倒變得噁心無比。在美國，喜愛科學的青少年被冠上許多嘲弄的綽號，像怪胎、書呆、蛋頭、傻瓜、瘋子、（白）老鼠，以及新近流行的「自閉兒」，還有很難聽的「匹伯」（peeps-pocket protectors，口袋保護者）、「秀逗」（dogs-duct tape on glasses，用膠帶黏貼眼鏡）或是「俗仔」（losers-last ones selected for every sport，遊戲時最後被挑中的人）。另一方面，不喜歡科學的青少年就是正常人，會特別強調自己是「傢伙」（guys）。他們通常很容易就能分出自己人與科學怪胎，萬一有丁點疑問時，會趕緊宣稱自己是如假包換的「傢伙」。有一次我走在兩名約十六歲少女的背後時，發現了這一點。

A女問B女：妳媽媽做什麼工作呢？

「哦，她在貝塞達的NIH工作，」B女回答：「她是科學家。」（NIH是美國健康研究院。）「啊哈！」A女說。我等著她加上「哇，了不起！」「好厲害喔！」「超酷的！」，或是再追問這位能幹的媽媽是專長哪門科學。但是隔了一兩秒後，A女吐槽說：「我討厭科學。」「對啊！妳又不能挑爸媽。」B女邊說邊撥弄灰棕色髮絲：「不管這了，你們傢伙週末要幹嘛？」

長大後，書呆子與一般人的隔閡越來越深，甚至蔓生荊棘，很快就難以跨越。當我的美髮師說他要去波多黎各玩時，因爲我前一年夏天正好待在那裏，便推薦他去島上西北邊的阿雷西波無線電望遠鏡。他看著我，好像我叫他去參觀洗衣粉工廠一樣。他問：「我幹嘛去**那裏**啊？」

我說：「因爲那是全世界數一數二的大望遠鏡，好像一塊亮晶晶的水果盤鑲在山谷，而且還對大眾開放呢！」

「啊哈！」他剪掉我的一大塊劉海。

「因爲那邊的科博館很棒，讓你更懂宇宙學？」

「你知道我不是熱愛科技的人，」他說。咔嚓、咔嚓、咔嚓、咔嚓、咔嚓。

「因爲它出現在茱蒂‧佛斯特（Jodie Foster）主演的電影《接觸未來》（*Contact*）？」我急忙摸著頭。

但那把利剪停不下來。他說：「我不是茱蒂佛斯特的粉絲耶，不過我會列入考慮啦！」

當我回家後，先生掩不住訝異說：「親愛的，妳的頭髮怎麼了？」

說實話，我每次都得處變不驚。不然怎麼辦呢？我是科學作家，一輩子做這行幾十年了，我得承認我愛死科學了。這份迷戀從小開始，我對美國自然歷史博物館是百逛不厭。後來念新水牛城一所迷你中學時稍稍擱置熱情，因爲那時學校經費窘迫，一個老師得當幾個人用，所以足球教練還兼任生物、化學、歷史教師。不過，這個累得半死的教練從未失去幽默感，有一天早上我帶著生物作業要繳到他桌上，那是釘有二十幾隻昆蟲的標本，但我發現螳螂、聖甲蟲、天蛾都還沒有完全死掉，而是在釘子下絕望蠕動時，我發出驚叫聲，將整個東西丟到地上。老師睜大眼睛笑嘻嘻看著我，說他**等**不及看我解剖小豬了。

在大學時，我又重拾昔日對科學的熱情，再度點燃本生燈的藍色火苗。我修了許多堂科學課，雖然我立志當作家，而同好們也很好奇我幹嘛要修什麼勞什子物理、微積分、電腦、天文及古生物學的。我自己也覺得很奇怪，因爲我不是天生吃實驗室飯的傢伙。但是我去上課、左敲右打、詛咒發誓、拉扯頭髮，我繼續念下去。

「喂，妳這麼想文武雙全啊？」朋友說：「妳做這些腦力大考驗要幹嘛？」

「我不知道。」我說：「我喜歡科學也相信科學，科學讓我很樂觀，讓生命很帶勁。」

他問我爲什麼不去當科學家就好了，我告訴他要保持距離才有美感。而且我不會是很好的科學家，我有自知之明。

所以妳會變專業的鑑賞家嘍？他問。

夠接近了，我變成了科學作家。

那麼，如今我已經探到科學的肌理了，還是軟骨、叉骨、表皮或是屁股呢？當科學作家已經有二十五個年頭了，我雖然熱愛科學，但每次總是被迫看清楚科學與人世間多麼疏離隔閡，科學怪胎的形象已深植人心，大人們總把科學當作是小孩子才要學的東西。每當我介紹自己的職業時，總是聽到這句話：「科學作家喔？我從中學當掉化學後，再也沒碰科學了。」（排名第二的回答是「我從中學當掉物理後……」。）加州理工學院的化學系教授芭頓（Jacqueline Barton）對這些話熟到不能再熟，她覺得滑稽的是，發誓自己的化學成績不是「馬馬虎虎」而是「一敗塗地」的人，竟然多到不可勝數！即使經過多年的分數膨脹，也不能去除美國人認爲大家的化學成績都是F的印象。

科學寫作也一樣，處於文學與新聞寫作的邊陲地帶，不僅形式上有所區分，如《紐約時報》（*New York Times*）每週另闢科學專刊，形勢上也多被忽視，包括著名的媒體《哈潑》（*Harper's*）、《大西洋報》（*Atlantic*）、《紐約客》（*The New Yorker*），甚至讀者具有準怪胎特質的「沙龍」（*Salon*）網路雜誌也不例外。我曾經看過閱讀調查報告，知道《紐約時報》每週最常被整疊抽出來的是星期二的「時報科學」。而從好心的親朋好友口中，我也知道許多人是直接將整份專刊丟掉，碰都不碰。「不沾鍋」當中有些人甚至是在《紐約時報》裏工作，像是幾年前有位編輯小姐懇請總編輯鼓勵科學版的員工，於是總編輯送來一份備忘錄，表示他每次都萬分期待週三出刊的「時報科學」。當我剛開始爲報紙寫作時，我對專欄作家威廉・薩菲爾（William Safire）介紹自己是科學記者，他說：「那麼，我每週四可拜讀大作嘍？」諾貝爾獎得主哈洛・瓦默斯（Harold Varmus）告訴我應該回答：「對啊！如果您四十八小時後才看報紙的話。」

唉！好傷心！好痛心喔！誰都不想被當局外人或邊緣人，沒有人願意被大家當掉，除非是中學上化學課時，因爲大家都被當掉。我得承認，每當聽見別人說「誰在乎」、「誰懂啊」、「我就不會啊」，我都覺得自己失敗了。HBO有個還不錯的影集叫「六呎風雲」（*Six Feet Under*），有一集劇中有個女孩說打算修生物基因學，男朋友回她說「無——聊」。這段劇情讓我很在意，難道那個傢伙沒有聽過我們正活在「生物的黃金年代」嗎？他也覺得佩利克利斯雅典（Periclean Athens）很「無——聊」嗎？當公公看完我寫的一篇有關基因與細胞的文章後，說覺得很有趣，但認眞問我：「基因和細胞哪個比較大？」我心想「慘了」，如果我連最簡單的生物學都講不清楚（細胞小歸小，但每個細胞都容得下人體全套二萬五千個基因及長串的基因序列），那我還有什麼好誇口的呢？還有一次我寫了一篇講鯨基因的文章，編輯要我確認兩點：(a)鯨是哺乳類；(b)哺乳類是動物。我又心想「慘了」（而且這次應該用二十六級粗體字畫線強調）：可怕啊！沒有人懂得科學；可怕啊！沒有人關心科學。

我聽起來自怨自憐，將酸葡萄化爲自我防衛的哀嚎嗎？當然不，哀嚎可以蛻變成反擊。如果我要寫一本基礎的科學書，首先要確定有此需要，然而我確信如此。如果我相信需要有一本啓蒙書，帶領大家好好瀏覽科學的風光，那麼我必須相信世上有一堆未開發的阡陌良田，一大片未耕耘的科學荒漠，還有科學文盲、科技恐懼症的存在，以及有眼神呆滯、將鯨的哺乳權莫名幹掉的情況發生。在大眾眼裏，科學看來無聊、古怪、艱澀、抽象、邊緣，而且情況越來越糟糕。二〇〇五年在九百五十名十三至十六歲受訪的英國學生當中，有百分之五十一的人表示自然科「無聊」、「不懂」、「難死了」，年級越高這種感覺越強烈。只有百分之七的人認爲讀科學的人「很酷」，而要求從名單中選出最有名的科學家時（人選包括愛因斯坦與牛頓），許多人回答是「哥倫布」。

科學家會很快承認這都是自己的錯，認爲自己應該對大眾的科學過敏症負擔一些責任。他們說：我們失敗了，不能好好對大眾說明科學家的工作。對於教育下一代，我們自己的情況也很悽慘，因爲研究太忙碌，必須發表論文、寫計畫要錢，我們被制度懲罰，嚴苛的學術升等之路讓人只能一心專注研究，其它事情則愛莫能助，包括教書、大眾教育，或是寫暢銷書並改編成節目到公共電視的「地平線」（*Nova*）播出。此外，少有科學家的文筆像「弦論之王」葛林（Brian Greene）一樣優雅美妙，不是嗎？以上宣告科學家確定有罪：沒有盡到啓蒙外行人的責任。

這裏要問個好問題：有需要著手改變嗎？如果大多數人不懂科學或科學思考，有什麼關係呢？如果普通人如喬伊或蘇菲等不知道離地球最近的恆星名字（太陽），或是番茄有沒有基因（有），或是爲什麼手不能穿過桌面（因爲兩者的電子會互斥），這些到底有啥關係呢？就讓專家當專家吧！讓心臟科醫生知道如何修補動脈，生物學家知道如何分析膠體，噴射客機駕駛知道在你起身上廁所的那刻，將「繫好安全帶」的燈號點亮……爲什麼我們其它人不能好好地剪折價券或減卡路里就好了呢？

之所以要喚起大眾對科學的意識，期盼與科學思考的關係更加順暢，其中的原因不可計數，不過許多理由已是老生常談，喊到聲嘶力竭了。最常用的原因包括生活中有許多重大的議題具有科學內涵，例如全球暖化、替代能源、胚胎幹細胞研究、飛彈防禦系統，以及乾洗業的限制等。因此，擁有科學內涵的公民可做更明智的選擇，投票給具有蘇格拉底智慧的政治人物，要求他們能夠明白囊胚、胎兒與牙科矯正醫師之間的差異（第一項是五天大、中空的細胞團，從中可取出幹細胞，理論上能夠培養成需要的身體組織或是器官；第二種是發展中的小生命，已經在媽媽的子宮裏著床；至於第三者，則是公司的牙科保險計畫永遠不會包括的項目）。

另一種理由是認爲有科學知識的大眾，較不會受迷信、僥倖心態、謬誤與欺拐所騙。人們會了解星座學背後所持的道理很可笑，也會明白當醫生、助產士或是計程車司機幫忙接生時，施用的力氣比起太陽、月球或任何星球在嬰兒誕生那刻所施的引力大上千萬倍。人們會明白中國餐廳的幸運餅所帶來的財運，若不是電腦寫的，便是皇后區華頓食品（Wonton Food）的員工想出來的。大家也可以計算中樂透的機率，便知道機會是小到多麼荒謬可笑，於是決定終生不再買彩券（只是全美有三十州的教育經費也會完蛋了）。這個數字可不是笑話，若是全美突然被一股理性思考的狂潮所席捲，政治人物可能得採用非常的手段來彌補公益彩券與老虎機的收入，或許還得加稅呢！

瓊絲（Lucy Jones）是加州理工學院的地震學家，她太淸楚人們對理性有多抗拒，又多麼輕易會跳進兔子洞裏尋找定理、陰謀論，以及兔子的影蹤。有一頭桃色短髮的瓊絲年約五十，她熱心又富朝氣，是美國地質調查會（USGS）負責南加州的責任科學家，推廣地震防災應變教育。

她也是USGS指派的「沙包袋」，當南加的大陸板塊發生天搖地動時，負責回應媒體連珠砲的發問，並因應處理大眾的恐慌。和世界各地的地震學家一樣，她努力提升地質學家預測大地震的能力，期盼能找出早期警訊，以便及時撤退居民，或是採取各種措施來保護住家，還有保護一九六四年世界博覽會一套珍貴的高球雞尾酒杯（Highball Glass）。瓊絲聽過的地震迷思不可勝數，這些光怪陸離的說法包括有魚類能預感地震來襲，或是大地震只有在清晨才會發生等等。「人們常會記住清晨發生的地震，因爲這些地震將人們搖醒，讓大家最害怕。」瓊絲說：「當資料顯示晚上六點和早上六點一樣容易發生地震時，人們仍然會堅持清晨發生地震的說法一定有道理，因爲媽媽、阿嬷以及叔公米爾頓都說這是千眞萬確的事。或者人們會將『清晨』重新定義成從午夜到中午，於是這樣就對了：許多地震都是發生在凌晨十二點到中午十二點，米爾頓叔公說的沒錯！」

大眾也相信地震學家其實已經會預測地震，但會有所隱瞞保留，免得造成大眾恐慌。

「有位女士寫信給我，她說：『我知道妳不能告訴我下次地震何時發生，但可不可以告訴我何時會送小孩到外地的親戚家去呢？』她認定我會偷偷用行內消息來保護家人，卻不肯透露給大眾知道。人們寧願相信是權威或當局說謊，卻不願相信科學的不確定性。」瓊絲指出，只要受過基本的科學訓練，人們會了解「科學」與「不確定性」在辭典裏應有關聯。她送小孩到外地親戚家玩只有一個理由，那就是去外地親戚家玩。

許多科學家也認爲外行人應該多了解科學，才會體認到科學產業對於國家的經濟、文化、醫療與軍事前景有多重要。地球正迅速變成一個由科技主宰的世界，在這個全球化的科技世界村中，若具備科學與科技能力，將對個人的社經地位存續有致命關鍵。「在工業革命後的西方世界中，閱讀成為人類溝通的基本過程。」瓊絲表示：「若不能閱讀，不僅無法參加一般交談，更別說是找工作了。」

「我們此刻也正面臨一種轉變。」瓊絲說：「在現代世界中，理解能力與掌握科學將變成人人都需要的東西。」

不單單是科學家相信卓越的科學是美國最強大的力量之一。科學與工程技術為生活帶來諸多便利，例如積體電路、網際網路、蛋白酶抑制劑、降血脂藥、噴油罐（門樞嘎吱時也適用！）、魔鬼氈、威而鋼、夜光黏液、一份兒童疫苗注射表（讓懶惰想逃課的學生，除了「持續性哈利波特式頭痛」之外，找不到其它好藉口不上課）、以水果命名的電腦系統，還有用帶刺的節肢動物或以印第安部落命名的先端武器系統。

然而，科學卓越的未來不只是要會應用科學。更需要願意支持基礎研究。這些未來式的研究可能得花上數十載時間，才有結果可發表、有產品可上市，並生產出有用的研究生。科學家與支持者主張，如果大眾能更深入了解科學，將促使政府提高科學年度預算，還有增加長期與開放性的研究獎助，以及投資更多的科學基礎設施，特別是讓實驗室裝置更好的點心販賣機。大眾將體認到今日基礎的科學研究，將有助於明日的繁榮昌盛，更不用說能解開生命與宇宙的奧妙。還有，天才與意外發現是無價之寶，縱使硬要說出價格，絕對超過政府現在每年撥派的科學經費。

是的，讓我們寵愛今日的科學家，培養明日的夢想家。當我們營造對科學更友善的氛圍時，肯定會鼓勵更多年輕人立志以科學為業，讓國家保持最佳戰鬥狀態，抵抗印度與中國等企圖心旺盛、人多勢眾的新興國家。我們需要更多科學家！需要更多工程師！然而年復一年，越來越少美國學生選擇念科學，雖然相關工作的機會急速增加，但誠如美國科學委員會顧問小組在二〇〇四年對國會提出的警言：「我們發現到美國公民接受訓練成爲科學家與工程師的人數有減少趨勢，這種現象引人擔憂。」目前，美國高等科學與工程學位有超過三分之一是授與外國學生，一半以上的博士後研究更是由外國人擔任。雖然在科學機構裏充斥國際臉孔並沒有錯，但是外國學生常會選擇帶專業訓練回偉大的祖國。科委會指出：「這股趨勢將威脅本國的經濟利益與安全。」

當有廣大的就業市場可供選擇，而相對上研究工作的報酬又如此低廉的情況下，誰能怪美國人躲避科學呢？在接受十年以上的高等教育後，博士後研究員或許可賺到四萬美元，往後也僅能在五位數的年薪中掙扎。諾貝爾獎得主與加州理工學院前任校長巴爾的摩（David Baltimore）對此有所觀察，他早年的研究生涯多是在麻省理工學院度過，見證了上流階層是如何堆砌打造人生。當時他的女兒就讀麻州安多佛著名的菲利普預校，該校擁有最棒的科學課程，「但是沒有安多佛的畢業生上麻省理工學院，」大衛說：「會數學的畢業生去當股市經紀人了，貴族科學家眞是鳳毛麟角噢！」

除了提高報酬，科學需要更多的認可。科學倡導者堅持，若大家把科學看得更燦爛、更光鮮、更先端的話，或許能吸引更多人投入，讓更多聰明的年輕人以及更多靈巧的雙手，願意接連二十個小時操作吸量管。芬柏（Andy Feinberg）是約翰霍普金斯大學的基因學家，他表示：「我成長時情況大大不同，那是蘇俄太空衛星升空的時代，是太空競賽的年代，每個人都被科學深深吸引。大家認爲科學很重要，覺得很興奮、很酷。我們現在得重新激發這股精神，對發現文化的重視會帶領國家向前邁進，我們是輸不起的！」

這些都是重要有力、慷慨激昂的論點，極力呼籲大眾對科學更加重視。我衷心希望更多年輕人變成科學家，尤其是帶有我的DNA、又可扣抵稅額的女兒。我也樂於見到每年十一月選舉時，投票的民眾可做更明智周全的選擇。

還有，誠如諾貝爾獎得主與德州大學物理系教授魏恩伯（Steven Weinberg）指出，許多科學觀點的議題不能單獨由科學決定。他說：「讓我受不了的是，當談到是否採用反彈道飛彈防禦系統等爭議時，政治領導人除了不懂X光雷射，更不讀歷史！」科學眞的能單獨決定像應否從人類囊胚抽取幹細胞等議題嗎？科學可以說：沒錯，囊胚是人，裏面有人的DNA。但是科學不能告訴我們該如何嚴肅看待囊胚，也不能獨斷爭議。若有合法管道進行幹細胞研究，說不定有朝一日能找出治療的新管道。不過，受多發性囊腫或帕金森氏症所苦的病人，和囊胚對未來的「權益」，究竟何者重要呢？科學無法就這些議題爲我們做決定，這是良知、政治、宗教信仰的問題，以及大家互相詛咒對罵的事情。

總而言之，我不確定了解科學可否讓人變成好國民、找到好工作，或是避免一時失去理智而買了一條白皮褲……我不是實證主義者，講不清吃花椰菜該用哪種牙線之間的辯證關係，但我知道對於成年人而言，再怎麼嚴重的中年危機，也不會在一夕之間變成科學家。那麼若不是科學家，便不「**需要**」了解科學嗎？就像凡夫俗子也不「需要」去博物館或聽巴哈，或讀一段莎士比亞該諧有趣的十四行詩；也不「需要」遊歷外國，或去沙漠峽谷健行，或在無雲無月的夜晚出外飲用星光香檳而醉倒了嗎？

我認爲並非如此。了解科學的目的，與其說是有實際用途，倒不如說是滿足神經飢渴。**當然**，人人都應該了解科學，只要突觸有空間容納的話。科學不是一件物品，更不是單線思考。科學是人類經驗匯聚而成的汪洋大海，是這個星球上最聰明的生物所創造出來的精華所在。如果沒學會游泳一定會後悔，只要游過這片大海將會終生不忘。

當然應該了解科學，就像是蘇西（Seuss）博士建議大家唱歌遊戲，因爲這些事情很有趣，而有趣是好的！

爲什麼博物館很有趣？爲什麼孩子們會喜歡科學？這些都是有道理的。科學很有趣，不僅僅是「把玫瑰放進液態氮後，丟到地板會破碎」那種「爆炸性」的有趣（雖然這也是啦！），更是因爲豐富的點子很有趣，因爲看透事情的表面很有趣，因爲了解箇中道理的感覺很好，這些都是應該擁抱科學的原因。

波斯坦（David Botstein）是普林斯頓大學的基因學家，他說：「念大學時，我和父親爭吵，他要我當醫生，我想要當科學家。我淸楚告訴他，我不會上醫學院，事實上我已經開始做一些很有趣的DNA研究了。有天晚上父親一位好友來訪，他也問我到底想幹嘛，哪有什麼比人體學及接合骨頭更有趣的工作呢？後來我們都喝了一點酒，我對他解釋DNA的結構與意義。那時是一九六○年左右，分子生物學才開始起步而已。在我們談話結束時，父親的朋友抬頭對我說：『你是世上最幸運的傢伙了，人家付錢讓你玩耶！』」

蓋里森（Peter Galison）是哈佛大學物理史教授，對於大眾覺得科學毫無樂趣可言，他覺得非常驚訝。他說：「要費盡工夫才能淪落到這步田地。小時候，我從來沒有遇過有小朋友不認爲科學很有趣，但是這些年來教科書冗長沈悶、插圖很無趣，讓科學變成無字天書，與人們日常生活脫離。我們竟然讓許多人相信，曾經是世界上最迷人有趣、最理所當然的東西，跟自身存在完全沒有關係。」

當然嘍，受訪的科學家爲科學的樂趣做見證並不令人意外，他們的經費充裕且成就非凡，本來就會把世界看得很美好。但我也認識許多非常成功的作家，認爲自己一點也不幸運，而是命運悲慘、受詛咒的生物，當作家完全是只能靠這行吃飯、別無選擇的緣故。小說家與散文家湯瑪斯・曼（Thomas Mann）抱怨道：「寫作這檔事，對作家來說比一般人更困難。」寫喜劇故事的卡爾・海森（Carl Hiaasen）說：「當我寫了一上午回家吃午飯時，我太太說我看起來像是剛從葬禮回來一樣。」藝術家大衛・沙爾（David Salle）對《紐約客》的珍妮・梅爾康（Janet Malcolm）訴說畫家生涯的悲慘：「我發現這太困難了，好像是拿自己的頭撞牆。我覺得別人都可以輕鬆畫好，過個愜意無比的人生，而我必須待在這個恐怖的小房間受盡折磨。」當然，研究科學並不輕鬆，而且別被科學家的短褲、T恤騙了，他們的世界競爭激烈。不過，科學家總是訴說自己有多好運、多快樂，他們也不藏私，很樂意與大家分享快樂。

蓋里森說：「是的，我們搞砸了。我們將大石頭推到山丘上，讓人們覺得科學無聊透了。」但是對於山丘頂上的那個大石頭，我有話要說：它蘊藏許多潛能，正渴求被釋放呢！只要幾把鏟子，肩膀再使點勁，大石頭可望從不自然的束縛解脫，遵守牛頓力學轟隆隆朝地面翻滾而下。

這本書是我小小的嘗試，希望能略盡棉薄之力，推動那塊石頭，釋放科學美麗的動能，引起世人的驚豔與注目。

也許你是從中學當掉物理（因爲穿睡衣帶昆蟲標本去交，或是期末考晚到一小時……）可怕的那年後，再也沒有碰過科學的人；或者你是在大學爲了達到修課規定，而選修諸如網路約會之演化心理學這類課程，卻很遺憾自己仍然分不清什麼是質子、光子與呆子的話；或者你只是越來越好奇，卻不知道打從哪裏開始的人；或許，你覺得「開始」頗有道理，但是屬於誰的開始呢？不是孩子數指頭那般隨便或讓人不好意思的開始，而是屬於成年人的開始，是你與科學之間展開平等關係的開端。在你舉起手來抗議並哭訴「我 vs. 科學」是不公平的競賽時，容我說明，這不是你**對抗**科學，而是「你**與**科學」，你是支持科學研究的納稅人，接觸過的科學比自己想的還多！例如，每一次想搞清楚吸塵器哪裏不對勁，是機器過熱、機器壞掉或是毛團卡住的時候；或是你知道，若不一直在未達沸騰的溫度下持續攪拌荷蘭醬的話，那麼會糊成一大團而無法倒在蘆筍上調味的時候。事實上，你動手做科學，你支持科學！

這個開始就是科學家看到的開始，或者至少是他們同意看到的開始，因爲有個記者出現在他們的辦公室門前，一屁股坐在椅子上，請他們思考幾個非常基本的問題。科學家長久以來抱怨科學文盲充斥，極少有批判性思考，認爲我們需要對科學有更深入了解的國民。說得好！但是要怎麼做才能讓人們擺脫這種可怕的處境、這種不學無術的窘況，改而散發出健康博學的光彩？一般人需要了解什麼科學，才能算是了解科學呢？請教諸位「萬事通博士」，如果要舉出六件事情讓旁人了解您的專業領域，有哪六大基本概念是至今仍會讓您驚豔讚嘆的？或者您偶爾還會敎大學部課程，爲那些「非主修」的軟殼動物上點課，那您希望在這些概論課上灌輸學生哪些重要觀念，讓他們在期末考後仍留下一點東西？何謂科學思考呢？非科學家在雞尾酒會上要如何才會讓您留下印象，不會覺得這個人是搞笑的丑角？

當面對「您希望大家對科學有何了解」的問題時，許多科學家熱切地表示，需要立即改善中小學的科學教育。這是一個崇高與必要的目標，應當把握每個機會進行，但是在美國極少成年人有機會重修從幼稚園到高中的全部課程。對於立意良善的課程改革者，我極爲贊同，但我請他們想想已經過了求學年紀的人們。當然，即使是教育程度最差的人們，也不是沒有希望的，讓我們把重點放在這些人身上，他們應該了解什麼科學，應該如何了解，而樂趣究竟何在呢？

我明白「科學」這個詞涵蓋甚廣，前面可以加上「社會」或「軟」來修飾，便可包含人類學、社會學、心理學、經濟學、政治學、地理學或風水。我決定將重點擺在一般稱爲「硬」的科學，主要是物理與生命科學，最廣包括物理、化學、生物、地質與天文。這些學科通常是人們覺得最恐怖、最難懂的，「顧客服務」也最糟糕。同時，這些領域也獲得十足的進展，上個世紀的發現最爲燦爛耀眼，讓用濫的詞語如「革命性」依舊適用。例如，科學家已經探測原子的內層；閱讀宇宙的備忘錄，幾乎直至誕生的那刻；解開人體DNA的糾葛；並描繪出我們所住的這塊泥球——地球。這些彷彿是科學的童話故事，而這些故事如同一位科學家說的：「恰好是真的。」它們硬如鑽石珠寶，將會永遠流傳，更加光芒耀眼。

在研究的過程中，我訪問上百名科學家，通常是親自造訪，有時是透過電話與電子郵件，許多人都是在美國一流的大學與研究單位工作。訪談的對象有諾貝爾獎得主、科學院院士、大學校長、研究院院長，以及麥克阿瑟天才獎得主。我也採訪有天才老師之稱的研究人員，他們有的贏得年度優良教師獎，有的獲學生網站評為講課淸楚、具啓發性、很有趣或很棒的老師。即使是最困難、最漫無頭緒的對話（讓我感到像是維多利亞時期的牙醫，沒有麻醉就急著動鉗子），最終也能說出幾句至理名言。科學家談到需要擁抱所發現的世界，而不是所期盼的世界。除了聊到自己最愛的分子，他們也會穿插笑話，像是海森堡（Werner Heisenberg）的笑話。海森堡提出著名的不確定原理：可以知道電子繞原子核心運轉時的位置，或是知道其速度，但不能同時知道電子的位置與速度。有一次海森堡要到麻省理工學院演講，但是他遲到了，開著租來的車在劍橋飆車，一位警察攔下他，問道：「你知道自己開多快嗎？」

「不知道，」海森堡開玩笑說：「但我知道自己在哪裏！」

「在雞尾酒會上說這個故事，別人會走開。」麻省理工學院的材料科學家路柏納（Michael Rubner）說：「若在五百名麻省理工學院大一新生面前說，大家會哄堂大笑。」

我也會要求科學家超越「想當然耳」的程度，盡可能解釋淸楚一些常用的基本詞彙。例如，你可能聽過對幼稚園生形容原子時，會說原子是由三種不同的粒子組成，質子與中子像太陽一樣位在中心，電子在旁邊的軌道上咻咻飛去。你可能也聽過質子帶有「正電」，電子有「負電」，中子則「不帶電」。嗯，這些聽起來很簡單：正號、負號，以及兩手空空……但是，我們到底在講什麼東東啊？何謂粒子有「電荷」，次原子的「電荷」究竟跟生活中大家熟悉的「電」有何關係？你只知道當車子在荒郊野外拋錨時，拿出手機要求救卻發現忘了充「電」，突然間一切都不妙了。

我也盡可能讓看不見的能夠看見，讓遙不可及的拉近距離，讓說不淸楚的變明白。例如，我會問道：若是人類細胞能變大到可以放在咖啡桌上，您想不想這麼做？看起來會如何？您說一般的細胞相當忙碌，那麼是像曼哈頓或是像多倫多那般忙碌嗎？

不是我想表現得太阿呆。在追問這些科學家比基本還基本的問題，推開「每個人都知道」的擋箭牌，直到像是穿鮮黃色的夾克逛天體營那般「受歡迎」之際，我確實懷抱幾個崇高的目標。首先，我自己想要了解這些素材，也期盼能從容講解給別人聽。第二點，我相信理所當然的假設以及未加以闡明的解釋，是讓人們閃躲科學的重大原因。如果就連「薛樂蜜傻瓜指南」(Shlemiel's Guide) 中，對於原子的說明都是用一些所謂基本、自然的概念快速帶過，而讀者卻仍然丈二金剛摸不著頭腦時，哪有希望看得懂二號卡通氣球上的字呢？

此外，我選擇在幾個大問題上提出許多小問題，這種作法近年來受到許多科學教育者的喜愛，那就是把科學教給外行人時，最好的方法是重質不重量。

在經過無數的訪談以及幾個月的工作後，我開始有似曾相識的感覺：科學家正說到我已經聽過的東西。這感覺美妙又可怕，美妙在於我有信心已掌握到一些科學的基本道理，寫出來的作品可以端上檯面，不會完全是天馬行空或自說自話；可怕的是這意味著採訪的時間已經結束了，該是寫作的時候了。這痛苦的過程，神經科學家哈克菲德 (Susan Hockfield) 講得更傳神：將三度、平行處理的經驗化爲兩度、線性的描述。她說：「這比化圓爲方還難，簡直是化球爲方了。」讓我想到小時候上美術課，因爲畫不好直線，而流下來一串淚珠。

1 以科學思考

靈魂出竅的體驗

斯托柏（Scott Strobel）是耶魯大學的生化學家，他個兒高大，看起來乾乾淨淨，帶點男孩子的氣息，膚色泛著蘋果紅，下巴有點戽斗，頭髮剪得像士官般方方正正，屬於運動型的氣質，我得知他是楊百翰大學第一名畢業的學生後，並不感到意外。我看到他桌上放著三個小孩開心笑的照片，心想當一家人出遊野餐時，他可能是個好伴侶，但是當我們坐在他的辦公室玩他認爲極具建設性的遊戲時，在日光燈刺眼的照耀下，斯托柏大概像癌症醫生一般有趣。

斯托柏拿出智力棋盒（Mastermind），這個遊戲我從未聽聞過。他常和實驗室的研究生與博士後研究員玩這個遊戲，大家都很喜歡，後來我發現我先生與女兒也很喜歡。此刻斯托柏正在教我玩智力棋，但是我的舌尖有許多話爭相冒出來，而「喜歡」絕非其中之一。

他解釋，智力棋的最終目的是要猜對手四顆色棋擺放的位置。遊戲開始時，先擺好己方色棋的位置，若是在正確的位置猜中色棋正確的顏色，對方在自己的棋座上插上黑棋；若是猜到正確的顏色、但位置不正確，對方會插上一個白棋；若是兩者都猜錯了，就得不到任何棋子了。目標就是在最少回合內，盡快讓對手給你四顆黑棋。

「懂了嗎？」斯托柏一邊說，一邊將棋座推過來。

我求饒說：「我不喜歡遊戲耶！你沒有什麼不錯的投影片可看嗎？」

他說：「我這麼做是有道理的。來吧！」

沒有狂風大作或是突發肺炎做藉口，我只好嘆口氣，乖乖擺出藍、紅、黃、綠的陣式，斯托柏回以黑棋、白棋與無棋。我插了顆紅棋，他拔掉一顆白棋。綠色在這裏嗎？抱歉，親愛的。我盡最大努力了，但我對於這個遊戲一竅不通，所以亂擺一通，結果毫無進展。我抗拒淚水，努力讓它們變成汗滴重獲自由。我詛咒斯托柏以及世上所有的科學家，特別是發明智力棋的傢伙。

最後，斯托柏可憐我了。他說：「好吧！我想妳了解了。」他將那些可惡的小傢伙掃進棋盒裏，我終於獲救了。

斯托柏宣稱，智力棋是「科學運作道理的小宇宙」。他堅持要我玩遊戲，是爲讓我了解科學的一項重要眞理。雖然和斯托柏玩遊戲的慘烈時光不是我最喜歡的，但是其激烈難忘正反映出各門科學家對此眞理的強烈認同。

科學不是一堆事實，科學是一種心智狀態，是觀看世界的一種方式，能夠客觀面對眞實而不會盲目接受。科學是在解決問題時，用鑷子夾住，撕成可食用消化的小片塊。

除了見證科學的樂趣外，我聽到更多的是科學家誠摯的誓言，堅稱科學不是一堆事實，而是一種思考方式。我對這些話耳熟能詳，其本身已化爲具體的存在。

「許多對科學無法深刻了解的老師，常將科學說成是一堆事實的集合。」加州理工學院的行星科學家史帝文森（David Stevenson）表示：「常常漏掉的是批判性思考，即評估哪些想法合理或不合理的能力。」

「回想上中學時，老師教的科學是一堆需要背誦的事實與定律。」芝加哥大學的古生物學家舒賓（Neil Shubin）說道：「背克氏循環、背林奈分類……，這種方式不僅讓大多數人馬上覺得科學很無趣，也容易對科學產生扭曲的看法。科學不是一堆僵滯不動的事實，而是動態的發現過程，就像生命一樣本身是活的。」

「我才不管人們能不能記住週期表，」加州理工學院前校長巴爾的摩表示：「我知道人們更關心對自己生命有意義的問題，我只希望大家能以更理性的方式處理這些問題。」

當把科學看成一堆事實時，科學變成令人眼神呆滯的字彙表。在瀏覽教科書或逛教學網站時，粗體字躍然而出，誘惑你忽略每件事情，只要注意那些熱情的召喚。你心想，只要我學會這些詞，也許化學課就不會被當掉了。但是如果眞的依照這種策略，那麼你不及格的機率眞的很大，不是背包裏的成績單，而是腦海裏的成績單。

施魔咒將科學變成一套精確無誤的事實，變成益智節目的搶答題目，這正是反科學人士的作風，就像是反進化論者會逮住每個有爭議的化石，質疑整套達爾文產業。「創造論者首先試著將科學描繪成是一堆事實與必然，然後攻擊這項或那項『必然』一點也不那麼必然嘛。」舒賓表示：「他們大喊：『哈！你也不能確定，不能被信賴。我們爲什麼應該要相信你說的話？』但正是他們最先紮出科學不會錯的稻草人啊！」

「科學不是死板定律的集合，我們所稱的科學眞理不斷經過修正、挑戰與改進。」密西根大學理論物理學家都夫（Michael Duff）指出：「我很討厭聽持基本教義派論點的人們，控訴科學家說不會出錯或指責科學家拘泥不通，事實上情況往往完全相反。一名真正的科學家知道，若是幸運能有新發現，勢必引發更多問題，所以必須一直自問想法是否正確，提醒自己知道的極少，科學其實是使人藐小謙卑的事情。」

都夫立刻加上一句：「但這不表示世上沒有自大驕傲的科學家。」

回到耶魯大學，斯托柏進一步解釋智力棋的意義。若科學不是一堆靜態的事實，那是什麼？何謂以科學思考，以科學方法解決問題呢？這世界又大又亂，就像是青少年的房間：什麼東西都在裏面！該如何清理呢？

「如果處理問題時，想得到可解讀的資料，首先要找到獨立變數。」斯托柏說道：「我們做科學時，花很多工夫設計實驗，一次只提一個問題，每次只孤立一個變項，然後看看單獨改變該變項時會發生什麼事情，同時要盡量讓實驗中其它東西都保持不變。」玩智力棋時，每次只動一顆色棋，觀察這種改變對「實驗」的影響。做科學時，假設想知道一項化學反應與氧氣有無關係，就要設計兩次實驗，第一次有氧氣，第二次沒有氧氣，其它東西都盡可能保持不變，包括相同的溫度、相同的光亮、相同的時間、相同的容器，爲了安全起見，最好是相同的鞋襪。

我們無須到實驗室工作，才能遵照科學遊戲的計畫。人們的行爲隨時隨地都很科學，只是可能不了解而已。「如果有人想修DVD放映機，會做實驗與控制。」加州理工學院的發展生物學家史坦堡（Paul Sternberg）解釋道：「第一步是觀察：畫面看起來如何？可能有哪些東西出錯？是因爲放映機的關係，還是因爲電視壞了？我們會提出假設，然後開始測試。例如向鄰居借來DVD放映機插上去，發現電視是好的。然後檢查DVD的輸入、輸出與線路，也許不需要真的了解

DVD放映機如何運作，便可以追查問題的根源了。」

史坦堡再舉例：「或是想要解決寵物的問題，像金魚爲何看起來很奇怪？爲什麼狗狗看起來沒精神？我要多餵一點或少餵一點給倉鼠吃，或者牠不喜歡吵，所以我會把牠搬離音響。我應該接受A工作或B工作？嗯，讓我想想看上下班與接送女兒要花多少時間，這可能是做決定的關鍵因素。以上這些都是形成假設、做實驗、進行控制的例子。有些人很早就學會這些東西，我卻要拿到博士才明白。」

許多科學家指出，當人們親手接觸螺帽與螺絲等小玩意的時候，更容易親近科學的基本面向。「修理自己的車子或是親手接觸各種機器時，會更容易讓學生或一般人認識與接受科學。」普林斯頓大學的波斯坦說：「在二次大戰剛結束時，每個經過基本訓練的人，都知道差速齒輪如何運作，因爲曾經動手拆過。」

農夫也是自然的科學家。他們了解季節、天候、植物生長的細微變化，也明白寄生與宿主相依共存的道理。美國的國父們也是具有科學的好奇心，讓他們榮登新生活運動的金榜，這些帶有農業慧根的人包括：湯瑪斯‧傑佛遜（Thomas Jefferson）以義大利進口的瓜類及花椰菜、法國的無花果、墨西哥的甜椒、露易絲（Lewis）與克拉克（Clark）採集來的豆類做實驗，他有系統地選擇世界上「最好」的蔬果，「拒絕用菜園裏的東西」。喬治‧華盛頓（George Washington）設計新的施肥與輪種法，並發明十六面脫穀倉，讓馬匹踩踏新麥有效脫穀。

「今日美國一般成人所了解的生物學，比住在亞馬遜區域的十歲孩童更少，或比二百年前的美國人更少。」哈佛大學地球與行星科學系的自然史教授諾爾（Andrew Knoll）指出：「夠諷刺的是，科學的成果讓人們不用了解科學與自然。」不過，大家還是要解決寵物或孩子的問題，還有很不小心而讓電腦出錯時。人們在許多情況中運用科學道理卻不自知，原因就在於這個方法太管用了。

科學成功的主要道理，在於科學具有一項基本特質。科學家堅信有一個能夠被了解的眞實存在，而且能與他人分享和認同。喜歡的話，可以稱這爲「客觀眞實」，相對於主觀眞實、意見，或隨意猜測。不過，這種對比會騙人，因爲暗示兩者是截然不同的東西，極少有共通之處：客觀眞實在外面、是他者、沒有感情、不是我的；而主觀眞實則是私人的、親密的、無法模仿的、有眞實生命的。客觀眞實是冷漠抽象的，主觀眞實則是溫暖親民。科學之所以有效，是因爲繞過這種二分法，更偏好所謂的實證性普遍主義，其前提假設包納百川，主張宇宙的客觀眞實包含每個人的主觀眞實。我們是屬於宇宙的，當研究宇宙時，最後鏡子會反照自己。「科學不是描述外在的宇宙，把人們當成分開的物體。」葛林指出：「我們是宇宙的一部分，和宇宙用相同的原料造成，所遵循的法則普世皆然。」

一滴落在耶魯大學某人額頭上的水分子，與一滴搭乘克荷德彗星穿過太空的水分子無所區別。塵歸塵、土歸土、星塵歸星塵，不論是我們的身體、居住的地球以及老奶奶的愛心圍裙等，種種的構成元素都是在很久以前便死去的恆星上孕育而生。

科學之歌訴說有一個客觀眞實存在且能被了解，這首歌眞實又清楚，美得無止境。我們很容易忘記有一個客觀具體的宇宙，以光年度量，以埃（原子的通用單位）做計算。我們十分成功地改造現實生活，反映出人類極爲狹窄的參數與需求，原本是配角的我們變成主角，忘記了月亮每晚會現身讓守墓人交班，常常不知道要往天上哪兒尋找月亮的蹤影。我們是由星塵生成，爲何不花點時間翻翻家庭相簿？「當人們晚上走到外面看星星時，大都會驚嘆星海浩瀚，感覺相當不眞實。」加州理工學院的行星科學家布朗（Michael Brown）說道：「人們沒注意到星海的圖案每年會重複一次，也不會沈思其中道理。」

星光燦爛，布朗希望你晚上能試著注意月亮。隨便哪個月份都好，選幾個晚上到外面去，觀察月亮何時升起落下以及圓缺變化，試看看自己能否解釋。「這樣做就可以讓人了解太陽與月亮都在那裏，」布朗說明：「事實上是太陽在照月亮，而月亮繞著地球轉，並非是好萊塢的特效造成的。」布朗親眼見證到這種簡單的觀察具有強大的力量，那年夏天他剛從大學畢業，以單車環遊歐洲，每晚都睡在外面。對照他的年輕、自由與身處海外，他也不戴錶，所以必須看月相來決定時間。「我以前從不知道，滿月會在太陽下去時立即升起。」他說：「我心想，這有道理耶。我知道應該對自己以前沒注意到而覺得不好意思，但是我沒有。相反的，我感覺很驚嘆，整個眞實的世界眞的在那兒，事情眞的在發生。我們太容易將自己與世界隔絕，更不用說是宇宙了。」

我父親不幸因癌症蔓延而過世。在最後一年的春天，他到紐約中央公園散步時，第一次停下腳步仔細觀賞花草盛開爭豔，像是吐露花苞的玫瑰、奶黃奔放的木蘭花、爭相鳴放的水仙，以及搖曳生姿的牛舌草。當我照這種方式重新注意世界時，受到相當大的震撼。每年春天我特別問自己看到什麼，這感覺好像是在思念父親時點亮一根蠟燭，小小的火苗照亮了自我關注的空虛與盲目。

另外一個可以改變看世界而且不會出錯的方式，是投資購買一架顯微鏡。不是在「科學與發現」那種連鎖店裏可以買到的玩具顯微鏡，康乃爾大學化學生態系教授艾斯納（Tom Eisner）便觀察到，這類顯微鏡最容易在耶誕節清晨拆禮物後，隔天便束之高閣；也不是可以將生物放大到幾百倍的顯微鏡，讓每件東西看起來就像愛荷華玉米田的空照圖。我建議買個解剖顯微鏡，也稱爲立體顯微鏡。我得承認，這種顯微鏡不便宜，大概要花幾百美元，但對於發現之旅而言，這又是個划算的價格，而且也可以當成個人的救贖之旅，我和布朗教授一樣，對這點都可以個人經驗做擔保。我以前習慣用實驗室裏的高倍數顯微鏡看東西，曾經看過免疫細胞、腫瘤細胞、青蛙卵，以及母鼠的腎組織。但是直到我女兒收到一架解剖顯微鏡當禮物後，我們開始用來檢視生活中的東西，我才開始不斷呼喊「哈利路亞」：藍松鴉的羽毛、蕨類葉子、一片樹枝（結果上面布滿臭甲蟲的蛋）……當小小東西放到顯微鏡底下放大時，才會讓人驚覺其深其廣。在放大四十倍時，鹽粒看起來像是散落的玻璃枕，甲蟲寶寶變成法貝熱（Fabergé）的彩蛋，而我討厭的蚊子在顯微鏡下完全成了賈克梅第（Giacometti）：**振翅拉提琴的細長男子！**

是的，世界就在那裏，在頭頂上與鼻尖下，世界是眞的，是可知的。要了解某件東西的道理，並不會妨礙其美麗偉大，也不會讓被觀察的物體簡化到只剩一堆的化學分子式。科學家不喜歡聽到陳腐的論調，指責他們追求知識會減損生命的奧妙、藝術或神聖。葛林舉例說，比如看到一株嬌豔欲滴的紅玫瑰，你略知背後的物理原理。你明白紅色是光的某個波長，而光是由光子構成。你知道光子是太陽發射出來的所有彩虹顏色，當打到玫瑰的表面時，因爲玫瑰色素分子的組成緣故，紅色光子從花瓣反彈到眼簾裏，所以會看到紅色。

葛林說：「我喜歡那幅圖像，也喜歡理查・費曼（Richard Feynman）說的這個故事。但是我和任何人一樣，對玫瑰還是有相同的情感反應，並不會變成機器人，把東西解剖至死才罷休。」相反地，一朵玫瑰是一朵玫瑰，但是在顯微鏡下的玫瑰則是一首十四行詩。

雖然科學家說，我們可以探索並了解宇宙，過程中宇宙並不會喪失「魔力」，不過卻不能由此推斷，在剝開層層看似規律的自然律底下，宇宙的本質和哈利波特的魔法學校一樣魔幻。當然宇宙仍然有神祕之處，但是科學家深信宇宙是可以了解的，他們不認爲當有一天這些問號變成逗點時，會證明宇宙是超自然、無律法的地域。「我們已經了解到這是哪一種世界，並不像有些人想像的那般神祕。」魏恩伯指出：「這個世界裏，人類的命運不是與星球的位置相關，也不是水晶可以治病、念力可以讓湯匙彎曲的地方。有時候警察會找靈媒幫忙辦案，或是電視上會討論這類事情，但其實這類問題已有答案。」

例如，暗能量是天文學中的一個大謎題，這種反重力會踩宇宙的加速油門。宇宙約是在一百三十七億年前鼎鼎大名的大霹靂中誕生，此後便一直擴張，這是相當清楚而難以辯駁之事。不過，不久前科學家一直認爲宇宙擴張的速度應該會變慢，好比年輕時衝勁十足，後來歲月開始拉住衣衫，宇宙也一樣，質量產生的重力會讓擴張減緩。可是實際情況卻正好相反，研究人員發現宇宙擴張正在加速當中，星系加快飛離彼此，我們的宇宙年老時卻再展雄風！這股暗地的力量有何意義？這個A級的教唆者，藏身幕後搧風點火的強大能量，到底是什麼東西呢？其存在讓天文物理學全部的研究成果產生疑問嗎？我們至今所了解的宇宙知識都錯了嗎？容我引用聰明的喜劇家史帝夫·馬汀（Stove Martin）的話：「門都沒有呢！」科學家對暗能量很著迷，很想了解它的大小與力量。在所有受訪的對象當中，沒有人覺得受威脅。他們對暗能量已有一些想法，樂於接受更好的意見，但是從沒想過請靈媒幫忙。

畢竟，歷史上充滿原本深不可解的神祕，但最後皆能解開歸檔，麻省理工學院的物理學家傑夫（Robert Jaffe）即舉出「火燒尖塔」的例子。傳統上基督教世界將教堂蓋在鎮上最高之處，配上高聳入雲的尖塔，一來接近上帝，二來驕其鄰鎮。不幸的是，這些木造高塔不只招來嫉妒而已，教堂常會被閃電打中而發生火災。傑夫說：「每次發生這種事的時候，多會被扭曲是人類犯惡，使上帝發怒報復。」後來在十八世紀時，富蘭克林（Benjamin Franklin）認為閃電只是電而已，不是宗教現象。他建議在所有塔尖或屋頂上加裝可導電的長竿，終於平息電殛的意義之爭了。如今，教堂著火不太會被認為是上帝所為，倒可能是喝醉的教士忘了吹滅蠟燭所致。

科學家相信，大部分（若非全部）的宇宙終將可以理解，但有趣的是這種可理解性再再讓人感到驚訝。康德（Immanuel Kant）觀察到：「宇宙最驚人之處，是可以被了解。」這點很難列入婚前協議書當中，如普林斯頓天文物理學家巴寇（John Bahcall）在死前不久接受訪問時表示，我們從海洋爬出來，被限制在一小塊土地上，繞行一個中等大小、中等年紀、臉色蒼白的太陽，處在一個漩渦星系的旋臂上，這個小星系又隱沒在數百個星光熠熠的星系當中，但是我們從次原子到宇宙邊緣，卻能在最大的尺度及最長的時間架構上了解宇宙。巴寇說：「這太驚奇、太獨特了，這不是必然的。」

換句話說，我們可以相信有幸運之星，相信星星是可靠的。葛林說：「可以想像有一個宇宙，複雜到無論如何都無法分析了解，但我們並不住在那種宇宙裏，我本人對此深懷感激。」這個世界看似令人困惑混亂、超級無賴，但是根柢上有一定的秩序。葛林指出：「科學的奇妙之處，是幾個非常簡單的想法，可產生異常豐富的現象。黑板上幾個符號可以解釋人類經驗的一切，這太令人驚訝了。」是的，「黑板上幾個符號」，葛林在黑板上的龍飛鳳舞，以及我所訪問的每個物理學的綠板或白板。物理學家不只在漫畫家筆下才會寫出潦草的式子，他們彼此間也以筆跡飛快難辨的式子溝通，但是說話、寫板子的他們就像凡人一樣，非常驚訝於抽象的計算常常符合有血有肉的眞實。威格納（Eugene Wigner）指出，在描述現在、發掘過去以及烘烤更可信的幸運餅上，「數學不可思議的有效」。在數學的幫助下，科學家可以預先計算出未來幾千年的日蝕，或估測何時發射太空探測器，以便趕上與天王星交會的時刻，或預測遠方某顆星星的生與死。數學對於解構眞實是潛力十足的工具，許多科學家認爲它不只是人類的發明（如顯微鏡或電腦），更是宇宙固有特質的映照，足以一窺自然的根本架構與操作系統。在這種觀點下，我們無須是肺魚人的子裔，或是希臘學家歐幾里德（Euclid）聰明的後代，才能了解時空結構有獨特的凹形幾何（我們這些地球生物視爲非歐幾里德式）。如加州理工學院的理論物理學家史瓦茲（John Schwarz）表示：「當有人說自己是第一個發現量子力學或相對論等等時，我總是會想說，這些東西很可能早在幾百萬年以前，就被這個星系中或其它星系的文明發現了。」

雖然數學了解眞實的能力很強，但不應將數學當成完美無缺、無與倫比，甚至是神聖的。對一個現象的數學描述，並非比一個非數學的解釋更「眞」，就像英文的 table（桌子）讓人想到「一件平面帶腳的家具」，但是不會比其它語言的桌子如 mesa（西班牙文）、tavolo（義大利文）或 lijst（荷蘭文）更爲眞實。數學是**一種**語言，但不是**唯一**的語言，其符號可用其它詞語解釋，包括白話文。除了少數一批純數學家有興趣連起公式與現實之間的點點點，對大多數的研究人士來說，數學僅是達成目的的手段，而且這個目的不能虛無縹緲，必須回歸現實，有標題註釋，有明確有力的動詞壓過句末難以避免的問號。我討厭聽到科學家抱怨說，科普作家不願意他們談話中加入一點數學，他們堅持這樣故事不完整，甚至容易有誤導，彷彿數學的重點即「數學是數學」。葛林說：「原則上，每個式子可以用一句話表示。」但是，我們得承認通常這種轉換會成爲很笨拙的句子，用這種句子寫一本書，人們根本不會想看。但是葛林的話還是有道理在：即使對於數字沒有感覺，仍然可以了解數字傾訴的宇宙種種；縱使不甚精通數學，卻仍然可以精通科學。「我從來不像有些科學家認爲，科學十分依賴數學，」亞歷桑納州立大學地球與太空探索系主任霍奇斯（Kip Hodges）表示：「數學是一種描述自然的方式，但卻不一定是了解自然的方式。」

是的，絕對應該教美國小孩更多更深的數學，但有一項令人感傷的事實要面對：小孩可以學，但是大人不行。因爲大腦生物學的緣故，孩童對於學習各種新語言非常聰明，他們的神經元幾乎是液態的，倒在任何地方都能交朋友、順利融入。不過，隨著年紀增長，細胞會安定下來，全部神經元網絡開始硬化。到了三十歲前後時，心智已然定型：它已形成生命，知道從哪裏說話，大腦結構已經各司其職了。當然我們可以活到學、學到老，但是大多數成人的學習泰半是以先前習得的技巧爲稜鏡。所以，若是數學對你太希臘（難懂），可以從以下得到慰藉：(a)爲何不是呢？許多數學符號來自希臘字母；(b)數學對許多科學家也很難懂，而且多得教人吃驚。許多生物學家、化學家、地理學家與天文學家的數學能力沒那麼優秀，普林斯頓的貝斯勒（Bonnie Bassler）被認爲是細菌生態研究中最閃亮的新星之一，她坦承自己的數學向來很糟糕。她說：「如果有計算機，那我可以計算收支情況。我也會算除法，不過最多如此。不知爲何，這點沒太大影響，最後我來到了這裏。」

即使數學對物理學家不可或缺，但是仍然有極限。例如，魏恩伯推導出將電磁力與弱作用力結合的數學，成爲理論上單一的電弱力，因此獲得諾貝爾獎。這當然不是靠翻閱高中的數學筆記就可以解出來的，但是魏恩伯表示自己最近才從粒子物理學轉行到宇宙學，因爲粒子物理的數學已經超過他的能力範圍了。

不過，雖然精通數學對於了解或做科學不是必要的，但是在逛科學大觀園時，不免會碰到數學大家族裏跑出來的表兄妹。一是量化思考，下一章會談到如何自在面對機率與隨機的概念，並學習如何拆解問題，像變戲法般猜測出一些乍看無法計算的數字，像縣裏有多少輛校車，或多少人牽手可繞地球一圈（其中有多少人會在海上載浮載沈，所以最好帶上救生圈、防鯊劑以及牙醫紀錄以防萬一）沒錯，我們可以到網路上找到這類問題的答案，或其它有趣的FAQ，但按照步驟進行量化思考，以及親自解題而非跑至谷歌（Google）求救的習慣，是值得培養的。科學家除了盼望科學被看成是動態、有創意的企業，而非是鈣化僵硬的事實與定律之外，也希望人們對統計學有足夠的了解，像是機率、平均、樣本大小與資料背景，以便看穿權威扭曲造假之時。透過健全的量化理解，人們或可拒絕傳說軼聞的誘惑，像是騙人的樣本數N：包括我、朋友、門房以及卡里布的咖啡師。若更能了解量數的特質，人們或許會（暫時也好）將人類演化出的固執放到一邊，不會將小部落中的少數奇風異俗放大看待，卻無視於蝙蝠俠出沒的高譚市（紐約市）裏，密密麻麻的人口繁衍出有如變形蟲的千奇百怪。有一個小原理稱爲大數法則，指若思考的團體十分大，幾乎凡事都有可能；若尺度有限，罕見的事件非但變得平常，甚至是可預期的。大家最喜歡舉的例子是重複中樂透，只要贏過兩次頭獎的人們，鐵定會引發大家的敬畏、嫉妒與感嘆：「機率太少了啊！」但是德州大學經濟學教授柯勒（Jonathan Koehler）則說：「如果沒人中兩次才奇怪哩！」

若以「大中之小」來思考，會對偶發事件的意義與機率得到扭曲的看法。「人們對巧合的印象太深刻，常常被愚弄。」包洛斯（John Allen Paulos）指出，他是天普大學的數學家，也是《數盲》（*Innumeracy*）等多部暢銷書作者。包洛斯曾試驗過用一種「亂槍打鳥」的方式賺錢，他隨便預測未來三個月股市的走勢，然後將郵寄名單分成兩大半，一半告知股市會漲，一半告知股市會跌。三個月後，他只寄信給第一次預測對的那邊，同樣又分成兩半，告訴一邊的人牛市可期，警告另一邊行情即將反轉急下。在第三封信中，他又只寄信給第二次猜對行情的那邊，雖然人數又掉了一半，但爲數仍然可觀，他繼續吹噓已成功預測兩次股市的漲跌，問有誰願意投資十美元，以便收到下期精準的預測？（萬一有天接到天普大學寄發類似信函時，請記住包洛斯的詭計！）

科學心智的量化思考特色還有另一面：一定有某些數量、某些東西、某些證據存在。科學要求證據，這句話是否聽起來明顯至極？也許是，但很難吞入腹內，必須一再學習領會，如同每日說的話、門得列夫（Mendeleev）的週期表、脊柱需要的葉酸，以及地球核心的鐵元素。爲何難以吞嚥？因爲我們喜歡「意見」，報紙上最常被翻閱的是意見欄，如社論、專欄、評論等，以及讀者寄來挑釁意味濃厚的信件。意見與我們相濡以沫，不管是生病健康，在早餐或部落格中。意見感覺良好，你享有意見的權利，我也不遑多讓。「在政治上，可以大聲說我喜不喜歡布希（George Bush），或是喜不喜歡狄恩（Howard Dean）與凱利（John Kerry）。」哈佛的諾爾指出：「對於政治好惡不需要講道理原則，不需要有他人可複製並支持自己意見的證據，不需要思考是否有其它說法將使自己的意見無效。人們可以到投票所去，說我喜歡這個或那個政治人物，然後逕行投票。我們喜歡哪種食物，也不需要有藉口，上餐廳點菜時，可以要求牛排三分、五分或七分熟，服務生不會要求客人提出證據支持自己的口味，除非他不想要小費了。」

「遺憾的是，人們常常用相同方式看待科學，把科學當成是一種意見。」諾爾接著說道：「我喜歡或不喜歡小布希，我相信或不相信演化。我爲何不相信演化不重要，證據爲何不重要，我就是不相信。」你是演化論者，你相信演化，我是創造論者，我不相信。你有你的意見，我有我的意見，需要各式堅果與蘸醬才能辨派對，不是嗎？

大多數演化論者到此時會失去耐心，對於說話的人選擇回答或不回答。科學家在另一方面也會不假辭色，他們對別人的論文不屑、駁斥或批評，像是「好可惜，竟然有人資助做這種研究」，或「我在糞坑裏也不會刊登這個東西」。然而，即使批評再如何難聽無禮，擺出鬥犬的姿勢正是一種科學力量。科學與人生諸多事情上有一個很大的差異，借用布希總統在七月四日國慶野餐上對一個不高興的公民說：「誰管你想什麼呢？」你的意見不算數，你所期待幻想的社會理想運動不算數，重要的是證據之質量。

「你希望事情如何，並不會造成不同。」加州理工學院的生物學家梅耶洛威（Elliot Meyerowitz）表示：「事實上，如果實驗果眞成功了，更應該好好想想自己怎麼做實驗，確定沒有放入偏見。」作爲一個人，科學家天生會有偏差，尤其是偏好自己的偏差，畢竟我們是七情六慾的生物，無法更換腦袋，頂多能瀏覽視窗而已。雖然自我錯覺在許多時候都是極有用的工具（尤其是求職或自戀時)，但是套句麻省理工學院分子生物學家芬克 (Gerald Fink) 的話，「自我催眠是科學之敵」。

梅耶洛威指出：「在我們不太哲學的人當中，相信自然有眞實存在，但是若攙雜個人偏見，可能會很難看到與了解這個眞實。科學家花這麼多年在訓練養成上，從大學、研究所到博士後研究一路走來，就是爲了學習處理個人的偏見。」好的科學家大多數時間假定自己做不出好事來，他們違反美國憲法修正第六條「無罪推定」的原則，在尋求救贖的過程中不斷懺悔。麻省理工學院的化學家諾瑟拉 (Daniel Nocera) 表示：「最常反對自己的人是自己，這才是正確的作法。」當自己動手做實驗時，不管跟自己說的是哪種故事或提出什麼樣的假設，在開始滴吸注器或給小老鼠注射水母的螢光綠素之前，確定終端是一顆純眞的心。諾瑟拉說：「科學論文的結果部分是表現出自己是好科學家的地方，在這裏說我正當做實驗，正當收集資料，而且資料是正確的。在討論的部分會談到研究的意義，可以聽起來很聰明或很笨，可以說個有趣的故事或說不出什麼來。我警告學生，你可能有時候聰明，可能有時候愚笨，但一定要是好的。當我讀到你論文的結果部分，那裏的每件東西都必須是對的。」凱利 (Darcy Kelly) 是哥倫比亞大學的神經科學家，也對學生提出類似的警語：「即使你的故事是錯的，資料也應該是對的。」

科學家如何淘洗篩去研究中的偏見與壞資料？方法是不斷經過控制池的洗禮。科學論文是要呈現結果，如何保持完整正直，重點在於比較時所有未呈現出來的東西：我們操作A在變數B上，得到結果Z；但是當我們將B放在操作E、I、O、U、甚至是Y時，B並沒有改變。波士頓大學的研究人員曾發表結果，顯示紅眼樹蛙的卵會刻意提早孵化，讓早產的蝌蚪可以及時躲進水裏，避免被來襲的蛇隻掠食。進行研究時，只有拍攝當食卵蛇接近時，未成熟的蛙卵會蹦開是不夠的，畢竟誰能說蛙卵是因爲蛇的威脅而不是周遭環境的變動所致？爲證明蛙卵具有精準的監控機制，科學家將卵放在各種相同振幅的振動下並做紀錄，包括嘶嘶響的蛇、人類走動的腳步聲，以及淅瀝嘩啦的雨聲，結果只有蛇爬過才會讓小蝌蚪們趕緊逃命。

盲性控制法通常最受喜愛，實驗操作者不知道哪方是控制組或操作組，直到所有結果都出來才能解開密碼。有時候，設計出適當的控制組是研究中最困難的部分。當研究者試圖證明針灸對於治療多種疾病（如腰痛、糖尿病、憂鬱症等）有效時，他們希望受到認眞看待，厭倦同事們反射性排斥所有的另類療法，也十分討厭聽到別人惡毒地說針灸是「騙人的玩意」。他們想要有盲性研究的十四K金純度證明，於是讓一組病人接受針灸治療，另一組則沒有，而且大家都不知道誰接受治療，誰只是得到假性安慰。但針灸治療如同當針包，如何能騙過大家一段時間呢？研究者的解決之道很簡單，他們讓一組病人插到正確的穴位，第二組插入針灸家認爲沒有作用的假穴位。當有腰痛的病人說感到症狀緩解，是來自眞的穴位而非假的穴位，那麼即使是深深懷疑的西方醫生也必須承認，五千年的方法也許有些用處。

芬克說：「在我做科學家的生涯中，我最擔心的事情是什麼是正確的控制？送一篇論文出去的時候，會深深陷入懷疑：我做到了嗎？我用正確的控制了嗎？」

要求資料正確無誤有許多方法，可以從多種角度處理一個問題，看最後是否都到了羅馬。繪製地圖時該如何小心謹愼呢？我個人最喜歡舉的例子是羅賓森（Gene Robinson）一篇蜜蜂行爲的報告。羅賓森是伊利諾大學香檳分校的神經行爲學家，他探討腦部的基因活動如何連結到個體的行爲，他認爲若要研究這些容易引爆社會爭議的大問題，最好的方法在於蜜蜂的小腦袋瓜裏。他的問題是：蜜蜂如何知道該或不該扮演什麼角色？工蜂怎麼知道在自己六週的生命中，前面一半的時間都得窩在蜂巢裏，忙著照顧蜂卵、清出蜂蜜，以及餵養貪婪的蜂后？到三週大時，是什麼催促牠脫下護士服，當起採集食糧者到外面的世界探險，不眠不休的採集花粉花蜜，偶然之中成爲花兒播種的媒人？蜜蜂腦部究竟發生何種變化，可以解釋這種劇烈的生涯轉換，讓工蜂可以一天飛行幾十哩而不會迷路，可以跳舞對工作伙伴打暗號，告知何處繁花盛開值得勘採。

羅賓森的研究團隊提出各方面的實驗證據，顯示被指定成爲採集基因的基因，可能位於專業維修中心。首先，科學家證明若移除蜂巢裏所有的採集蜜蜂，讓某些年幼的護士蜜蜂被迫提早接下掙麵包的工作，這些蜜蜂的腦部受到圍攻後，細胞內部的採集基因會突然蹦出。第二，研究顯示若餵幼蜂糖水，裏面添加某種會刺激採集基因活動的化學物質時，原本習慣待在蜂巢裏的蜜蜂會突然到外面的世界探險，變得早熟去採起花蜜。最後，如果研究人員給年幼的蜜蜂另一種無法啓動採集基因的化學物質，蜜蜂仍然會留在蜂巢內，證明不是任何的化學物質都有效果。

透過每項證據以及對應調整每組控制方法，這項研究的結果難以撼動。除非採集基因蹦出，否則蜜蜂不會改變。也許是一個小小的發現，但研究徹徹底底，直到碰到蜜蜂的敏感地帶爲止。

科學家要求證據，對於報告時提出薄弱資料者會毫不留情。瓊絲說：「這是非常激烈、衝突的過程，衝突是日常科學如何進行的眞實戲碼之一。」我聽過科學家在演講進行中哄堂大笑，但演講者顯然不是在說海森堡的笑話。我看過被攻擊的科學家臉色蒼白並開始顫抖，幾乎快吐出來了（我倒沒見過有人眞的在講台上哭出來，謀殺案在科學界也極爲罕見，可惜自殺案不然）。科學霾霧可能會爲科學界帶來教條主義的形象，好像無法容忍創意、新點子，或任何會讓現狀不舒服的東西。這也是好萊塢塑造科學英雄時常用的 $E=mc^2$ 公式：寂寞的天才力抗權威的圍剿與警告，唯獨他的女人相信他，還有提醒他至少一個星期洗一次澡。的確，當有人宣稱某項便宜的藥物和某家製藥公司最暢銷的昂貴藥物一樣有效時，該公司的科學家們會質疑並急急否認。即使沒有高額利潤的誘惑，研究科學家也有自尊，而且最好以天文單位的秒差距度量，他們會捍衛自身的研究與觀點，直到資料對他們說「錯、錯、錯」為止。巴爾的摩回想前幾年過世的一位麻省理工學院科學家，他是少數對宇宙起源論仍持質疑與批評的人士，雖然這個理論幾乎已普遍被天文學家與整個科學界所接受。巴爾的摩說：「他不相信大霹靂，而且當著每個人的面直言無諱。」

雖然學術自尊是龐然大物，但是當科學家聽到驚人的新結果時，通常會抱持懷疑的態度。這是有好理由的，因為驚人的結果大都是不好的結果，甚至比垃圾還不如；垃圾至少能夠堆肥。冷泉港實驗室的威格勒（Michael Wigler）即指出：「當得到一個驚人、反直覺的結果時，多半意味實驗搞砸了。」

人們有錯誤的印象，認為在科學史上偉大的革命都是推翻先前盛行的想法。事實上，大多數偉大的想法是承繼先人並發揚光大。愛因斯坦並非證明牛頓是錯的，而是指出牛頓的運動定律與重力觀念不完整，表示物體在極端情況下的行為需要新的方程式才能解釋，例如當微小的粒子在以光速或接近光速前進時的情況。愛因斯坦使人們的視野更寬廣明亮，讓空間與時間呈現出更奇特的結構。但是對於平常的地球繞日軌道、拋擲棒球，或是掉進水管的新耳環來說，牛頓的運動定律仍然適用。

「科學規則相當嚴格。」柏克萊的天文學家菲利培可（Alex Filippenko）指出：「我每天都會收到想法聽起來很有趣、但實際上卻很不完整的信件。我告訴對方必須將想法做更一致的呈現，不能只解釋自己所提出來的單一現象，更要與我們所知的每件事情都一致。任何革命性的新想法必須解釋現有的知識，至少要與我們已經接受的想法一樣清楚。」

在極罕見的情況下，科學家以極具說明力、完整與成熟的形式提出革命性的想法，讓懷疑者一律無話可說而接受。一個例子是《自然》（*Nature*）一九五三年四月號登出華森（James Watson）與克里克（Francis Crick）著名的簡短報告，提出去氧核醣核酸（DNA）整齊無比的結構。曾經，許多世界上最偉大的基因學家都深信是細胞裏的蛋白質攜帶基因訊息，而不是核酸。他們所持的道理很簡單，因爲蛋白質很複雜，是細胞內所知道最複雜的分子，基因訊息也很複雜，那還有誰比複雜更適合挑起複雜的重擔呢？但是當目睹雙螺旋的優雅結構後：螺旋梯的四個組成單位巧妙地兩兩配對，一條分子鏈從容成爲範本，創造出一套新的DNA並贈予子細胞，讓基因學家了解到整個生命的故事，都可用DNA沈默的密碼訴說。

另一個傳奇的「哇！」，出現在一九六〇年代一場地球科學會議上，當時研究者提出板塊學說的證據。該理論解釋了深山縱谷、岩漿噴流，以及亞當斯（Amsel Adams）攝影作品中出現的萬種風情如何形成。瓊絲的論文指導老師當年也在現場，提到那場撼人心弦的報告。她說：「證據太震懾、太有力了，讓人不能反駁，也不想反駁。」

不過，這種**洛基式**的勝利極不尋常，更常見的是科學家挑剔再挑剔，要求更多控制、對結果提出相反的詮釋，或是評閱同儕論文時寫上尖刻的批評；更常見的情況是科學進展斷斷續續，每個實驗結果像蜜蜂大腦一般小。這不是對科學的控訴，科學的力量正在於願意將一個大問題分成許多小部分來解決，願意擁抱被講得很難聽的化約法。同時，分次處理的方式也要求科學家小心謹慎，常常會到細瑣的程度，不管是學校公關部門或急切的新聞記者如何催促逼問，科學家也得抗拒假造資料。不這麼做就是欺騙，若是先宣稱科學是孤立出變數、一次擺一顆色棋而來，然而當獲得一個很漂亮的小結果時，卻改稱自己是整體論者，改而主張惠特曼（Whitman）說的「一草一世界」是有道理的，這樣也是欺騙。最好的科學家不會延伸過度或大吹號角，至少等到安坐榮譽教授的搖椅（有時稱這是人生思考的停經期）之前，他們不會這麼做。

對於還在研究的科學家而言，所有的椅子都是摺疊椅：今天放在外面，明兒就收進儲藏室裏。科學家習慣不確定性，會承認自己所知太少了。事實上，他們不僅習慣不確定性，更是在不確定性上成長茁壯。這是另一個他們希望一般人能夠吸收的核心信息，最好直抵幹細胞內：科學本質上是不確定的**企業**，不確定性反而成爲科學力量的另一來源。加州理工學院的天文學家安格梭（Andy Ingersoll）指出：「我們去尋找新模型、新法則、新根本，以及新的**不確定**。在尋找與發現新東西時，我們會爭辯所見所聞。我們表達出不同的意見，有時太過激烈，把大眾搞糊塗了。科學不是知道任何事情的答案嗎？是的，對於特定的一個問題最終會達成一個共識，但是那時我們已經移往下一個不確定、下一個未知，不會眷戀不前。」無知是福總是藉口，斯托柏說：「激發科學家的是缺乏資訊，而非擁有資訊。」有時候共識眞的是共識，像是達爾文（Darwin）的天擇演化論那般具壓倒性時，或像是全球暖化證據歷歷在目時（在所有「爭議」的談論中，絕大多數的氣候科學家同意地球的平均溫度正在爬升當中，大多是人類活動的結果，特別是燃燒太多可燃物質以推動現代生活，包括提高對冷氣機更多的需求）。

在其它時候，科學共識幾乎像集體不可知論者。以化學污染物是否會造成乳癌的問題來說，一方面已知許多工業化學物質會讓實驗動物罹患乳癌，遺傳因子不足以解釋人類大多數的乳癌病例，而且每個國家的乳癌發生率顯著不同，這些都顯示環境中的致癌物質或多有少會造成癌症。但是另一方面，接連有許多研究尋求殺蟲劑、發電廠，或其它特定的環境危害與人類罹癌的關聯性，卻無法找到有力的證據後，讓大多數科學家不是存疑，便是對化學污染物引發癌症的說法持保留態度，這點讓環保分子很失望。

「你不希望大家把科學當作笑話，認爲科學家一無所知。」加州理工學院的天文學家史泰德(Chuck Steidel) 表示：「但實際上達成共識的過程常常亂成一團，需要克服許多障礙。通常將結果呈現給大眾時，會比實際看來更堅固。」

科學是不確定的，因爲科學家在證明事情時，做不到完全不可推翻或者沒有丁點疑問，他們甚至不會嘗試這麼做。相反地，他們嘗試排除競爭的假說，直到自己所持的假說是最可能的解釋，誤差在相當相當小的範圍內，而且越小越好。凱利說：「做研究的科學家不會將科學想成是眞理，而是當成一種趨近眞理的方式。」科學家接受大約與暫時的自然，留下經常升級的空間，但不像電腦系統升級般，幾乎都是在先前的模型上改進。例如，在科學家確定DNA才是自然界基因訊息的第一守護者而非蛋白質後，他們開始視DNA不是生命密碼的唯一守護者，也幾乎確定不是最早的守護者。科學家慢慢重視RNA，他們曾經認爲它只是傳令兵，在發號施令的DNA上級以及勤奮不歇的蛋白質執行官之間。後來科學家發現RNA有許多才華，有可能是DNA的祖先，在生命最初時成爲遺傳承續的原生器，而後再將複製生產的角色移交給更強的DNA鏈。

最近科學家獲得大量證據，指病原性蛋白顆粒（prions）的作用類似DNA，會在狂牛（與不幸食用者）的腦部複製。由於發現病原性蛋白顆粒與其複製及感染的潛力，為普西納（Stanley Prusiner）贏得一九九七年的諾貝爾獎。

然而，這些發現並沒有破壞華森與克里克最早發現的力量。「只因為RNA與蛋白質在某些狀況下可攜帶訊息，並不會扭轉DNA是主要遺傳訊息攜帶中心的說法。」巴爾的摩指出：「隨著我們的概念變得更精密正確，絕對也變得較不絕對。」換句話說，當科學家接受自己永遠不可能知道而只能趨近眞實時，會讓他們更能接近眞實。這是改善慢性不確定症的手術啊！

不過對於在手術房外的人們，所有的爭論、遲疑、修補與註腳，會讓科學聽起來像是夏天的涼鞋：啪噠來、啪噠去！上一分鐘他們叫大家要減少油脂，下一分鐘卻反對吃米飯；他們曾經說燙傷用奶油最好，後來又知道奶油會讓傷口變糟，最好是用冰敷；他們建議所有女性過五十歲後，應注射荷爾蒙補充劑，後來又說應該立即**停止**荷爾蒙療法，並且永遠不要再提起。科學家在一九六〇年代時不是預測人口即將爆炸，人類會因為飢荒或暴動而死亡嗎？然而現在已開發國家的人口學家，卻苦惱女性的生育速度不夠快，養不出足夠的納稅人為明日的養老院買單。為什麼要相信科學家說的話？既然他們如此反反覆覆，為什麼應該遵照這些人的建議，例如看看現今全球的氣候變化，加上石化燃料終將耗盡，所以應該調整能源政策加以因應？那是科學家今日講的話，但如果開悍馬車的我撐得更久，搞不好科學家會認定悍馬車排出來的大把廢氣有益環境呢！

這個是科學界的公關大題：如何讓大眾知道科學需要不確定性。這點相當重要，可以讓科學家保持高標準進行研究，同時維持公信力。要如何避免教條主義與堅信不渝的誘惑，同時不會凡事起疑呢?「人們需要了解科學是動態的，科學家的確會改變心意。」史帝文森說：「我們必須改變，這是科學運作之道。」

他又說道：「批判性思考的一部分，包括了解到科學不是處理絕對。不過我們可以做出強力的聲明，而且有很高的機率是正確的。」

做批判性思考有一個訣竅，就是和尖酸嘲諷做比較。不過，尖酸嘲諷大概是我最自在、但又最不討好的心態。尖酸嘲諷者喜歡對事情嗤之以鼻，例如：有另一種可以治療老鼠乳癌的藥物?去跟米妮說吧!挖到新種恐龍的化石?我老遠可以聽見古爾德哼一聲：恐龍早講爛了。不假思索的尖酸嘲諷，可能深植於沒有安全感、自衛心態、個性陰沈，或是單純的懶惰。不管起因何在，一點實際用途也沒有!

柏克萊加大的諾蘭 (Deborah Nolan) 便經常在教統計概論時，遇到全班一起唱反調的情況。她會冷靜接招，以證據回擊。每個學期她給學生看一些新聞報導，包含各種醫學、科學或社會學的研究。例如槍傷患者應該在救護車裏打針急救，或等送到醫院再急救最好?外科醫生邊開刀邊聽音樂比較好嗎?媽媽的心理健康對於胎兒或幼兒的衝擊哪個較大?諾蘭會詢問學生們對這些報導的看法，不管是哪個題目，也不管學生主修是科學、文學或旅館管理，大家最初的反應都相同，堅稱報紙的報導不可相信。諾蘭問學生究竟不相信哪些東西，於是大家再度讀文章一遍，這次比較小心了。結果是……爲什麼我**應該**相信呢?

諾蘭給學生看原先報紙取材的期刊報告，然後和學生開始逐步將素材拆解研究。他們思考研究主體、參與者是否分成兩組以上、分組原則與比較方法。他們討論研究的優點與限制、研究人員的設計原因，以及若自己做研究時會採取哪些作法。在內行知識的啓發下，學生重新研究報導，看看記者是否正確傳達了研究精髓。

諾蘭指出，大多數時候學生都對記者善盡責任感到印象深刻與敬佩。這點讓我倍感驚訝，不禁要求諾蘭慢慢重講一次，以便清楚錄起來。

更重要的是，當學生看到不好的報導時，可以清楚說明不滿意的原因。諾蘭指出：「他們開始時對於每篇報導都深感懷疑，但不太清楚爲什麼。在成爲批判性思考者後，他們可以據理說明，並精確說出新聞報導與原始研究的誤差。」

我也喜歡華德（Bess Ward）將學生從冷言嘲諷變成精準批判的方法。華德是普林斯頓大學的地理科學教授，每年她都叫學生任選一件擔心的事，像是聽說自己的某些習慣、嗜好或挑食曾有負面報導。學生的任務就是搞清楚自己是否眞的應該擔心：若是繼續這類行爲會有何風險？比起其它安心做或是必須做的事情，這項風險有多大？自己小小的奢侈是否可能會傷害別人或環境，應該有罪惡感嗎？

華德說：「我告訴學生，選擇跟自己有關、有時會隱隱不安的事情，像是酗咖啡、吃避孕藥、吃鮪魚三明治或高空彈跳，重點是檢視證據做風險評估。」

這些擔憂的事情大都可在網路上找到訊息，例如美國環保署的網頁便列舉出幾乎每一種有毒的化學物質參考值，以科學估計暴露在多少化學物質內屬於安全範圍。在這裏可以找到查理鮪魚每公斤平均含有多少毫克的水銀毒素，也可以查到人們依每公斤體重攝取多少毫克的水銀屬安全值，不用擔心疼痛、牙齦出血腫脹、失明及昏迷，或者直接改成「我吃芝麻沙拉就好了，謝謝」。

例如，華德有位女學生每週都做指甲美容，她對於是否有危險而憂心忡忡。在美指沙龍會聞到各種指甲油與去光水的味道（只比國家動物園大象區的味道稍稍重一些），但是這些令人不快的味道必然有害嗎？在環保署的網頁上，可發現指甲油和去光水含有甲苯，這種中等毒性的石油萃取物恰巧具有中等程度的揮發性，很容易揮發到空氣中。環保署也提供各種工作場所的甲苯濃度參考值，還有其它網站也可查到平均一小時會吸入多少空氣的研究，大約和等指甲油乾這種恐怖事情一樣久的時間。看了這些統計資料後，你可能會像這位年輕的學生一樣，推測說每週適度做指甲美容並無害處，但是自己不會想要在美指沙龍裏每日工作十小時，或許給小費應該更大方些吧。

令人吃驚的是，另一個阻礙科學思考的是我們常很有自信，認為已經了解事情的道理了，尤其是在十年級以下的養成階段學習到的簡單事情。我們會對物理眞實有直覺掌握，對日常現象有一套實際又看似合理的解釋：爲什麼夏熱冬冷，或是球拋到空中會發生什麼事等等。有時候這些直覺概念如此根深柢固，所以如果丟出去的球變成一架卡通鋼琴落在頭上，我們會變成被打得頭昏眼花的威利狼，將眼睛裏的金星甩掉，回去找那隻嗶嘰鳥算帳，雖然這計畫注定會大敗。

凱瑞（Susan Carey）是哈佛大學的認知神經科學教授，她研究人們苦心培養但經常錯誤的眞實世界模型，會如何阻礙認知與學習能力。她舉拋球落地爲例，先畫出一個曲線代表球的軌道，急升坡代表球往上升，中間代表到空中，最後是落下來。接下來請學生畫出認為在球的軌道中有哪些作用力，以箭頭代表力量和方向。大部分的人看著圖，會在球往上升時畫出一個向上的大箭頭，在球往下掉時畫一個向下的大箭頭。有許多受試者知道地心引力在整個過程中都會施力，所以在向上的大箭頭旁加上一個向下的小箭頭。當球到達頂點時，許多人會畫一個小小的上箭頭與一個小小的下箭頭，兩者正好抵消掉。

很有道理，不是嗎？球往上，作用力箭頭往上；球往下，作用力箭頭便朝地面。事實上，人們長期以來相信這個運動模型是很有道理的，甚至有一個名字叫「動力理論」，認爲當物體在運動時，一定會有一個作用力或動力來保持運動。雖然這個理論看起來合理又明顯，然而卻是錯誤的。的確，當球最初丟出來時有一個向上的作用力施加其上，這得歸功於投球的人。但是一旦球開始空中之旅，便沒有向上的作用力了。當球在空中時，唯一的作用力便是地心引力，所以圖上所有的箭頭都應該指向下面。若是沒有地心引力要煩惱，球便會一直向上飛行，根本不須有人加油鼓勵。這是牛頓眾多輝煌的產物之一，即著名的慣性定律：靜者恆靜，除非是有警官用樹枝推你從公園長椅起來，說「這不是廣場酒店喔」；動者恆動，除非有一個力量來停住。不過，雖然我們對慣性定律耳熟能詳，而且看過電影描述嫉妒的電腦在無重力太空中將太空人的纜繩剪掉，讓太空人飄浮遠去，但是我們應用慣性定律到運動物體上仍會出錯，往往會在向上的球上畫了往上直衝的箭頭。

「當人們學習科學之前，已經有自己一套力學理論，通常是動力理論的版本。」凱瑞指出：「在學習牛頓的理論、作用力、動能、慣性、壓力時，很容易將新資訊同化到先前的觀念中。」她和其它研究人員發現，即使是已上過大一物理的人當中，有很高的比例仍會用動力理論解釋球的軌道。凱瑞表示：「他們沒有概念性的轉變，一開始的直覺觀念依然一馬當先。」

有時候先前的一知半解會變成強烈的印象，成爲直覺認知，往往搶著解釋事物。舉例來說，研究顯示許多人在被問到爲何夏天溫暖晴朗而冬天寒冷瑟縮時，會將季節歸因於是地球和太陽之間的相對距離不同所致。他們開始時採用中小學得知的事實，即地球繞太陽的軌道不是完美的圓形，而是橢圓形。接著解釋說，當地球在蛋形軌道上最接近太陽的時候，我們有了夏天；而當地球離太陽最遠的時候，便是在路上撒鹽的時間了。

麻省理工學院的物理學教授李文（Walter Lewin）給我看一段影片，內容是哈佛學生在畢業典禮上被問到爲何會有季節。這些穿學士服、戴學士帽的年輕人，一再很有自信地表示是因爲地球在冬天時離太陽最遠、夏天時離太陽最近，才會造成不同的季節。回答的人不全然是主修藝術史或英文，也包括一些物理系與工程系的學生。

李文是典型玉樹臨風的荷蘭人，有一頭愛因斯坦式桀驁難馴的白髮，表情時常轉換成不相信又奈我如何的模樣。他說：「中學生的錯誤認知會如影隨形一輩子。」

他指出，地球軌道確實是橢圓形，不過只有稍微的程度而已。但是當學生畫圖解釋地球軌道的形狀如何造成季節時，都過分誇大橢圓的弧度了。然後他們用這張畫來說明對季節成因的見解，看到橢圓軌道的最遠端嗎？那是冬天；看到這點最靠近太陽的地方嗎？這是夏天。李文說：「他們無法提出質疑，如果眞是這樣，那爲什麼南半球的冬天是北半球的夏天，或反之亦然呢？他們不能擺脫心裏無所不能的橢圓形。」

事實是地球在七月時比在十二月時離太陽稍遠，然而這點不重要。季節不是軌道幾何學的成果，而是因爲地球傾斜的緣故：事實上地球繞軸自轉時與繞日軌道呈二十三度傾斜，因此有時候北半球向太陽傾，沐浴在比較強烈與直接的光與熱中，所以住在委內瑞拉的加拉卡斯和加拿大的伍德布法羅之間的人們，應該多搽點防曬油、穿長袖衣服、戴墨西哥帽以及撐開遮陽篷。六個月之後，當地球在圓形轉盤的另一端時，北半球傾斜而遠離太陽，輪到南半球被悶烤了。

同樣地，大多數人都知道地球會傾斜。如果沒有意外，美國人童年家中都會盡責地擺一顆四色地球儀，其中有超過一半的國家被重新命名、劃分，而後又受某個軍事政權掌控，這顆地球儀很少使用到，只能讓嚴重傾斜的轉軸轉得嘎啦啦響。我們知道旋轉可解釋爲何有白天黑夜，不過當孩子們知道日夜成因後，很可能也聰明地誤將旋轉的角度當成冬天下雪和放暑假的原因。

但不是只有小孩子才會學到跟隨一生的錯誤。不管是溫故或知新，我們永遠受第一印象所操控。當我們接觸到一種前所未聞的新事物，聽起來很好，嘗起來也不錯，但不會直接吞下肚，不是嗎？密西根大學的心理學教授拉斯提格（Cindy Lustig）最近證明，人類心智對於新事物會輕易定型。她召集了四十八名學術研究的標準受試者，也就是大學部學生，教他們在兩個相關字中做連結，像「膝蓋」對「彎曲」，或「咖啡」對「馬克杯」。

在接下來的測驗中，她要求受試者將關聯做改變，讓「膝蓋」不是對上「彎曲」，而是回答「骨頭」，提示「咖啡」時則回答「杯子」，不用「馬克杯」。OK，午餐時間到了。下午時拉斯提格將受試者分成兩組，其中一組遇到提示字時，要回到最早的答案，也就是膝蓋—**彎曲**、咖啡—**馬克杯**。另一組人則想到什麼就說什麼，結果有一半的人會回答「彎曲」或「馬克杯」，一半則回答「骨頭」或「杯子」。很好，就像丟硬幣一樣。但是第二天，怎麼回事？當可以隨機回答的人們聽到提示字時，大多數人都說出第一次教的答案：彎曲與馬克杯。拉斯提格說，最早的連結已經變成大腦的預設值了。

這種心智會迅速做連結並用壓克力板裱起來的習性，記者太了解了。我記得在一九九一年為《紐約時報》的頭版寫一篇故事，報導一個了不起的發現，即人類和其它哺乳動物擁有數百個專門生產氣味受器的基因，這些分子散布在鼻道細胞裏，讓我們偵測周遭數以千計的各種氣味。我最初聽到其中一位研究者叫琳達・巴克（Linda Buck）時，腦海立刻聯想起另一個姓氏相似的琳達・亨特（Linda Hunt），這位紐澤西出生的女演員因為扮演一名印尼華裔的男子而贏得奧斯卡金像獎。好吧，兩者姓氏都有單音節母音U，而且英文有句俗諺 Hunt a buck（找一塊錢），對不對？叮咚，連結！現在誰是誰呢？一次搗蛋的交換！我繼續寫報導，幾個小時啪啪過去了，當我最後認眞謄寫時，不經意又回到先前「琳達的姓氏是單音節又很普通」的連結，最後打上了「琳達・亨特」。直到最後一刻文章要付印前，我重複檢查裏面的名字，結果發現這個錯誤而倒抽一口氣。我很幸運有時間做訂正，免去日後深深的懊悔與羞赧。琳達・巴克和合作者艾塞爾（Richard Axel）因為這項發現而獲頒諾貝爾獎，但是至今仍然不見奧斯卡獎的蹤影。

雖然像姓名寫錯這種簡單的事情很容易檢查訂正，然而面對自己的成見、誤解並說明原因時，則會變得更困難微妙。你的想法可能很模糊，不確定如何形成，當了解到自己是錯誤時，會不想承認，所以說：「去它的，這個我不在行，再見！」請不要這麼做，如果了解到自己也可能在向上彈的皮球上加個上箭頭，或是不曉得季節的成因，或是認為月相盈虧是因為地球的影子投射在月球上造成，而不知道眞正的理由時（月亮有一半都會被太陽照射到，另一半都是黑暗的。當月亮每個月繞地球旋轉一次時，我們會看到不同比例的光亮與黑暗部分），便怪罪大腦貪婪無厭，遇到什麼就撿什麼，放到最近或最順手的地方，縱使不對又如何呢？但是，若想得到眞理就必須願意犯錯，大家較不知道的是破解錯誤概念所得到的樂趣，而且錯誤並不愚蠢，有言之成理或好玩的地方。再者，一旦認識自己的直覺思考後，便有機會在需要時訂正修改、重新焊接，以更接近的科學眞理取代，就像剛出爐的硬幣閃耀光芒。

2 機率

鐘形曲線是最佳代言人

每個學期一開始，諾蘭都會教初級統計課的學生一則兩面通的人生基本道理：刻意安排很難搞得像意外，眞正的隨機卻很像是作弊。還有什麼比丟硬幣更能證明她的論點呢？

諾蘭將班上約六十五名學生分成兩組，其中一組人從皮包、口袋或向隔壁善心人士借一個硬幣，丟擲一百次，然後將每次的結果記在紙上。另一組學生**想像**丟硬幣一百次，將自己假想的結果寫下來。接著，學生們在紙上寫下只有自己知道的記號，將紀錄表面朝下交到諾蘭的桌上。

諾蘭離開教室後，學生們開始丟硬幣做紀錄，或是假想後做紀錄。諾蘭回到教室後，看每串一百個正反面的紀錄後，便能指出哪個是眞的，哪個是假想的。她幾乎百發百中，讓學生驚訝萬分。他們認爲老師一定作弊，可能是偷看或是有內線。但是諾蘭不用當間諜，因爲眞正的隨機事件有獨特的印記，在熟悉其模式之前，一般人會覺得隨機一定很亂。諾蘭知道眞正的隨機看起來會如何，也懂得如果隨機看起來不**夠**隨機的話，常常會讓人們覺得不舒服。

若眞正丟擲硬幣，會發現出現許多一連串相同的結果，例如連續五次正面或七次反面。若是丟得夠久，會明白這沒什麼大不了，因爲丟一、兩百次後都會發生這種事。不過，如果丟幾次便要做決定，例如看誰先選擇度假地點或是誰得處理死老鼠時，老是出現同面可會讓人心生懷疑。連續**六個**反面？這個硬幣從哪裏拿的？換**我**試試看。

在想像丟硬幣時，學生天生會提防發生「太多巧合」，於是在正反面之間來來回回做補救。一般若丟出三個相同的結果，學生腦海中便會響起警鈴，讓他們刻意改變結果。諾蘭表示：「當我檢查假想的結果時，連續同面的最高次數實在是少得可以，而且正反面交替的次數也太高了。」大家知道每次丟硬幣時各有一半正面、一半反面的機率，也知道丟一百次時大致上會得到各接近五十次的結果。所以好吧，四十八個反面、五十二個正面，我可以接受。但是連續六次反面呢？

諾蘭指出：「人們想要將五十－五十的原則應用在一段非常短的時間內。他們對機率有扭曲的感覺，認爲得到連續正面或反面的機會比實際小了許多。然而連續四個正面或四個反面的可能性是八分之一，因此發生機會還滿高的。」諾蘭用簡單的乘法規則便可導出數字①，因爲丟硬幣時正反面的機率各爲百分之五十，計算得到連續兩個正面的機率時，將兩次相乘即可：$0.5\times0.5=0.25$，也就是丟一分錢時百分之二十五的機會看到林肯兩次。如果想要看接下來是怎麼回事，只要繼續乘下去。投擲四次要見到四個正面，機率是零點五乘四次，結果是十六分之一的機會。若要

---

① 此乘法規則僅適用事件發生順序彼此無關的機率計算，例如投擲硬幣時。但若事件可能影響另一項事件時，則不適用。舉例來說，不能將留鬍子和留鬍鬚的個別機率相乘，而計算出一個男人同時擁有鬍子和鬍鬚的可能性，因為除了亞伯拉罕・林肯（Abraham Lincoln），有鬍子的男人通常也會選擇留鬍鬚。

計算見到四個正面或四個反面的機率，便要將這兩個事件的發生機率相加，1/16＋1/16＝1/8②。當然，要繼續保持同一面的機率會隨著多丟一次而大減，例如得到連續六個正面或反面的機率只有三十二分之一，大約百分之三。若只是丟六次，機會的確不大，但若丟一百次時，機率便開始加總向上了。

我自己試過諾蘭的方法好幾次，每次丟一百次硬幣超過十回合，結果每次都至少出現一次連續六個或七個同面，通常每次都會超過連續六個同面，伴隨多次連續五個與四個同面。我最高紀錄是連續丟九個正面，而且即使已明白箇中道理並決心要騙過老師，但要將這個結果放進幻想的丟擲紀錄表，我想到仍然會不舒服。

直到學生們見識到機率廣大的可能性之前，會把隨機當成是緊張抽筋：對不起、對不起，沒辦法停下來！他們會忍不住將結果翻來翻去，林肯（硬幣頭像）……林肯紀念堂……最後會得到什麼？一個模式。有了模式，再跨一步便是畫地自限，接著可憐的兔子便會自縛手腳。諾蘭解釋：「因爲許多人未能掌握隨機的眞正意義，對於『偶然』很容易附加意義。如果見到連續正面或反面的次數超過某個長度，便會開始找藉口。」

她說，從這裏可以找到迷信的根基。因爲不知道「偶然」發生的機率，我們心裏很好奇機率到底有多高？當然是微乎其微，絕不可能是湊巧！

② 這裏的加法原則需要兩個事件互斥，所以丟擲硬幣可適用，因為手上只有一枚硬幣，不可能同時得到四個正面及四個反面。

古斯（Alan Guth）是麻省理工學院的物理學家，他舉自己家裏的例子來說明，人們多麼容易將偶然看成是預兆。他有一位獨居的叔叔被發現死在家中，一位警察來通知古斯的母親這項不幸的消息。當警察在那裏時，古斯正在出差的姐姐碰巧打電話給媽媽。古斯說：「我媽媽和姐姐都對這通電話的時間點感到驚異，因爲正好與警察上門通知叔叔過世的時間一致，她們覺得這一定是心靈感應。」當古斯聽到母親轉述這則親人心靈相通的「奇蹟」後，忍不住做了一些簡單的計算。他姐姐通常每星期打一次電話給媽媽，通常在早上一起床後打電話，或是趁晚上有空時打電話，那時母親也最可能在家。警察大約在下午五點到他母親家裏，因爲有些重要的事情要討論，所以警察停留的時間可能超過一、兩個小時。

古斯說，綜合各項因素後，他姐姐打電話回家正好碰上警察登門拜訪的機率，和連續得到五個正面或反面是一樣的。他說：「我不認爲這是一件極不可能發生的事情。」他母親幸運能及時得到家人的安慰，但不應該解釋是心電感應。

若對機率有更深入的了解，就比較不會對巧合大驚小怪。我母親告訴我一個好玩的故事，她和一位舊識在六個月期間，彼此的命運好像被無聊的彼得潘牽連著。巧的是這個人是她以前的數學教授，用在這裏當例子頗合適。事情是這樣的：接連幾個星期，我的父母和這位數學教授不斷在曼哈頓的文化公路地帶相逢，包括外百老匯的一場戲、鋼琴演奏會、柏格曼（Bergman）的電影，以及現代美術博物館的莫內（Monet）「睡蓮」畫展。前幾次，我的母親和教授對兩者品味相近有點尷尬而笑，很快地他們遠隔展覽廳兩端點頭示意。難堪的是幾個月後，那是七月的法國，我父母第一次造訪巴黎，正當他們沿著林蔭大道聖米謝爾閒逛時，沒想到那位教授竟然坐在一間咖啡館前。從他拿報紙遮住臉孔的動作來判斷，我母親知道他已經先看見他們了。

假如我母親很迷信，就會認定老天要告訴她什麼事情（「教授討厭你！」）。不過我知道她超不迷信，而她自己也明白：(a)喜歡莫內的人也喜歡法國藝術；(b)巴黎以一流的法國藝術收藏而聞名天下；(c)「四月在巴黎」聽起來浪漫，但是「美國人逛巴黎」聽起來像七月；(d)戶外咖啡館是度過幾個小時最好的地方，除了喝一杯冷掉的濃縮咖啡、抽著菸灰缸裏還沒熄掉的高盧牌香菸，還有隨便翻翻的《哈洛德論壇報》（*Herald-Tribune*）。

劍橋大學的利特伍德（John Littlewood）是著名的數學家，他對闖入平凡生活的超自然力提出一種自然法則，稱爲「利特伍德的奇蹟法則」。和多數人一樣，他將「奇蹟」定義爲：百萬中一次，發生時會引人注目。根據這個法則，每人一生中平均每月發生一次「奇蹟」。利特伍德解釋如下：你每天外出和世界奮戰約八小時，平均每秒鐘可看到或聽到一件事情發生，所以一天總計有三萬次「事件」，每個月大概一百萬次。絕大多數事情你幾乎沒怎麼注意，但是對於驚奇之事經常不會忽視，例如酒吧的鋼琴師彈起你心裏想的一首歌，或是經過當鋪窗前瞥見十八個月前家裏被偷走的傳家戒指。是的，只要不是植物人，而且活得比蜉蝣久一點，生命會充滿大大小小奇蹟的！

因爲出生是奇蹟中的奇蹟，所以諾蘭也喜歡用「生日遊戲」，讓學生驚呼連連。她說，我打賭教室裏至少有兩個人的生日是同一天，六十五名學生左看右看，看不出是誰與自己的出生日期很接近，對老師的話抱持懷疑。諾蘭從教室一端開始詢問學生的生日，然後寫在黑板上，接下來換下一位，很快相同的生日出現了。學生很驚訝，如何在三百六十五天（或閏年三百六十六天）中、不到百分之二十的選擇裏出現這種事？首先，諾蘭提醒學生，討論的題目不是找出一個特定的生日配對，而是找到**任何**相同的生日配對。然後，她請學生從另一個方向思考問題：找不到相同生日的機率有多少？結果這個數字很快就讓眞相大白了，因爲每次新的出生日期列出來後，三百六十五天中可能找不到相同生日的日子又畫掉一天，然而每一次有人要宣布生日時，學生理論上可選擇的範圍都是三百六十五天。換句話說，一方數字一直縮小，另一方數字卻維持一樣。因爲這裏的機率計算是比較固定的可能選擇項目與縮小的可選擇項目（透過乘除），所以在六十五名學生中找不到生日相同的可能性很快降到百分之一以下。當然，預測只是可能性而非保證，不過抽象又違反直覺的統計學，卻一再在諾蘭的課堂上證明是衡量眞實的巧幫手。

諾蘭補充道，如果降低對成功率的要求，在聚會中有一半機率找到生日相同的人們就足夠了，那麼參加者剩下二十三名即可。所以說，若在雞尾酒會上湊到二、三十名人，便有超過一半的機會找到同日出生的人，他們可能會驚呼這種巧合，接下來討論星座話題。或者，若是這些人的生日碰巧是二月十六日，而且他們在這個想像的酒會上和我說話，他們會聽到許多生日相同的前輩，包括舊金山的攝影師蘇珊，她總是牽著金黃色的拉布拉多犬出任務；亞特蘭大的商人法蘭克，他向我分租公寓，總是在附近的酒吧裏高談闊論；還有蜜雪兒，是我弟弟的女朋友；別忘了還有我的高中男友羅比，他可愛聰明但很壞心，也許是他的上升星座，或者是他可憐的母親在懷他時吃了什麼怪東西。

透過尋找生日伙伴的遊戲，諾蘭的學生開始認爲世界的可預測性令人稱奇，本身又處處充滿驚奇之事。在這個世界，小數字可以很偉大，看來比實際更有意義：像23這麼貧瘠的數字，若沒有宇宙超級的勵志性演講者在後面鼓動，怎麼能夠表現得像365一樣呢？

這個世界何其大，讓稀罕之事也變成常常發生。像是彩券賣出千千萬萬張，結果發生讓人不可置信的事情。一名六十歲的澳洲男人在出門度假前買了一張樂透彩，但煩惱自己買錯彩券，於是請雪梨的朋友再買一張，然後回家後又煩惱朋友搞錯了，於是決定再買第三張彩券，最後三張彩券都中獎了。密爾瓦基有位婦人的先生對一套昂貴的實驗飛機組很迷戀，她回答說：「親愛的，沒問題，等你哪天中樂透吧！」這位太太的父親在十幾年前曾中過二百七十萬美元的兆彩頭獎，結果她先生眞的去買彩券，竟然也中了二百五十萬美元的兆彩彩金。或是主辦二十九州威力球彩券的官員，面對共有一百一十人要求兌現二獎彩金而起疑，因爲原先只預期有四到五人會中二獎。但這一百一十人都正確猜中六個號碼中的五個，依投注金額每個人可分配到十萬到五十萬美元不等的彩金。其實讓大家發大財的是幸運餅，因爲所有中二獎的人都是根據裏面的號碼下注，而這些幸運餅和五顏六色的玻璃包裝紙，都是在紐約一家華頓食品工廠大量生產的。

我們大部分人不習慣以「可能性」思考，而是混合個人感覺、信仰、慾望和直覺的方式過日子，所以「內在感覺」無疑是重要的資產。咱們的「內在」從喉嚨到出口大約三十呎，僅佔百分之十到百分之十五的體重，然而實際尺寸不能與無形價值相提並論，因爲這是內在感覺的來源，是我們所珍惜重視的。我們認識人們，打量他們並獲得定見，再拿來與熟識的人相較，直到找到近似者，然後將他們吞入腹內，接著便可以安心睡覺了。如果我們的內在直覺與邏輯、機率或證據發生衝突，猜猜哪一方會得勝呢？

德州大學的柯勒承認，自己參加婚禮時不一定會受歡迎。他聽到愛得發昏的新人們交換誓言，許諾會互重互信終生不渝。他聽到賓客們乾杯祝福，發誓這是天作之合，新人眞是天造地設的一對。柯勒心想，喔，過去一年總共參加四場婚禮，依序是：傑克和珍妮？山姆和布萊恩娜？布拉德和布萊娜？或是現在兩唇緊鎖的亞當和荷密歐妮？這四對愛得發狂的新婚夫妻，有哪兩對在十年後會到離婚法庭上殺個你死我活呢？畢竟雖然有小幅振盪，但是過去五十年來美國的離婚率都保持在百分之五十左右。

友善又健談的柯勒有時會不吝惜與其它客人分享想法。賓客看著他，彷彿他當眾打嗝，或是亂猜新娘罩杯是否與新郎薪水呈正比一般。

柯勒說：「大家覺得在婚禮上說統計很討人厭，想知道我怎能說得出這種話。怎麼搞的，你完全不了解新人耶！看人家多麼快樂相愛，大家又多麼高興滿足！這話是沒錯，但我也了解一般的統計學。我知道每對夫妻結婚時都會熱烈擁吻、乾杯祝賀且滿懷希望，所以這些小地方不會影響離婚機率。除非你能告訴我常態以外會影響判斷離婚機率的因素，例如兩人都是三十五歲以上，確實會降低離婚的可能性，否則我會認定正常的統計風險有用。」外表看來像有一頭塌塌黑髮的麥克・福克斯（Michael J. Fox），柯勒堅持自己不是「憤世嫉俗又度量狹小的男人」，或是一名自命不凡的學者，相反地他自己最近也結婚了，只是他習慣把世界看成是一個龐大的樣本空間而已。

他說：「人們不容易注意到樣本空間的背景資料，會只關注前景資料而忽略背景脈絡，光憑表面就全盤接受。」

柯勒也指出，他不只一次在飛機上引用機率，幫助身旁緊張的乘客平靜下來。他告訴他們，必須每天搭客機一萬八千年，遇上墜機的可能性才會超過百分之五十。知道一萬八千年有多久嗎？「是農業誕生距今兩倍久的時間耶！」

柯勒也研究一般人在決定如何投資金錢時所犯的錯誤。在一項研究中，他和同事莫塞（Molly Mercer）讓受試者看共同基金的假廣告。第一組測試時，他們提供一份操作紀錄顯赫的小型基金公司廣告，這家公司只操作兩檔基金，但是每檔表現穩穩超過市場基準如標準普爾指數等指標。現在第三檔基金即將上市：誰想要投資呢？第二組受試者看到一家大型共同基金公司的廣告，提到所操作的三十檔基金中有兩檔是市場指數的「大贏家」，這家公司目前也正在爲新檔基金尋求投資者。第三組也是看第二家大公司的廣告，這次只凸顯兩檔明星基金優異的報酬率以吸引新顧客，但完全沒有提到其它基金的表現，當然這些績效較不起眼，投入的資金可能消失在市場了。

柯勒和莫塞發現，受試者一般對小公司的操作績效留下深刻印象，表示願意投資最新上市的基金，但是對於有三十檔基金的大公司則印象平平。柯勒說：「人們看出來了，哦，你用三十檔基金中表現最好的兩檔唬我。對不起，沒興趣。」但是當面對第三則廣告時，也就是吹噓兩檔強打卻不提其它基金表現水準的同一家大公司，受試者又受燦爛前景所誘，以擁抱小公司的熱情歡迎這家大公司。

「以數學分析，投資二vs.二的基金公司是較佳的投注，表現更可能超過那個二vs.問號的公司。」柯勒說：「但是人們常常會忘記問，這裏的問號是多少？壓根沒想過樣本空間。」

我們這些貧窮的凡夫俗「子」，渴望找個地方種下薪資單，可惜法律並沒有規定共同基金的廣告必須揭露投資損失，所以也很少見到這類資訊。不過，即使是「專家」的忠告，也不見得會讓人提高眼界，柯勒指出：「我們的假廣告都得到相同的反應，不管是大學生或專業投資家。」

柯勒承認，要想到樣本空間、背景脈絡、各式參考資料等，並不是容易之事。他說：「我們天生不會以**或然率**思考，而是以主觀、感覺、隨性的方式回應人生的課題，雖然有時候代表衝勁十足，但其它時候卻會遮蔽判斷力，甚至完全錯誤。」柯勒幫助學生培養量化思考，用著名的「琳達問題」這類最主觀的人際課題做練習。他給學生看一段描述，有一位假設性的人物叫琳達，她芳齡三十歲，大學主修哲學，是榮譽畢業生，對核子凍結和反歧視運動都很活躍。

在這份小傳記後面列出八項陳述，請讀者依照最符合琳達的描述排列順序，包括：琳達是銀行行員；琳達是女性主義者；琳達已婚且有兩名小孩；琳達居住在大學城；琳達是女性主義者與銀行行員。

柯勒說，讀者又再度表現出對琳達的認知。他們將「她是女性主義者」排最高，再來她可能住在大學城裏。至於已婚生子，嗯，誰說得準呢？所以排在中間。但是銀行行員呢？這聽起來完全不像琳達，所以大都被放到最底下。不過，她可以是女性主義者**又**是銀行行員，不是嗎？讀者會把這個選項排列在「她是銀行行員」的前面。柯勒指出：「幾乎百分之九十的人都這麼做，他們辯稱她一定不是銀行行員，但有可能是銀行行員又是女性主義者，因爲這樣才稍微像琳達，這便是一般人對可能性的想法。」

當然，琳達當銀行行員的可能性，會比同時是女性主義者與銀行行員更高。因爲要成爲銀行行員和女性主義者，一定得是銀行行員才行；而且無條件事件發生的可能性（當銀行行員），總是會比兩件事件共同發生這種有條件的事件（當銀行行員，並且對西蒙・波娃〔Simone de Beauvoir〕和喬達・樂納〔Gerda Lerner〕的作品很熟悉）更高才對。

然而即使可以接受琳達是女性主義的銀行行員，但對於琳達只是一名銀行行員的想法會讓人不舒服，有些人甚至認爲單單這項工作，會扭曲、否定或沒能呈現出琳達一項很重要的特質。好比有人問我父親的工作時，我覺得一定要這麼回答才合格：他是奧的斯（Otis）電梯公司的機工，但也是一名藝術家，擅長很複雜的鋼筆畫（所以不是阿爾奇・邦克〔Archie Bunker〕）。或者，人們可能會無意識地在「琳達是銀行行員」的陳述中，加上「但是她不是女性主義者」的子句，與「琳達是女性主義者和銀行行員」的陳述成爲直接對比。

雖然這種將條件陳述列在無條件陳述之上的衝動，是可以理解又很常見的，但卻不正確。當柯勒的學生了解自己衡量錯誤後，起先覺得很愚蠢，然後很熱中地將這道題目拿來測試家人朋友，最後獲得解放。他們可以將考慮背景資料的新智慧應用在哪裏呢？

將追蹤空間樣本的效果，用來解讀醫學檢驗報告最爲明顯了。許多研究顯示，醫生不見得擅長於適切詮釋可能性評估或檢驗結果，使病人有時會不必要或太早陷入焦慮，於是求神拜佛或提早安排後事。

讓我們用一個純粹假設的例子來說明。你到診所做例行檢查，碰巧注意到張貼「每月新知」的告示板：愛滋病檢驗有「百分之九十五的正確性」。你並不是標準的高危險群，雖然念大學時曾染上陰蝨，不過自己是有責任感的好公民，而且爲周全起見，決定捲起袖子做檢查。一星期之後，一位臨時代工的櫃台小姐打電話告訴你一則殘忍的消息：您的檢驗呈現陽性。剎那間時你感覺腦部血液全部衝到那些疣上了。你說不出話來，小姐喃喃說她是多麼遺憾，她也很愛電影「費城」（*Philadelphia*）裏的湯姆漢克。你應該多難過，尤其是看過「一隻紅鞋的男人」（*The Man with One Red Shoe*）後從未原諒他？檢驗有「百分之九十五的正確性」，假定不是發生搞錯試管或報告等重大失誤，那麼檢驗結果陽性的你有百分之九十五的機率感染愛滋病毒，對不對？

放輕鬆。即使果眞是你的血液檢查出陽性，但實際是HIV陽性的機率會比百分之九十五小許多。在自由市場中，檢驗準確性會依據母製藥公司的需求與特性而改變定義，但是大抵意義如下：一方面，檢驗可以正確偵測出百分之九十五有愛滋病毒的人，但卻檢驗不出百分之五的感染者；另一方面，檢驗會將百分之九十五非帶原者正確列爲陰性，卻會錯誤地對百分之五非帶原者做出陽性結果，這就是獲得安慰的空間。爲何對百分之五的僞陽性數字應該感到慰藉？因爲這個數字後面的樣本空間太廣大了。在美國，感染愛滋病毒的病例仍然相當少見，約是三百五十人中有一人帶原。將數字放大一點看，這表示十萬個美國人中有二百八十五人是HIV陽性，但有九萬九千七百一十五人不是。若是十萬人全部接受愛滋病篩檢，會有什麼結果？檢查將找到二百八十五名病毒帶原者中的二百七十一人，但是卻會對約四千九百八十六個非帶原者帶來錯誤的恐慌。欲計算陽性結果代表眞正受感染的機率，是將樣本空間裏眞正的陽性結果（271）除以全部的陽性結果（僞陽性4,986＋陽性271＝5,257），可能性是百分之五。所以那通讓你天旋地轉的電話，其實是告訴你有百分之九十五的機率**沒有**感染病毒，正好與你原先擔心的情況恰恰相反③。

③　我一定要強調「百分之九十五準確性」的數字純粹是假設，今日檢測愛滋病毒的準確率更高，超過百分之九十九點九。不過，由於醫療化驗和「例行篩檢」的比率急速增高，也讓許多人因為偽陽性結果之高而痛苦不安，這點應該要小心。

的有趣習題。偉大的義大利物理學家費米（Enrico Fermi）是二十世紀的科學巨擘，曾在二次大戰期間負責曼哈頓計畫。這項重責大任的壓力自然不輕，爲了讓製造炸彈的同仁們振奮士氣和接合磨損的神經，費米會丟出一些智力大考驗。例如他問，芝加哥有多少位鋼琴調音師？或者，每人每年會消費多少磅的食物？費米認爲，一個好的物理學家或優秀的思考者，面對任何問題時應該能夠想出有步驟的獨特解題法，並且提出的答案必須落在正確的「數量級」，也就是說，估計的數字不用乘或除十倍以上，便能包括眞正的答案。如果眞正的答案是五千四百，估計數字應該在一千到九千九百九十九的範圍內；如果答案是三萬三千，則費米認爲差距的範圍應該是從一萬到九萬九千九百九十九。

這彈性夠大了，但是在芝加哥這個城市裏，你只跟機場有幾面之緣，又如何能估計鋼琴調音師這罕見的行業有多少人呢？物理學家克勞斯（Lawrence Krauss）在《害怕物理》（*Fear of Physics*）這本書中，告訴我們如何估計。他說，芝加哥是國家最大的城市之一，表示人口一定高達數百萬，但不會是美國重量級都市紐約的八百萬人口。假定芝加哥有四百萬人口，等於有多少家庭呢？假設每戶住四人，所以大約是一百萬個家庭。想想你認識的人當中家裏有鋼琴的比率，可能是百分之十吧？所以我們猜芝加哥約略有十萬架鋼琴偶爾需要調音。什麼是「偶爾」呢？每年一次是很合理的猜測，費用假設是每次七十五到一百美元。現在想想看，專職的鋼琴調音師需要爲多少鋼琴調音才能養得活自己？一天兩架鋼琴，每星期十架，每年四百到五百架？因此我們將十萬除以四百或五百。綜合所有的推測，我們預期在這個摩天大樓誕生之地、幫派組織穿西裝打領帶，以及一九七〇年代培育出一個著名搖滾樂團的城市裏，有兩百到兩百五十個人專職調整琴弦。克勞斯在自己最權威的數量級寫道：「這個粗略的估計告訴我們，如果找到的調音師少於一百個或超過一千個，會是令人驚訝的結果。」真正的答案是一百五十個左右，所以不需要去收驚了。

換我了，我決定估計看看我們居住的蒙哥馬利郡（介於華盛頓特區與巴爾的摩之間）有多少輛校車，主要是我很好奇在這裏超多的「雪天假」中，有多少校車會遭到閒置（馬里蘭州似乎不太喜歡剷雪，所謂「雪天假」不是根據到底有多少白茸茸的積雪而定，而是看到戶外冒險需不需要穿外套決定）。

無論如何，蒙哥馬利郡擁有多少搭載孩子們的快樂黃戰車呢？由於每年十一月我都會仔細看選舉結果，所以碰巧知道本縣大約有五十萬個註冊選民。我也知道，由於接近美國首都，選民對政治較來電，選民登記的比率很高，也許在資格的選民中佔百分之七十，因此我會估計成人的人口是六十五萬左右，或大約有三十萬對夫妻。這些夫妻有多少年齡在二十五歲到五十五歲之間，也就是在人口統計學中可能有學齡兒童的階段？讓我們說有十五萬對，而且一半夫婦有孩子，最常見是每對夫妻有兩名子女，其中一點五人在學。所以蒙哥馬利郡的學校裏有十一萬名小孩，有些小孩上私立學校，有些住得近走路可到，有些則是吸著鼻涕很可憐，大人就會開車接送。所以讓我們把搭校車的人口減少一半，變成五萬五千人。一輛校車能裝進多少小學者呢？也許是五十人？所以現在剩下一千一百輛校車。但是在下定論前，必須先想想看校車每個早上會跑過多少條路線，像是我們隔壁的青少年必須趕早上七點十五分的校車，而我讀小學的女兒卻在七十分鐘後才搭車上學。假設每輛校車一天走兩條路線，我打賭蒙哥馬利郡的公立學校約有五百五十輛校車，或落在一百和一千之間。

查閱蒙哥馬利郡的教育網頁後，我發現這裏大約有二百五十輛校車，是預測的一半，但仍然在十倍的範圍內。當然，你可以說我一開始查網路就省了許多麻煩，但是我喜歡這種練習，可以思索謎題的每個部分，推算我周圍住了多少成人，有多少人生兒育女，又有多少和我女兒是同一世代、一起參加學校考試的小孩……。平常透過費米動動腦的練習，可以增進對世界的了解，探究每個部分如何串連。而且學會承認自己不知道某件事情，本身就是一項有價值的技巧，若是能運算數學來減少無知則更棒。比如說，有個同事誇口說目標想慢跑地球圓周一圈，你有些不好意思，因為不知道或者忘記地球圓周是多少。可是你不喜歡這位傲慢的同事，不想問他以免正中下懷，讓他得意忘形。所以你趕快大略估算一下，先想一些知道的地理知識，例如一段長途飛行的時間：我先生最近搭乘新加坡航空公司從紐約直飛新加坡，十八小時的航程中他大部分都在睡覺，不過還是想辦法拿到了一只可愛的熱水瓶，還有一雙防滑拖鞋。從美國東岸飛新加坡非常遙遠，我猜大概是地球的一半。噴射客機平均每小時約五百到六百哩，所以到新加坡大概是九千到一萬一千哩，兩倍便是一萬八千到二萬二千哩。地球的圓周在赤道上實際是二萬四千九百零二哩（或者對大多數世人是四萬零七十六公里，包括住在赤道的人），我們飛行常客的答案在費米的數量級規定當中。然而搭噴射機是一回事，眞的踩遍全世界又是另一回事。打量同事寬廣的腰圍，並不是運動家的體格，你露出大大的微笑，祝福他好運。爲什麼隨便一次的量化推論，竟然讓你變得親切好心了？

馬克·吐溫針對量化推論和或然性分析的力量，曾經對統計下了註腳：該死，它們會說謊。

一九五四年有一本很好玩的經典科普書籍《統計會說謊》（*How to Lie with Statistics*），作者荷夫（Darrell Huff）在書中揭露專家如何和凡夫俗子每天做相同的事。拿用到濫又很可疑的術語「具統計重要性」來看，若稱某項結果「具統計重要性」，好像就沒有質疑的餘地。「甚至一些科學家和醫師已經被洗腦，認爲這個神奇的詞彙就是每件事物的答案。」費因斯坦（Alvan Feinstein）如此聲稱，他是耶魯大學醫學院的醫學與傳染病學教授。但是「具統計重要性」究竟有何意義呢？雖然定義會根據誰引用而改變，這個詞通常指科學家對相關性研究的可能值（p值），例如某項基因突變和某種疾病之間的關係有百分之五的可能值，表示這個新發現的相關性有百分之五的機率是偶然發生，亦即有百分之九十五的機會這個結果並非偶然。根據科學界共識，p＝0.05是最低通過分數，可產生「具統計重要性」的結果，有資格在全球二萬份研究期刊中發表。但想想看這種程度的重要性多麼容易打敗，頓時淪爲無意義的胡扯。上面提到假設性的愛滋檢測有零點零五的p值，也就是「百分之九十五的準確性」。結果呢？僞陽性的池子大到足夠游幾圈。基於這點理由，許多科學家對此寬鬆的信心標準感到不舒服，他們要等到p值小數點的右邊有更多零才敢發表結果，那麼結果僅僅是誤打誤撞的可能性，將會和得到兩次諾貝爾獎的可能性一樣小。

另一個**滑溜**的統計用語相當受到歡迎，也常受到政治濫用，那就是「平均」。例如總統減稅計畫的平均退稅是一千五百美元，聽起來滿不錯的，直到你發現統計上的「平均」不是指尋常美國家庭所期待的一般退款額。統計上的平均（也稱基準）是**平均數**，是將所有數量相加再除以個數總和後得到的數字，在這裏是將退稅總額除以退稅名額。這種計算的問題很容易遭到扭曲，例如有一些大額的退稅支票包含在內。若是在布朗士區克斯頓街上，有二十戶人家平均退稅額是一百美元到三百美元不等，但是曼哈頓葛拉梅西公園有戶人家可望獲得國稅局一張七萬美元的支票，那麼二十一個家庭的「平均」退稅額將是三千五百美元左右。哇，布朗士區的人會說「感恩喔」，我已經覺得比較有錢了，您介意我爲住在布朗士區歡呼幾聲嗎？

另一個能揭露更多資料的是**中位數**，將二十一張退稅支票從最小排到最大，看看最中間的第十一張支票，大約是兩百美元退稅額，這個數字比起那些面貌模糊的「平均」，更能眞實呈現一般人家將會收到的退稅額。在這些日子裏，有鑑於美國國民收入的貧富差距日益擴大，經濟事宜最好以中位數來探究，會比平均或基準更準確。若是將少數像比爾・蓋茲（Bill Gates）或華倫・巴菲特（Warren Buffett）的財富，納入任何「收入基準」的微積分裏面，會使全部的人看起來都很富有，即使絕大多數家庭賺得比這個平均數少了許多，或者比他們每個月要付的信用卡帳單還要少。

不過，平均數與中位數不一定總是差這麼多，許多時候兩者會在遠近馳名的鐘形曲線下相見歡。鐘形曲線是重要的科學原理，但湊巧在一九九〇年代中期有了新意涵，因爲那時默里（Charles Murray）和赫恩斯坦（Richard Herrnstein）拿來做書名，結果這本關於種族與智商的書籍成爲他們最暢銷的作品。不過，「鐘形曲線之觀念」比「鐘形曲線之天空」更加深刻與廣闊，尤其是心血來潮想估測世上有多少事物可容納在鐘形曲線之下。比如說走進雛菊田裏，測量三百朵花的高度，將結果畫成圖表，會發現有些矮個子在圖的左邊，有些高個子在圖的右邊，但是大多數都聚在中間，分布圖會呈現鐘形。你也可以測量雛菊葉片或是黃色花朵的大小，但不管測量何種特徵，結果都是只有少數與眾不同者（小胖葉或月圓臉），大部分會聚在一個中間值附近，不管你認爲這是平均數或中位數，幾乎都可以定義爲是這些花仙子迷人的平均身段。

諾蘭也在課堂上扮演裁縫師，將鐘形曲線帶到生活中。「我對學生做許多不同的測量，包括身高、肩寬、上臂長、下臂長、指距寬。」她將六、七十位學生的測量畫在黑板，讓他們知道自然如何喜歡漂亮的拱門。

相同的鐘形曲線也可以定義丟硬幣的結果。如果一百個硬幣丟一千次，或許有比率差很多的情況出現，像七十一個正面和二十九個反面，或更奇怪的八十幾個正面和十幾個反面，但是大多數都會接近五十個正面和五十個反面。

找到一個問題的常態分布曲線，正是科學研究的一部分。平均值是什麼，如何知道已經找到了?假設要研究一所大學裏學生平均的酒精飲用量，應該訪問多少人，才有信心說抽樣沒有偏頗，不是找到太多兄弟會成員、說謊人士或耶穌再臨論者?何時才知道已經收集到足夠大的樣本，讓鐘形曲線的中點有意義，捕捉到研究題目的眞實代表性?我們不想像出去獵鴨的三位統計家一樣：第一個人開槍，子彈飛過鴨子上方六吋，第二個人的子彈飛過鴨子下面六吋，第三個人高興大叫：「我們射中了。」決定樣本應該多大才能得到正確的統計，這是一個很複雜的問題，而且要看研究哪種問題而定，不過大體上有些原則可以適用：樣本應該大到實際又具經濟可行性；一旦樣本人口選定後，挑選上應該盡量周全，若是樣本渴望被挑選，則會玷污可信度，這是爲什麼養眼雜誌若進行讀者的性別調查，結果會比雜誌裏面的女性衣著更難暴露涵意。一位優秀的民意調查專家，會不斷找尋最不想要合作的人士來調查。

生命中有這麼多事物——從人類小指長度到丟骰子，所有的資料點都會形成一個鐘形曲線的模型，這個事實指出人生很根本的東西（如果不從精神層面來講的話），那就是平凡比特別更容易，平凡是不管測量哪種東西，都落在常態分布裏面某個地方，不足或傑出則同屬於特別的範疇。每個父母希望子女能成爲格特魯德·史坦（Gertrude Stein）所說的「一個不朽的人物」，而電視上勵志型節目總是以小孩夢想成爲成功的大人物爲重點，像是下一個愛迪生（Thomas Edison）、家喻戶曉的大主廚，或是第一個登陸火星的太空人。然而分布理論顯示，數值會齊聚中點附近，而平庸者喜好同伴。結果，要讓大部分孩子都變成「傑出」、「天才」、「才華洋溢」等唯一的方法，便是重新定義這些詞語（「當然，你是特別的：人類歷史中沒有人和你的DNA完全一模一樣！」），爲每個人加分，或者大家都不要排名次。

鐘形曲線不是翻版印模，中點會發生偏移，有時緩和、有時劇烈。例如，公共衛生的做法稍微改變一些，包括使用下水道排放髒水，或是鼓勵醫生看診時勤勞洗手，在一八〇〇年代中期到一九〇〇年代中期，幾乎讓美國的平均壽命加倍。二十世紀發生另一次大跳躍，美國出生長大的移民子女很快超越父母的身高，將男性與女性身高的鐘形曲線高點再往上推高幾英寸。過去半個世紀以來，平均IQ分數也提高了，但原因仍然不清楚。

無論鐘形曲線往哪邊搖擺，一定會有個貪婪的大拱門，將大部分人口吸納進去。的確，鐘形拱門的拉力不分情面，爲此贏得一個稱號：回歸平均。在這項原則下，突出者會隨著時間失去優勢。如果兩個特別高的父母有一名子女，這孩子可能比一般人高，但是會比同性別的父母稍微矮些，換句話說，孩子將回歸平均。爲何如此？因爲父母身材特別高，是綜合基因遺傳與成長過程中一連串有利長高的偶發事件而成，雖然可能將促進身高發展的基因傳給下一代，但後天有利身高增長的機會環境將重新歸零，不太可能又是一連串的加號。雖然這種事有可能發生，但是機率並不看好，就像是媽媽一連丟到五個正面，把硬幣交給女兒後，希望女兒也能一連得到五個正面，但可能性不大。雖然全部人口在身高或智力方面的平均可能與時俱進，但回歸平均會加以抵消，讓太臭屁的人回歸平凡。

包洛斯則建議，利用回歸平均來解開《運動畫報》（*Sport Illustrated*）的不祥傳說：曾經有人長期觀察發現，經常在運動員登上《運動畫報》的封面後，不久就走入下坡，不是傳球失誤，就是發球很爛，或是襲擊球迷。這種不光彩的轉變或許可歸咎於成名的壓力，或者是落入自我實現預言的迷信裏，但是包洛斯另有想法。他說明：「何時會登上《運動畫報》的封面呢？可能是有段時期表現特別優異，正處於運動比賽的巔峰。然而這也暗示，恐怕久留峰頂的時間不長了。」

這個道理也可以用來解釋另類療法史上的諸多奇蹟。當人們尋求另類療法時，經常已是生病一段時間但主流藥物不見效果之際，使得無計可施的人們只能另尋仙丹妙法。有朋友推薦使用蜜蜂花粉、鯊魚軟骨或熊麅細粉，他們決定豁出去試試看。一星期之後，情況已大大好轉，兩星期之後，又是活跳跳一條龍。爲什麼醫師不一開始就推薦這些方法呢？是因爲製藥業不能申請專利或無法從中獲利，所以沒有分發宣傳手冊與免費樣品嗎？或是醫生度量太小，對於這種好像可以從亂七八糟的刊物訂購的東西不屑一顧？或者，病症治癒與使用這些東西無關，而是另一個回歸平均的例證。因爲經過幾個星期病情的起起伏伏後，我們回到原先健康舒適的狀態，回歸免疫系統創造的生理基準——平日我們多半視爲理所當然，直到不見了才呼天喊地。

勇於將自然康復歸功於是自己願意多方嘗試，這一點證明了人類渴望掌控自身的命運。這樣子很好，但也凸顯出我們常會將因果關係與相關性混爲一談，容易遭到統計的蒙蔽。兩件特質或事件時常相伴出現，並不代表具因果關係，有時候很容易分辨兩者其實各不相干。例如，在瑞典許多人是金髮碧眼，但是維京人冷漠的目光與髮色並無相關。有些時候，共同出現的特質乍看具有因果性，但是在畫出關係圖前一定要小心，例如許多高中輟學生會抽香菸，在美國未完成高中學業而抽菸的成人人口佔百分之三十五，相較上有大學文憑的抽菸人口是百分之十四。但學歷和抽菸具因果關係嗎？又哪個是因，哪個是果呢？中輟生是大學畢業生抽菸者的二點五倍，是因爲他們還沒學到抽菸是壞習慣之前，便離開學校嗎？是因爲中輟生找到不好的工作，讓他們容易覺得沮喪，而尼古丁刺激又令人放鬆，正好是生活不順遂的人渴望的宣洩？或者，愛上香菸促使人們輟學，得去找工作支付買香菸的錢，並藉此擺脫師長的監控？或者，輟學和抽菸是叛逆的象徵，凸顯對社會的敵意？或者，輟學和抽菸是屈服的象徵，代表對某個幫派組織的投靠效忠？

對於行爲或結果亂點鴛鴦譜，往往會蘊藏危險，但還是有人樂此不疲。在《統計會說謊》這本書中，荷夫引用一則週日副刊報導爲例，針對讀者有上大學與未婚機率的疑問，一名編輯答覆：「如果你是一個女人，上大學將會讓你變成老處女的機會大大增加；如果你是一個男人，將會有相反的效果，念大學會讓你孤家寡人的機會降至最低。」編輯引用一份康乃爾大學針對一千五百名「典型中年大學畢業生」的研究，其中有百分之九十三的男性已婚，相較於一般人口是百分之八十三，而研究中只有百分之六十五的女性結婚，編輯下警告：「大學畢業後未婚女性是一般人口的三倍！」對於一九五〇年代的女孩，這堂課很清楚：上大學如同變肥婆或染上輕微小兒痲痺症，將會大大降低發展浪漫史的機會，男生不會和書蟲同學結婚的。

不過，積進派的戴倫對此很氣惱。在我們隨便吹口氣，將一個相互關係化成直線的因果關係之前，誰說在康乃爾調查的那些「老處女」想結婚？她們可以將上大學視爲是逃脫婚姻制度，且得到經濟獨立的方法。就這點來說，若大專院校的女性原本就比一般女性更重視個人，誰知道大學經驗可帶來什麼衝擊？若是她們沒上大學，說不定結婚的比例會更低。荷夫指出，這些可能性是同樣有效的推論，「統統是猜測。」

擅長統計的人們如果願意的話，可以將數字玩弄於股掌間，直到它流下「九十六滴眼淚」爲止。當《刺胳針》（*The Lancet*）的編輯要求送交更詳細的統計分析時，牛津大學的培托爵士（Sir Richard Peto）清楚表明這種立場。培托是傳染病學家，他和同事們送出一篇具里程碑意義的報告到英國著名的醫學期刊。他們的研究人員顯示，如果在心臟病發幾個小時內服用阿司匹靈，病人將會有較好的存活機會。《刺胳針》編輯想請這群傳染病學家將資料再細分研究，看不同情況的病人服用阿司匹靈後有無更好的效果，例如病人的年齡、先前的健康狀態等等特徵。理查爵士不肯，他知道若將數字切得太細來操作，可能會出現假關聯。但編者堅持，最後培托讓步了，給他們一份補充計算，但是對方必須同意在期刊上加註，告知讀者對於分組計算後所發現的一個統計「關聯」，應保持適切的懷疑。培托寫道，阿司匹靈可能對於十個星座月份出生的心臟病患有救，但是對於恰巧是天秤座或雙子座的人，可能抱歉了，這藥似乎沒有作用（現在患有或疑似患有心臟病的天秤座和雙子座們，可請教醫生、占星家或有線電視公司，看看「水楊酸」是不是對自己更適合；但是絕對不該聯絡培托博士，因爲他是金牛座）。

聖路易有一名生殖科醫生席柏（Sherman Silber），也用相同的手法指出亂湊相關性的危險。

他和兩名同事從二十八位不孕症病人的資料中，刻意隨便找因素研究相關性，他們利用電腦程式找出任何可能讓這些病人懷孕的特質或特徵，結果得到姓氏字首爲G、Y或N的人更能幸運地成功受孕生子。席柏博士承認對發現這種巧合感到有點得意，但也提出警告說，許多科學與醫學文獻上「具統計重要性」的相關性研究，很可能像他的GYN（婦產科）理論一樣外表好看，但不幸的是很少例子能夠一眼看穿荒謬，不會輕易上當受騙。

如果醫生或研究人員都很難認出PubMed（美國國家醫生文獻資料庫）上會騙人的相關性研究，平常人更難逃出偶然邂逅的騙局。雖然一律不相信統計數字，以便保護自己的方法很誘人，但是麻省理工學院的統計學家摩斯特勒（Frederick Mosteller）卻對此指出：「用統計說謊很容易，但是不用統計說謊更容易。」荷夫倒是建議可以採取一些步驟「駁回統計數字」。許多科學家最推薦的方法是提出一個簡單的問題：根據你所知道的客觀事實，這些數字、發現或相關性有道理嗎？「你必須看有無生物學的可能性。」兒童健康與人類發展國家研究院兒科流行病學主任米爾斯（James L. Mills）說：「許多經不起時間考驗的研究發現，在一開始看起來就沒道理。」

我曾經報導過靈長類動物學世界裏一項驚人的發現：在黑猩猩典型的社會配置裏，是由多位成年公猩猩與多位成年母猩猩構成，牠們之間會進行瘋狂的雜交，有如曼哈頓曾經蔚爲風潮的柏拉圖休息站。但根據達爾文派的說法，這些公猩猩經常是做白工了，因爲DNA分析指出，有一半的黑猩猩寶寶似乎是外面的種。這怎麼可能呢？該項發現將近親繁殖但競爭激烈的黑猩猩研究社群，搞得天翻地覆。經過數十年的田野調查，珍·古德（Jane Goodall）**背後**認真的黑猩猩觀察員說，確實沒有看見翻牆而來的採花大盜，也沒有母猩猩紅杏出牆偷歡去。

答案很簡單，就是「搞錯了」。另一個研究小組在一年後判定，原先看起來就不太符合生物學的發現果眞是錯誤的，這個令人遺憾的結果是因爲不完美的基因樣本，與具誤導性的黑猩猩DNA統計比較搞混了。再重新分析DNA後，靈長類學家得到分子證據與田野研究進行比對，顯示該地的公黑猩猩果眞是身旁嬉戲的小毛頭的親爸爸。

科學鐵律又再度證明有效：當面對一個令人驚訝的結果時，應該保持一顆懷疑的心，直到該項發現已另外獲得證實；而且最好是由敵對陣營證實，因爲他們一定最不希望是這樣的結果。

另外要對統計數字提出的疑問包括：誰是研究發現者？是有政治、經濟或情感利益的團體所發現的結果嗎？製藥公司鼓勵女性用荷爾蒙治療克服所有老化現象，是因爲擁有龐大的經濟誘因。這導致一九九〇年代之間，眾多女性深信普力馬林（Premarin）等藥物具有強心健骨、保持肌膚彈性等等好處，所以忽略荷爾蒙會提高乳癌機率的風險。但是當公正無私的「女人健康權益會」出面當陪審團，從全國性探討荷爾蒙的價值時，發現相關風險竟然讓好處小到幾乎可忽略不計。不幸的，大多數的藥物無法得到相同層級的關注，能夠利用國家的經費來仔細審視。製藥產業多半是自己支付試驗費用，這些年來業界強詞奪理或者漠視疏忽的例子已經浮出檯面，包括消炎藥偉克適（Vioxx）具危險性的警告受到忽略，一些抗憂鬱劑會提高青少年自殺風險的證據受到壓抑。所以，自己最好問問看統計數字從哪裏來，是否受到公正第三方的證實。

我們也應該試著將統計數字放置在大角度裏思考，將關鍵的背景事實擺到前面。如果聽說兒童癌症病例在一年來上升百分之五十，最好找出前面五年的數字。兒童癌症總是破壞性強大，但是值得慶幸的是，這類惡疾的常客白血病或神經細胞瘤，仍然相當少見。因爲這是稀有的疾病，所以多幾個病例將會讓比率大爲不同。因此，應該看看過去數字如何隨著時間變動，如果十年內有持續穩定增加的趨勢，那麼相關的警訊報導値得注意。但若是奇怪的高低起伏，流年不利可能是很好的解釋。

最重要的是記得數字不是神祕難解、絕不出錯，或總是好心腸的。許多人說討厭自己被當成「只是另一個統計數字」，但是統計數字從來不「只是」統計數字，是人類的心智產品、好惡判斷、想像、偏見與弱點。學習量化推論，可幫助我們戰勝對數字全盤接收的傾向，我有一位小親戚最近考SAT，滿分是一千六百分，她拿了一千三百分。我們家人當然認識她許多年了，但是我們現在總算有個數字可以公告天下：她相當聰明，但不是絕頂聰明。幾個月後，在沒有家教幫助或是上開普蘭課程的情況下，她又考一次試，結果拿了令人咋舌的一千四百一十分！所以她不只是普通聰明而已，她可是聰明極了。

學術性向測驗可眞是人類的發明，一小撮老學究爲一大群少年人出題，但是我們認爲結果具宇宙性的眞理。當考出兩個不同版本的眞實時，我們如同任何親愛的家人一樣，會認爲第一次的數字在說謊。

3 校準
把玩尺度

在七原罪當中，解藥最包羅萬象的該當驕傲之罪。需要馬上打一針謙卑的血清劑嗎？爬到山上風景佳的眺望點，注視綿延起伏的大地沒入地平線的盡頭，豈有餘暇回頭瞅你一眼？或者，凝視沙漠裏星光熠熠的夜空，想想看收入眼簾的不過是銀河系裏三千億顆星星中約二千五百顆星星而已，宇宙間卻還有一千億個星光璀璨的星系啊！探訪墓園也可矯治驕傲之罪，不過不是去瞻仰紐約大教堂旁的附屬墓園，那兒只有零星豎立幾塊碑石，飄蕩些許陰森肅穆之氣，我建議大家造訪皇后區的蒙提佛紀念墓園，我的祖母與其兩位手足等，約有十五萬人長眠此地，整座墓園綿延長島高速公路旁，佔地數百畝之廣。

然而在眾多的謙卑解藥之中，對我最有效的解藥往往也是最卑微藐小的。不久前，我回到童年住過的布朗士區，卻感到一股侷促不安。並不是那個地方變化太大，雖然我們住的公寓變成停車場，但是周遭許多二次大戰前的建築物仍然存在，提醒人們過往的曾經。讓我著實不安的是每件東西看來變得太小了，我人生成長的每個里程碑，比起記憶中的距離竟如此短促！童年時期的地理學是寬廣的，每條街是一塊大陸，尋常的行走是我個人的長征。每週到嘉頓麵包店是我的朝聖之旅，買一條辮子麵包、裸麥麵包，或是若幸運女神先跟媽媽打聲招呼，讓我可以買塊餅乾解饞。我們在講超過半哩以上的路程耶！但實際不然，雖然麵包店不在了，但是同樣的地方離我們家不過兩條街而已。當年我天天走好遠的路上學，像是障礙滑雪賽般上下坡、轉彎、過叉路，最後一段路令我最害怕，因爲那裏有一幫女孩曾經偷襲我，搶走新的包包。那段路有多長呢？共四條半街。

顯然我的尺度感完全不合地圖比例。孩提時代我被小小世界中每個細節淹沒，過分誇大周遭環境的實際尺寸，以配合相對的情緒震撼。如今我用成人冷靜無情的眼鏡重新估量這塊地方，了解到自己曾經如何藐小，如何錯估兩點間的距離。這不是我的錯，我只是一個孩子，而孩子們對於生長角落裏任何奇怪的事物，原本就會保持超自然的敏感。但這個經驗是一個鮮明的例子，告訴我們人類多常在自己的尺度上出錯。在歷史上，人們嚴重錯估距離、比例、比較與存在的情況屢見不鮮。例如，美國白人應將祖先出現與佔據新世界的功勞，歸功於尋找「印度公司」時發生天差地別的航海錯誤。當年哥倫布嘗試向西航行到遠東，可是傳統地圖繪製者以心中最熱愛的土地爲中心，中古時期是耶路撒冷，現今則是祖國或工作地點。看來我們已經進化成以人類尺度看待生命，幾乎全用時日季年的節奏來關心自己，用我們方便看見、觸摸與仰賴的物體，因爲那些是我們必須一起過日子的東西，是周圍用來打造生活的器具。

然而日常生活中的時間尺度和其它比例完全是偶然的。以一手抓的滿足量來說，我們人類能夠一眼看出數目五個以下的東西，這種不用計算便立即知道數量的技能，據信是因爲人有五根手指的緣故，用五根手指我們可以一把抓起像熟藍莓等好東西（蘸巧克力的更棒），然後估量有多少戰利品。是的，我們有十根手指頭，但是有百分之九十的人慣用右手，所以我們大都用最愛的五根手指頭抓東西。若是要一眼認出七、八個物體組成的東西，可就非常困難了，除非是分成五個以下的小組排好。我們的時間感也反映出每天的經驗，一般時間的基本單位是秒，而秒與生命的兩大基本節奏緊密結合：一是一次呼吸讓肺部充滿氣的時間，一是一次健康心跳的時間。

一團氣體、塵埃和岩石吸聚而形成我們的太陽系。重力收縮讓這些物體像不會頭暈的花式溜冰舞者一樣開始旋轉，所有的行星以或快或慢的速度繞軸自轉。地球自轉一周的速度恰巧約是二十四小時（正確的是二十三點九三四小時）。誠如迪拉德（Annie Dillard）所說：「我們如何度過每一天，就如何度過每一生。」一天的界限是重力偶然而成的產物。事實上，地球的旋轉之舞逐漸減慢速度，主要是因爲受到月亮潮汐般的引力拉扯。原先地球不到十小時便能旋轉一周，在六點二億年前也只要二十一點九小時便能完成一天；對於我們這些原本就會哀嚎截稿期限和睡眠不足的人來說，這點更像是噩夢。

位置決定一切，地球在太陽系誕生時的位置爲我們帶來了「年」，地球以每小時六萬六千六百哩的速度繞太陽一周，這個速度是由它與引力強大的太陽之間的距離所定。相較上，金星離太陽比地球近二千六百萬哩，這意味著：(a)金星的軌道比地球更短；(b)相對上較大的太陽重力，促使金星的公轉速度更快（每小時七萬八千四百哩）；(c)金星的一年只有地球的二百二十六天，對於要趕交稿的作者來說，想到會更不安。至於水星的一年不到地球的三個月，所以還是別久留吧！

我們內心對歷史有什麼感覺，常常是根據一般七十歲的平均壽命而來。若前後超過一個世紀，將會使心裏的日曆模糊，變成有如變形蟲般的抽象。我從小知道我的祖先席拉斯・昂吉兒（Silas

Angier）參與革命戰爭，但是直到最近我都不知道我們之間隔了幾代。當有人看到我的姓氏而問我是否來自法國時，我會解釋昂吉兒家族在十七世紀時從英格蘭移民美國；若是我心情正好，我會提到先祖參與獨立建國的淵源：「事實上，我的曾曾曾曾曾（手一直往後揮）……曾祖父席拉斯・昂吉兒曾在革命戰爭中作戰過。」人們會說「哇」，再問說我的手怎麼了？

不過，有一次我在撰寫新罕布夏州費茲威廉鎮的一篇文章，因爲席拉斯與許多昂吉兒氏長眠此地，讓我又有一種重回布朗士區的時刻，對自己尺度感的扭曲覺得尷尬。在查閱該鎮記載後，我明白席拉斯和我之間的「曾曾曾曾」並不是那麼遙遠，一隻手估算即綽綽有餘。帶步槍、穿馬褲、戴三角帽的他，比湯瑪斯・傑佛遜早出生六年，是我的曾曾曾曾祖父而已。常言道時光飛逝，但升天後的時間未必如此。

帝王們常常相信個人的身體部位神聖無比，值得成爲標準度量單位。羅馬的查理曼（Charlemagne）大帝在九世紀時，宣布以其腳的長度爲「呎」，所以這位身材不錯但並非特別高大的皇帝有堂堂七呎高。三個世紀後，英國國王亨利一世（Henry I）宣布，其鼻尖到手臂伸開時中指指尖的距離爲「碼」。「哩」的概念是由四處征戰的羅馬人提出，指一個男人邁一千步所涵蓋的距離。英文的「哩」（mile）來自拉丁文，意思即指一千步。

這些度量單位從文藝復興時期開始逐漸標準化，並持續到二十世紀。雖然我是公制的死忠派，公制也已經被所有科學家及幾乎全部的國家採納（美國除外），但我必須承認公制單位大都沒有特別的基本依據，並非以原子、光、重力的基本特質爲基礎（有一個例外：溫度的公制單位攝氏度，是依據水的相界而來。宇宙間含有豐富的水分子，沒有水我們就無法存在，水結凍的溫度被當做攝氏零度，水的沸點則被定爲攝氏一百度）。不管起源如何，公制採取漂亮的十進位，讓我們可以順暢數數兒，這點就足以讓人捍衛它。一公分有幾公釐，一公尺有幾公分，一公里有幾公尺？答案分別是十、一百和一千。一呎與一碼有幾吋，一哩有幾碼？答案是十二、三十六、一千七百六十。這樣子很難選擇該教孩子哪一套系統嗎？爲什麼我的女兒得學習兩種制度？美國人何時要放棄哩吋，用最後一把華氏火焰全部燒光？我私自胡亂猜測美國採用公制的阻力戰，是因爲美式足球賽那條神聖的十碼線④。

不論公制與否，以人類爲中心的尺度感可能會妨礙對宇宙的認知，事實上幾乎每種科學與我們心裏扭曲的尺度感天差地別。因此，我所訪問的科學家都深深相信，若人們更能掌握自然眞正的尺度，將會受益匪淺，這包括可見宇宙的長度、寬度、深度，地球生命出現的時間順序，甚至看不見的原子內部也有無限的寬廣可探究。科學家說，可以探討細胞的大小以及裏面的子民，包括蛋白質、荷爾蒙、核心內纏繞捲縮的基因；可以討論入侵細胞的海盜鼠疫桿菌，比渴望將它擊退的白血球有多大？而伊波拉病毒可以站在哪裏秤重？又有多少個伊波拉病毒可以在大頭針上共舞呢？

老實說，我覺得講尺度（體重計）是很快樂的工作，尤其我不用站上去量！有時候，光知道大小差異有如毫釐千里，便是一件好事：在肉眼不能見的尺度上爬梳，更能讓人認眞思考孰爲正常、孰爲異常，著實有益心理健康。「在我的粒子物理學領域中，時間觀念是必要的，但是我們

---

④ 配合美國的教育制度，本書中我會輪流採用公制與英制。

談的時間與日常的時間概念具有廣大的差異。」麻省理工學院的傑夫指出：「我們所研究的事物，如光要花多少時間通過一個質子，答案是十的負二十四次方秒。」換句話說，是兆兆分之一秒。傑夫說：「大家說那太荒謬了，怎能研究這麼短暫的時間！但是人們對這問題的疏遠感，是因爲以人類爲中心的時間概念所造成的，這才是眞正奇怪的東西。人類的時間觀極不尋常，很難在其它物理學系統中發現。我們很容易找到極短的時間尺度，可適用於許多次原子粒子的時間；要找到極長的時間尺度也很容易，像屬於宇宙以及極穩定粒子的時間，但是要找到像時日年這類尺度卻很不尋常。我們詭異的時間觀念與太陽系裏的天體力學有關，事實上是因爲我們所熟悉的尺度，正好在重力的能量尺度和核力世界之間。」

要把玩超過一般人的尺度，去談論天體交響樂或量子動力學，需要科學記號法，又稱爲「十的次方」。這個記號法的力量幾乎已滲透進大眾文化中，有好一部分應感謝菲力浦・莫里森（Philip Morrison）和費里斯・莫里森（Phylis Morrison）的暢銷名著《十的次方》（*Powers of Ten*）。但是科學記號法值得更受重視，因爲它可愛又好用，像一張穩固耐用的舊雕花橡木桌期盼有人使用。之所以稱「十的次方」，是因爲必須要將手中的數字乘以十的多少次，才能達到眞正的數目。例如，十乘十（10^2）是一百，十乘十乘十（10^3）是一千，再加上一次十的次方，會得到一萬（10^4）。科學記號法可將超大的數字變成緊湊的形式，讓人方便計算，不會比操作微波爐更難。舉例來說，二〇〇六年底時美國的國家債務爲八點五兆美元，可以寫成超長的 8,500,000,000,000，彷彿還可感覺「赤字」從血液中汩汩流出。或者，也可以翻譯成科學記號，在最左邊的數字後面加上一個小數點，然後向右邊數出是十的幾次方（或指數）。當寫成 8.5×10^{12}後，你可能呼吸會比較順暢，甚至覺得這個數目滿通情達理的，此時便夠格爭取管理預算局局長的大位了。

要用科學記號法快速掌握事物，將相對應的指數與數字記下來會很有幫助。例如一千是10^3、十萬是10^5、一百萬是10^6、十億是10^9、一兆是10^{12}、googol是10^{100}。然後，你會明白爲何「指數生長」會令人心驚膽戰，因爲雖然十億的指數只比百萬多三個，但是這三個小可愛代表：親愛的，我贏你一千倍耶！

科學記號法對於「小咖」跟「大咖」一樣好用，不過現在談的不是十的次方，而是十分之一的次方。十分之一的十分之一是百分之一（10^{-2}），十分之一的百分之一是千分之一（10^{-3}）。再繼續咬愛麗絲右手邊的蕈菇，會變得越來越小：毫（milli）是千分之一（10^{-3}），微（micro）是百萬分之一（10^{-6}），奈（nano）十億分之一（10^{-9}），皮（pico）是兆分之一（10^{-12}），飛（femto）是千億分之一（10^{-15}）。

現在可以開始探索超過平常計算範圍的世界了。先來想想，在一秒內會發生什麼事情：在十分之一秒內，是「一眨眼」發生的時間。在百分之一秒內，蜂鳥能拍動翅膀一次，藉著這些優美的雙曲線振翅動作，讓蜂鳥能夠像直升機般停留在半空中。

一毫秒（10^{-3}秒）是一般傳統相機快門的時間。千分之五秒則是墨西哥火蜥蜴伸出淡紫色舌頭，將獵物捲入口中的時間。墨西哥火蜥蜴長得像一枝草，卻擁有自然界最神速的舌頭之一。

在一個微秒中（10^{-6}秒），神經能將脖子痛的訊息傳達到腦部。在相同的尺度下，能看出聲音與光速之間的巨大不同：在一個微秒中，光束能快速穿過三座排斥公制的美式足球場，而一個音波卻無法通過人類的一根頭髮。

是的，時間飛逝，因此分分秒秒都無比重要，包括十億分之一秒（10^{-9}秒）的奈秒。在十億分之一秒中，人類才完成億分之一次的眨眼，而一具平常的電腦微處理器已經完成一個簡單的操作，例如計算加法，或是在報稅單上指出某個可疑的差旅費用。

最快速的電腦可以在皮秒內完成運算，也就是兆分之一秒（10^{-12}秒）。如果可以觀察到達薩尼（Dasani）瓶裝水在微溫狀況下水分子的私密行爲，將可發現每隔三皮秒左右，連結鄰近水分子的弱化學鍵將會溶解再形成，讓高度行銷的產品也會暫時現出原形。

然而，「瞬間」是相對的。當物理學家在巨大的粒子加速器的幫助下，想辦法產生重夸克（次原子碎片）的一絲蹤影時，它卻在衰變消失之前，只停留一皮秒的時間。兆分之一秒當然不可能立刻召喚瑪士撒拉（Methuselah）現身，但是傑夫博士認爲物理學家將夸克歸類爲穩定、長壽的粒子，是恰如其分的。因爲在夸克現身的一皮秒之內，已完成一兆次（10^{12}）藐小的軌道繞轉，而地球在五十億年的生命中才繞轉太陽 5×10^{9} 次，預計在太陽系崩塌死亡之前，地球會再繞一百億圈。「全部總計是繞轉 15×10^{9} 次，比 10^{12} 還少太多了。」傑夫說：「講實在話，我們的太陽系比起重夸克等粒子實在太不穩定了。以人類爲中心的時間觀成爲我們的枷鎖，很難讓人理解這些粒子擁有極高的穩定性。」

再走向更短暫的瞬間，讓我們歡迎阿秒（attosecond），即十億分之一的十億分之一秒（10^{-18}秒）。排除只能計算的時間，科學家能測量最短的時間即是以阿秒爲單位。電子繞氫原子一圈要花二十四阿秒，等於每秒繞約四萬兆次；一分鐘所含的阿秒數，比宇宙誕生後全部的分鐘數還更多。

物理學家一再回到時間尺度的度量上，一九九〇年代引進兩個新的時間單位到辭典當中，分別是介秒（zeptosecond，10^{-21}秒）與么秒（yoctosecond，10^{-24}秒）。到目前爲止，最小的時間間距是時元（chronon）或稱普朗克時間，持續約5×10^{-44}秒，是光束穿越最小段空間「普朗克長度」的時間（此長度是一種假設的「弦」，有些物理學家認爲這是宇宙間所有物質與作用力的基礎）。不過，時元與弦和現實生活距離甚遠，更適合留在數學和哲學的範疇，也沒有人知道如果跳過一個短短的普朗克時間，將數字再往下切究竟會發生什麼事情。

不過想想看，若擁有世上所有的時間，會得到什麼呢？創造論者翻遍創世記、加拉太書等其它聖經的故事，算出生命有六千年的歷史，但是創造論者的時鐘差了六次方倍，實在有點「秀斗」。有一兩位著名的地質學家相信聖經的創造故事，堅稱地球確實很年輕，只是上帝賦予它年代古遠的幻象。但全美總共有十萬名地質學家啊！若擁有世界全部的時間，應該是四十五億年，那時地球等太陽系的行星從新太陽周圍的岩石與塵埃中凝聚而成。乍聽之下，四十五億年不會太長過老或令人肅然起敬，畢竟將所有人過的生日加起來，假設中位數年齡是二十六歲，那麼大概會得到一千七百億年。

然而將四十五億年伸展開來，爲地球帶來獨特的靈活度，讓它成爲幾乎每件事都可能發生的地方，這裏五花八門又熱鬧非凡。在四十五億年間，滄海已成桑田；地球磁極反轉再反轉；冰河如今僅能抓住地球的兩頭；風情萬種的熱帶雨林曾是銀杏樹等高個子俱樂部的家園，馬陸也曾經身長如人，而展翅如獵鷹的蜻蜓曾經飛遍南極洲和澳洲，向上延伸到歐洲和美洲。哦，是的！用地質的時間思考幾乎是不可能的，甚至對地質學家來說也如此。

「我現在四十六歲了，看時間的眼光已經與二十歲時不同。當我七十五歲的時候，看時間的眼光又會不一樣。」地質學家霍奇斯表示：「但是不管如何，我都無法了解五億或六億五千萬年，更不用說是四十五億年。」

經常與凡人溝通的地質學者，爲了傳達地球時間之源遠流長，早已提出形形色色的比喻和視覺輔助教具，有時常會用掉好幾捲毛線或衛生紙。科學作家凱爾德（Nigel Calder）將十億年的光陰比喻成到曼哈頓島逛一圈：先生、女士，在您右邊會看見喬治華盛頓橋，是單細胞生命首次出現！走過中央公園、時代廣場、帝國大廈，代表更多的單細胞生物出現了！有些人則將地球歷史濃縮成一年，甚至是壓縮成一天。

我最喜歡的濃縮時間版是霍奇斯的點子，他把地球想像成是七十五歲的人。他說道：「把地球的發展速度與進化速度以人類的角度來想，會教人大開眼界。」按照這種說法，十二個月等於是六千萬年，在一年之內地球寶寶迅速增胖，從太陽周圍的岩石和金屬所形成的盤面吸聚，然後收縮成現今的尺寸。一、兩個月後，咕嚕嚕的大號寶寶從胃裏打個嗝，噴出厚厚的二氧化碳、水蒸氣、氮氣、硫磺、甲烷以及雜七雜八的元素，這種雜牌大氣會讓我們的肺部無法接受，但是卻可讓液態水留在地表的坑洞，不會蒸發上太空。剛踏進青春期時，地球做了人類青少年不應該做的事，青春正火熱的她在某處糊里糊塗孕育出最早的生命。在產後八到十週時，藍綠色的細菌鏈開始吐出氧氣到大氣中，啓動了生化革命，終於讓生命能夠大放光彩。不過直到六十三歲時（大約七億年前），才看見多細胞動物的初次登場。當地球媽媽變成七十二歲的祖母之後，恐龍才出現，而第一隻猿人直到最後七十五歲的五、六月時才出現。現代人等待十二月三十一日敲起鐘聲後才出現，農業和畜牧在這天晚上十點興起，一小時後第一次文字與第一個輪子出現，離半夜兩分鐘美國獨立戰爭開打，而阿姆斯壯（Neil Armstrong）踏上月球並進入巴特利號的時間，就在午夜前二十秒。

從這個觀點看，不僅羅馬是在一天建造的，人類所有歷史都是在一天發生的。地球可能很古老，宇宙當然更古老，但也不是老得太離譜，宇宙沒有比地球老上十倍，只有老三倍而已：自從大霹靂讓所有生命都開始後，已經經過一百三十七億年。我個人都不會對宇宙的年齡太驚訝，它的年輕倒讓我不舒服，好比我登上飛機後，看見踏進駕駛艙的機長乳臭未乾時有同樣的感覺。自萬物之始後才只有一百三十七億年，所有的時間、所有的律法、所有的抱怨都出現了嗎？但是當我問天文學家，是否同意宇宙太年輕而無法勝任重責大任？他們回答前會盯著我看，彷彿這是一道陷阱題，或是無聊的哲學思考題，然後才說：「不會啊！既然妳提起來了，我得說宇宙一點也不特別年輕」。他們把 1.37×10^{10} 當作一個非常合理的出生年數，是因為當提到宇宙學時，關於時間者必定關於空間，而在一百四十億年的時間，宇宙已經可以長得非常非常廣大了。

對於天文學家來說，很難正當訂出宇宙距離的尺度。幾乎每件東西都很遙遠，不管你天生多反骨，反正好遠就是好遠。這種可怕的遙遠只有一個例外，就是月亮，離我們二十四萬哩遠，只有地球周長的十倍遠。若是可以用一般的噴射機飛到那裏，將需要二十天，不過頂多只能當隨興度蜜月的選擇，因為若搭飛機到太陽旅行，將要花二十一年，乘客最好知道不僅頭頂上的行李艙會融化掉，就連客艙也不例外。

要對宇宙比例更能掌握，可以借用布萊克（William Blake）的話，將地球比喻成一顆沙粒，則太陽將會是離我們二十呎遠的一個柳橙，太陽系中最大的行星木星將會是小礫石，離我們有八十四呎遠（幾乎是一個籃球場寬），而太陽系最遠的海王星和冥王星，將會是一個比我們大、一個比我們小的沙粒，離地球這顆沙粒約二又四分之一條街遠。超過那裏，風景點之間的距離大到荒謬，最好進入舒服的昏迷狀態。假若把我們太陽系中小小的太陽系儀定在紐澤西州安靜的紐華克地區，要到俄馬哈西邊才會到達下一個半人馬座阿爾發星的星系，再來則是要到落磯山脈地區才會碰到星系了。而且在這些天體之間是許多許多空間，一片漆黑，一片空洞，一片虛無。正如原子內部那塊小小的領土，幾乎完全是空無一物的空間所組成，天堂的國度也是如此，自然似乎特別喜愛眞空。

加州理工學院的布朗（Michael Brown）說：「宇宙是相當空曠的地方，這點許多人都不了解，例如在『星際大戰』（*Star Wars*）中常看到英雄們飛過小行星帶時，會不停改變方向以免撞到小行星。」他說，實際上當一九九○年代早期伽利略太空船要飛過太陽系的小行星帶時，美國航太總署努力燒了數百萬美元，想要讓太空船靠近石塊，希望能夠拍照或是採取塵埃的樣本。「他們很幸運，眞的讓太空船經過兩個小行星，大家覺得太了不起了。」布朗說：「其實伽利略大部分的旅程都沒有碰到東西，沒有什麼東西好看，沒有東西可以拍漂亮的照片。但我們說的是太陽系，是宇宙中密度相當高的區域。」

不要被風車星系中間帶有金黃隆鼓的華麗照片給騙了。它們大部分也都是幽靈：星球之間的平均距離約是我們和太陽之間的十萬倍以上。是的，我們的銀河內有大約三千億個星球，但是卻散布在直徑十萬光年的巨大空間啊！那大概是6×10^{17}哩寬，即使是用把太陽當柳丁、地球當沙粒的迷你尺度，橫越銀河也需要二千四百萬哩的旅程。

有趣的是，相對於要跨越星球之間的鴻溝，星系間的距離反倒比較容易辦到。這是因爲星系間的平均距離只比每個星系大幾十倍而已，但是星球之間的距離則比任何星球的直徑都要大上數十萬或數百萬倍！誠如威斯康辛大學的天文學教授馬修（Robert Mathieu）指出：「這就是爲何星球不會碰到彼此，但是星系間有這種可能。」所以，我們的銀河系有朝一日會和最近的鄰居碰撞，那就是M31（仙女座星系），不過這裏講的對撞事件極晚才會發生，也許要等到四十億年之後。而且，由於恆星間空隙過廣，星系的對撞也不會太激烈啦。

大體上，宇宙的尺度仍然大到讓人肅然起敬、無法忘懷。宇宙裏估計有一千億個星系，每個星系約有一千億到二千億個星球，所以總共有10^{22}個恆星遠遠高掛天際：有這麼多星星可以渴望，有這麼多方向在黑暗中迷路。從這顆星球到下顆星球的距離遠得如此可怕，縱使宇宙充滿智慧生物，我們也不太可能聽到其它外星文明的訊息，而且恐怕比父母接到上大學子女的訊息更少。不過，在我們嚇得縮成胎兒般的姿勢躲進混沌的羊水裏之前，讓我們先思索舒密特（Maarten Schmidt）的觀點。舒密特是天文物理學的大師，他主張宇宙不是廣漠無垠的空曠荒野，而是令人意想不到的稠密，甚至有點兒擁擠。白髮藍眼的舒密特現年七十多歲，他是很有禮貌的荷蘭人，坐著用平穩生動的聲音說話，修長的雙手整齊疊放在修長交叉的雙腿上。他說，若是夜晚天空很清澈且離城市很遠時，便能看見仙女星系，就是我們某日可望相撞的那位鄰居。

「要從仙女星系到可見宇宙的邊緣，只需要多走三千倍的距離而已。」他解釋道：「已知宇宙的邊緣就是所發出的光線能夠抵達地球的最遠之處，其實比起離我們最近的星系只有三千倍遠而已。」

「現在假設離你們家最近的房子有一百碼遠，若相隔三千倍的距離只有三十萬碼，大約等於二百哩。所以如果在整個社區（你全部的世界）畫一個直徑二百哩的圓，會不會覺得這個比例的社區很能掌握？會不會很驚訝世界的邊緣這麼近？這就是為什麼我主張我們的宇宙很小，至少我們能見到的部分。」

「當然，我了解自己的說法是站不住腳的。」他有禮貌的微微一笑，讓我完全相信他的說法。

舒密特用「左鄰右舍」為宇宙譬喻的說法很有意思，不過當我們談到專業等級的「小」時，眞正的主角換分子和粒子上場。你以為開車到超市，抓些堅果、馬鈴薯和豬排，便是在過正常實在的生活，但是事實上，生命的眞實尺寸與你無關，也與購物車裏面的商品，或查理曼大帝的腳都沒有關係。生命眞正的貿易商，也就是讓生命能夠存活、保持生命尺寸的東西，都是看不見的。因為它們太小了，無法用肉眼看到，所以要用顯微鏡。不幸的，我們大部分人都會把「看不見」翻譯成「不重要」，或像我奶奶輕快的「嗯哼」一聲，所以我們極少感受到眞正構成人類的物體是多麼不可見。細胞有多大？突出細胞油性薄膜的蛋白質有多大？細胞中心的DNA分子有多大？指尖上有多少個皮膚細胞？細菌比皮膚細胞更大或更小呢？那些快速分分合合的水分子，在「看不見」的舞台上又站在哪裏呢？

為了進入「嗯哼」的轄區，讓我們拿大頭針來說說吧。大頭針的針頭是兩公釐（千分之二公尺），相較上人類平均一根頭髮是一百微米寬（若你記得，一微米等於百萬分之一公尺）。若是將二十根頭髮排得很密，可以覆蓋住一個針頭。人類頭髮寬度的一半（或五十微米），是人類裸視的最佳解析度極限，再小的物體用肉眼看都會細微難見，這也是爲何「一根頭髮」常被用來指極微小的物體。換句話說，若沒有利用某些放大器具，我們不會看見一粒豚草花粉，因爲它只有二十微米寬。但是對於容易過敏的人來說，不需要看到花粉就會打噴嚏，一萬粒左右聚在大頭針針頭上的花粉，就足夠讓旁人說聲「祝您健康」了。

人類的一個白血球是十二微米寬。若是針頭拿白血球當壁紙貼，大約需要二萬八千個。長得像德國香腸的大腸桿菌，長二微米，寬零點五微米，三百萬個可以布滿大頭針，再加上大腸桿菌之普遍，想必它們已經那麼做了。比起其它顯微物質，細菌通常比我們認定的病菌——病毒，要大上許多。病毒不像細菌，它不是細胞，幾乎欠缺細胞的所有成分，尤其是缺乏自動複製的方法，所以得侵入其它有機體的細胞，綁架宿主的生殖機制，以便求取個人之永生。動作要快，構造就要簡省：即使像伊波拉這種大型病毒，也只有大腸桿菌的十分之一。像會引起超級傳染性感冒的鼻病毒，只有零點零三微米（三十奈米）寬，若是身旁鼻子通紅的同事打個噴嚏，一滴飛沫上就可搭載數千萬的病毒旅行了。

打開一個人類的細胞，將會找到生命的勞動力，英雄般的生物分子爲你三十億秒的生命孜孜不息工作著。血紅素是一種攜帶血液的蛋白質，將氧氣從肺部運輸到身體各部位，大約有五奈米寬，是感冒病毒的六分之一大。膠原蛋白是一種結締蛋白質，可讓皮膚QQ有彈性，屬於細細長長的超強牙線，寬只有幾奈米，長卻有幾百奈米。

事實上，幾乎每個細胞中心深處是我們家喻戶曉（如果沒有吹捧過頭）的DNA，這是支撐所有基因，狀似開瓶器雙螺旋結構會壓縮在一起，根據細胞本職而有不同的大小，直徑約是一百到一千奈米。但是即使是最長的DNA，也要五百萬個人類小小的基因體（五百萬個聖杯、五百萬生命之書、五百萬份嬰兒的藍圖），才能布滿一個針頭。

跟細胞內其它分子相較，蛋白質和DNA彷彿是鯨鬚。葡萄糖分子是每個忙碌的身體細胞中當動力的單糖分子，只有血紅素蛋白六分之一大小，而血紅素攜帶的氧分子又只有葡萄糖的三分之一大小。

氧分子是我們與生命之間最清楚、最便捷的連結。若是剝奪身體任何部分的氧氣，缺氧窒息的組織將在幾分鐘內死亡。每個氧分子由兩個氧原子構成，是生命不可或缺的鏈扣，連結我們與生命，連結我們向下到原子大軍上：先生和女士，我們全部是用原子製成，而原子是極小的。但是選擇用這個最小又最難辨識的字體來傳達是多麼愚蠢，況且我又不是寫藥學記號的作家。原子之小難用字級表達，總共有一百多種不同的原子，有像氫和氦一樣的輕量級，像錫和碘一樣的次中量級，最後則是重量級的元素114（Uuq）與元素115（Uup），但是它們清一色幾乎都是「零號」尺寸。一奈米可以放進三個原子左右，這表示需要十兆個（10^{13}）原子才能蓋滿針頭。而且好笑的是，原子的「小」對自己仍然太大了，幾乎所有的次奈米間距都空空如也。原子真正的果肉在核心，佔原子百分之九十九點九以上的質量。當站上浴室的體重計時，實質上是在秤原子核的總數。若是能除去所有的原子核，體重將會剩下大約二十克，等於四個硬幣的重量，或和那冰冷沒有生命的門釘一樣重。

那些剩餘的二十克屬於電子，是環繞原子核心的基本粒子。電子比一個簡單原子核的一千八百分之一還輕，但這些環繞原子核外圍的瞪羚精靈們，會定義原子的邊界，並決定原子的大小。而且，瞧！在矮胖核心和繞圈圈的電子雲間，鴻溝有多麼巨大啊！在電子圈畫而成的次奈米原子中，原子核直徑只佔全部的十萬分之一。再從體積看會更加驚人，雖然核心佔據原子絕大部分的質量，然而這塊會讓人秤到體重且深惡痛絕的肥肉，卻只佔兆分之一的體積而已。

這裏值得再做一個譬喻。假設原子核是位於地球中心的一顆籃球，電子將會成爲櫻桃核，在地球大氣層的最外面呼嘯而過。只是在威爾遜牌籃球的核心和飛天的櫻桃子之間，將沒有地球存在，沒有鐵、鎳、岩漿、土壤、海洋或天空。這中間會空無一物，不管是內在、外在的空間，銀河或原子內的空間，都是一片空無。我們所居住的宇宙，十分缺乏物質。然而銀河依然閃亮，我們的血紅素依然流動；當擁抱朋友的時候，我們的手指不會陷入原子充塡的眞空裏。若碰觸朋友的肌膚時會碰觸到虛無，爲何感覺會這麼滿足呢？

4 物理

眞空就已足夠

讓我們假設突然有顆令人毛髮直立的小行星，明天就要撞上地球了，消滅絕大部分的人類文明和數十億的平民百姓。那麼，哪件人類文化的碎片最值得保存？當少數生還者努力重建人類所有希望與成就的時候，哪一項知識對宇宙性質的見解將最有用處呢？喜愛藝術的人可能推薦莎士比亞（William Shakespeare）或巴哈（Johann Sebastian Bach）的作品集。以醫學爲重的人士，可能會投票給抗生素、麻醉劑，以及人類「不想碰髒東西」的一般性認知等。偉大的物理學家理查・費曼（也是公認的天才和幽默大師），對於大毀滅後的重建問題看得很認眞。「如果世界毀滅，所有科學知識都被破壞殆盡，只有一句話傳給下一代，哪句話用最少字可傳達最多訊息呢？」費曼在一場著名的演講中問道，他回答說：「我相信是原子假設或原子的事實，你高興怎麼叫它都可以，重點是所有物質都是用原子組成的。不斷運動的小粒子，彼此分開一點距離會互相吸引，但是距離太近便會互相排斥。」他說，拿這個句子，加上用「一些想像和思考」，將會得到浴火重生的**物理史**。

物理學是很「謙虛」的學門，用科羅拉多大學物理學教授波洛克（Steven Pollock）的一段話來說，物理學正是「研究世界是什麼組成、如何運作，以及事物爲何如此表現的學問」。而且說得越少越好，物理學以「化約」呈現，這個詞對許多人意味著「過分簡單」，而且「可能不適用於我的社交圈」，但實際是指「用組成部分了解複雜之事物」。當然，這也是大多數科學所努力追尋的，只是物理學走得最遠，將組成部分分解到「夸夸」叫爲止⑤。物理學是基本組成物與基本作用力的科學，也握有許多基本問題的答案：爲什麼天空是藍色？爲什麼走過鋪地毯的房間去握金屬門把時，會被靜電電到？爲什麼在大太陽下，穿白T恤比穿黑T恤更涼快，雖然黑T恤看起來讓人苗條許多？

物理不但是基本組成物與基本作用力的科學，也應該是理想的啓蒙科學。不過，長久以來美國標準的教育學程都另行其道，大多數中學生在十年級時開始上生物學，再來是化學，在最後一年以物理學做總結，這個軌道是因爲傳統相信年輕人接觸科學應該從易到難慢慢來。不過，最近有許多科學家倡導變動科學教育的順序，主張先教物理，最後教生命科學。帶頭呼籲改變的是利德曼（Leon Lederman），他是諾貝爾物理獎得主以及伊利諾州大學的榮譽退休教授，有一頭亮眼的螢光色白髮，這正是年長物理政治家們的特色呢！

利德曼等人主張物理學是建造化學和生物學的基礎，沒有道理在灌地基的水泥之前，先釘屋頂與鋪牆壁。他們也堅持，若教法正確，物理不會比任何科目「更難」。有些學校已經採納建議修

---

⑤ 物理學家吉爾曼（Murray Gell-Mann）將物質最基本的組成粒子，以喬哀思（James Joyce）的詩命名爲「夸克」。

正課程，有些也確定會改變。我不只同意利德曼打地基的邏輯，也信任他平民主義的心腸。長久以來利德曼遊說電視網，希望他們對促進科學的公共形象盡點心力，以一群實驗室科學家的故事拍攝電視影集。利德曼不管演的是物理學家或生化學家、是戲劇或喜劇，重要的是凸顯科學家的情感掙扎、人際往來、生活動力、自我懷疑，以及風格鮮明時髦的鞋子，以期洗去對科學怪胎的刻板印象。

物理學是科學的棟梁，是搭建其它學科的基礎。而如費曼的浴火重建計畫中所提議，這個基礎學門的最根本是原子。

每件值得稱作「東西」的事物都是用原子做成的，甚至看起來不是東西的東西，最後也可以露出原子的本質。以思考爲例，當想法從腦子與辦公室隔間游移而出時，似乎迅速消失，毫無物質所羈絆。然而製造想法的腦細胞都是由原子建造，當有一個想法引發另一個想法時，也是透過神經化學物質沿腦部的突觸通道傳遞，這又是原子的巨大集合。再者，若是將想法寫成電子日記，打算日後做垃圾郵件大量寄發，便是重新安排表面螢光的原子們，攻佔天眞無辜的電腦螢幕。

建構我們的原子玩具積木正好是一套出色的系統，讓每件事情都排對了。

「如果想要複製某個東西，由個別單位組成會比由連續材料製成更不會犯錯。」耶魯大學的物理教授瑄卡（Ramamurti Shankar）說道：「好比是拼一個字比調一種顏色更不會犯錯。」他又強調：「而且我們一共只有一百零一個不同的字母（原子）要管而已。」

萬物皆由原子建造的想法是最能洞悉自然本質的見解之一，在過去兩千年來點點滴滴蛻變而成，但直到二十世紀，愛因斯坦和波耳（Niels Bohr）等物理學家才提出原子存在的實驗證據。大約西元前四百年時，希臘哲學家德莫克里特（Democritus）即主張每件東西都是用看不見、不能分割的粒子所組成，其形狀、大小和位置各有不同，可以混合搭配產生萬事萬物。德莫克里特稱這些粒子為原子，意思是「打不破」或「分不開」。最反對這個原子理論的人士之一是亞里斯多德（Aristotle），聰明的他常會習慣駁斥掉某些真正的好想法。亞里斯多德堅持世界不是由個別粒子所組成，而是四項要素土、火、氣、水所組成，這個模糊籠統、剛愎自用但具有號召力的說法，曾經呼風喚雨數百年，現在在占星術信徒間還有一大票粉絲。

早期的原子模型很像太陽系，原子核是太陽，電子就是環繞太陽的行星。另一個較為人知的原子模型是一九六〇年代流行的螺旋尺圖案，中央是一個小圓點，旁邊有三、四個橢圓圍繞，像是愛達荷亞柯市的市徽（該市自豪是「世界上第一個由原子能點亮的城市」）。不過，原子「看起來」並不像是太陽系或某種市徽，無法用平常的語言來形容原子真正的模樣。不只是肉眼看不見原子，因為我們也看不見細胞和細菌，但是用顯微鏡便能看清楚細胞或微生物。葛林說得很明白，原子的問題是因為太小了，小到掉入海森堡不確定原理統治的危險領域：一看見它，它就改變了。

「如果可以將原子變成咖啡桌上一個紙鎮的大小，我們會看到什麼？」我問葛林博士，雖然我注意他的咖啡桌上厚厚的論文根本不需要紙鎮。

「看到？」他重複道，尾音拖得好長。他說：「我們會看到什麼？我不想聽起來像柯林頓，不過這有賴你對『看見』的定義。」

「當我們談到看見日常生活中的事物時，說的正是光。」他解釋道：「我們談論光的粒子——光子，它撞進我們的眼睛內讓我們能看見。但是當講到原子的尺度時，光子能改變所見事物的本質。」他說道，圍繞原子的電子能夠吸收且釋放光子，同時電子會跳躍而改變原子的構造。「我們渴望將日常的視覺經驗硬加到原子上面，但是這樣做會改變原子本身，我們無法用看的。」

我說好，不用看的！如果只用想的，那麼原子長得如何呢？

「雲。」他回答：「把它想成是一張電子雲的照片，就和現實相差不遠。」是不是像雞毛撢子拍出一隻永遠捉不住的灰塵兔子一樣？我問道。還是電視新聞打上的那層馬賽克？好吧，有點像，葛林回答。但是不像一群小蚊子，不是許多個別體的集合物，他說電子雲圖是描述機率分布的工具，告訴我們在哪裏可能找到原子的電子，知道電子可能的位置如何分布。

即使是最簡單的氫原子，只有一個電子圍繞單個質子的原子核，但可能在許多地方發現電子，它雲遊四海，而且還會再訪，所以氫原子的邊界可想成是一朵雲。

然而在將電子分布想成是動人的前拉斐爾派髮型之前，我們一定要記住亞里斯多德的錯誤：物質不是各式粒子融合爲一。雖然原子能夠且時常吸引彼此，但形成連結時只會分享最外圍的電子，經過最前線電子的巧妙交換，二個氫原子和一個氧原子便可結合形成一個水分子。但重要的是原子不會溶在一起，或侵略彼此寬廣空曠的內部空間，仍是個別的實體與個別的粒子，核心裏面仍是質子與中子，中間是廣闊虛無的空間，一層電子雲則遠離核心分布。這廣大的空間是神聖之地，電子雲或核心粒子不會穿透其它原子的內部空間去遊玩，橫行到別人家的核心，說聲「您好」和「再見」然後揚長而去。只有在特別的情況，像是恆星內部的高壓熔爐中，才會將兩個原子壓碎讓兩方核心結合，形成比較重的新原子。

不過大部分時間，原子仍然維持自治民族的身分，包括與其它原子處於穩定的分子關係時。

塡滿大海的氫和氧原子，骨子裏仍然是氫和氧，而且彼此能分開，只是要將分子間的連結分開需要龐大的能量。想到我們生命的點點滴滴、呼吸的鮮甜空氣、涼爽好喝的水、車子開過的路突等等，都是由億億兆兆個中空的粒子構成，彼此保持有點緊密又不會太緊密的關係，想到這點便令人覺得很驚異。如費曼所說，如果原子相隔一點距離，將會彼此吸引，但如果用力推併，原子便會抵抗回來。

什麼讓原子保持獨自性，那般迫切地需要「空間」？再者，如果物質大部分都是空的，爲什麼坐在一張舒適的桃木椅子上，不會一屁股跌落中空原子所構成的家具、地板與地球裏，加入可憐的指揮官法蘭克・普爾，一起在虛無的外太空中進行死亡飄流？

答案在於次原子（組成原子的單位）失序的幽默，它們不厭其煩地運轉、反運轉及妥協。原子核裏是重量級的質子和中子，構成原子百分之九十九點九的質量，但體積只佔全部的兆分之一。當然，各種原子互不相同，世界上有各種閃爍的原子元素，包括金、銀、鉍、白金、鉛、鈉、水銀、錮、鋏、氙、碳、矽和其它一百種左右的基本元素。元素不能用一般化學或機械方式變成較簡單的物質，如果有一塊純鉛，可以敲破或是熔成小塊鉛，但是每塊鉛仍然是由鉛原子所組成，不是大家都喜歡的黃金或是作用不大的鍶（除非你是做煙火生意，喜歡鍶的易燃性）。雖然不同的原子大小約是相同（百億分之一公尺），但質量卻不相同，因爲核心內的質子數和中子數並不同。氫是宇宙中最輕、也是目前最常見的元素，擁有最簡約的核心，只有一個質子組成，然而從「重氫」這個名稱看來，氫原子有其它變體，核心除了一個質子之外，還有一或兩個中子相伴。許多大家比較熟悉的元素，核心擁有相同數目的質子和中子：製造蛋盒的碳原子，擁有六個質子和六個中子；氮原子像一九六〇年代的「七七」雞尾酒，各有七個質子與七個中子；氧原子則是八度音，各有八個質子與八個中子唱和。

然而這些元素也有名叫「同位素」的胖兄弟，額外的分量是來自額外的中子。例如，碳原子有八個中子的同位素，它非常不穩定，很容易放棄第八個中子，讓考古學家和古生物學家可以用中子跑掉，也就是原子核衰變的速度，當成一種時鐘來爲埋葬的古物定年，比如說是史前國王愛甜食造成的蛀牙，或第一套刻成牙齒器具的獸骨，或是第一位牙科醫生被燒焦的遺骨。

在較重元素的核心中，中子的數目通常會超過質子，有時候會超過許多。例如，滑溜的水銀金屬有八十個質子以及一百二十個中子，比例是一點五倍。但是質子擁有無可動搖的自我價值感，大大提高其少數族群的地位，因爲原子可以缺少幾個中子而無損其身分，但是質子的存在則沒有討價還價的空間，是原子最基本的要素。質子可區別原子的種類，所以稱爲元素的「原子序」。金的核心擁有七十九個質子，所以原子序爲79。在第七十八格可找到白金，有一百一十七個中子，但少一個質子，否則就跟黃金一樣讚囉！

爲何質子享有特權地位？如果質子和中子比例相當，對口感粗粗的花椰菜或者飄到天空的氣球負有同等責任，那爲什麼單單是質子不同，會讓硒與砷天差地別？硒的原子數是三十四，可幫助脂肪和蛋白質轉換成能量，是必要的飲食營養素，而原子數三十三的砷卻是用來殺老鼠、除雜草和偶爾用在羅馬皇帝身上的極毒物質呢？

答案是電荷：質子有電荷，中子沒有電荷。中子有如其名，是電中性的粒子，麻省理工學院有個笑話說，如果中子到酒吧點飲料，問該付多少錢，酒保會回答：「你不用錢（電）。」質子可以追溯到富蘭克林放風箏時跑出來的怪東東，人們說它是帶正電的粒子；原子另一個帶電的粒子是電子，被說帶有負電。其實「正」和「負」並不是喜惡判斷，不是反映出物理學家對某種粒子的偏愛，或是質子有能力提高房產價値，而電子只能讓舊的汽車零件撒滿草坪上。我們可輕易將正負倒過來用，指定質子帶負電，而電子帶正電，但它們不是，所以我們也不要這麼做。重要的是一個電荷平衡另一個電荷，電子可能比質子輕一千倍，但是電荷卻跟核子巨人互相抗衡。質子與電子異性相吸，正好與人類社會傳誦的愛情故事類似，只是我們最後常需要離婚訴訟律師介入調停。

到底次原子的電荷是什麼東西，讓正電的質子對負電的電子相吸？當談到電池時，心裏可能會想到是充滿能量的電池，可裝進數位相機裏拍攝許多漂亮的花朵特寫。但是當說質子和電子是帶電粒子，而中子不是帶電粒子時，不是指質子和電子是小蓄電池。粒子的電荷不是粒子能量的度量單位，電荷的定義幾乎是循環的，所謂粒子帶電是有吸引或者排斥其它帶電粒子的能力。瑄卡說：「電荷是一種態度，不是一種東西，好比說一個人有領袖魅力一樣。」

「領袖魅力」也可以定義爲「性格力量」，以便說明帶電粒子彼此的對應之道。帶電粒子遵守電磁定律，而電磁力是自然的四項基本作用力之一，四個作用力爲電磁力、重力、強作用力與弱作用力。但是「力」和「電荷」一樣，是平常說話常用到的字，容易讓人產生誤會，卻極少追根究柢眞正的意思。但是，要如何區別自然的基本作用力，和其它更爲人熟悉、也更恐怖的自然力量，像颶風、地震或唐納・川普（Donald Trump）的假髮呢？

最好將基本的作用力想成是基本的交互作用，指兩個物質之間的關係。現在知道物質有四種溝通方式，可區分物質彼此的存在。每種交互作用的強度和範圍不同，會按照一套獨特的規則運作，並且產生獨特的結果。然而，這些作用力間不是全然互斥的。舉例來說，不管是多麼微小，所有物體都會受彼此吸引。不管是帶電或中性、旋轉或靜止，物質都得經歷宇宙間無所不在的引力作用。或許會很難相信重力（引力）是四大基本作用力最微弱的一種，尤其是你曾經戴上假的翅膀，打算從自家屋頂飛起來……。重力只有在相當巨大的物質才會感受到，例如恆星與行星，還有從屋頂噗通跳下來的呆瓜。

如果有一些帶電粒子，既會因爲重力作用而彼此吸引，同時也會受到電磁力的左右，但是電磁力是重力引力的10^{40}倍，也就是強過一兆兆兆倍。依照粒子是否帶相反或相同的電荷，電磁力會把它們拉近或推遠，才沒人理會重力引力呢！

尺度和位置會決定哪種作用力發揮效力。舉例來說，強作用力之名有其道理，因爲這是宇宙間最強的束縛力，比電磁力強過百倍，可下令質子和中子在原子核內黏在一起，共同抵抗電磁斥力，要不然正電質子會互斥而飛散。但是強作用力發威的距離短得可笑，只有在核心粒子間才有作用。至於弱作用力（中子衰變的唆使者以及作用力四重奏中愛挑剔的小角色），作用範圍也僅侷限在核子的尺度內。

物理學家主張，這四種作用力其實是一種基本超作用力的四種面相，當宇宙年輕、堅實和發熱時，作用力表現爲一，只有當宇宙不可避免的老化、冷卻和擴散時，單一力量分裂成四種獨立的系統。科學家企圖找出這四個作用力的共同點，以便能統一成爲一個能印在T恤上的式子，雖然這個大統一理論的方程式，可能只能印在沒人想穿的超大號T恤上。

不管科學家能否光榮破解這道數學題，我們都住在有四個基本作用力的世界裏，這是物質間溝通的四種獨特方法；而不管粒子們商談結果如何，物體都是靠這些粒子用一到四種作用力建構而成。例如，丟到空中的球先上升後下降，便是在回應地心引力的誘惑。但是一開始讓球飛出去的力量是什麼？是投球者給球一個古典作用力（以牛頓力學來說），伸張肌肉讓一個靜止的物體開始運動。然而，手上的粒子是透過什麼基本作用力傳達訊息給球呢？你可以是泰・柯布（Ty Cobb）、彼特・羅斯（Pete Rose），或是穿超大號T恤、很果斷的大衛・威爾斯（David Wells），但是很抱歉，投球的力仍然不是強作用力。

對於如何能投好球，或是平日如何善用感官好好過日子，這些都必須再深入探究原子的建築學，了解讓它屹立不搖的愛憎與侷限。

在額頭被刺上負號的電子，覺得正電的質子迷死人了，很想逗留在質子附近，但是電子也一直處於旋轉運動中（我們應該多感謝其充沛的活力）。你以爲這些電荷相反的粒子將會掉入彼此的臂彎，因爲質子散發出閃閃動人的光芒，讓電子不顧一切飛奔而去，沒有一親芳澤絕不甘休。你以爲所有原子會像氣泡墊一粒粒爆開，把每件寶貴的包裏都報銷。但實際並非如此，因爲電子巨大的動能會讓自己繞核運轉，一邊飛行一邊保持安全距離，如同行星的角動量會確保自己在恆星吸引下保持繞轉，但不會轟然撞上那團大火球。電子不會停下來喘口氣，首先是因爲它們沒有肺；二來是一停下來，我們便會知道粒子的位置與速度，但是這有違海森堡的不確定原則，因爲我們無法同時知道這兩點。電子速度的改變要看這些粒子有多麼激躍，在實驗室裏可將電子推進到光速，平常電子圍繞原子運轉時每秒可跑一千三百七十哩，十八秒便可繞地球一圈了。

然而電子的速度不是原子結構的唯一決定因素。質子和電子之間的談情說愛，如同十九世紀的求婚儀式一樣備受矚目。電子不得到處亂跑，會被限制在特定的地區或「層」，也就是在愛慕的質子周圍。層內有層，每層能容納一定數目的電子。最靠近核心的那層只能容納兩個電子，接下來兩層可容納八個電子，更外圍的可容納十八個或更多的電子。每層一旦客滿後，即使是總統與武裝侍衛也不得其門而入。電子也不能在層與層間旅行，好比我們不能站在兩個階梯之間一樣；但是電子能更換跑道，只要有空間的話。有時如果原子被光束打到，可能會激發一些電子跳到離核心更遠、有空位的層級中。但是對於這些萬物基層的次原子怪客來說，「跳躍」不是指「從這裏到那裏的連續運動」，而是指「從這層消失，突然出現在上層中」。這種胡迪尼（Houdini）的技法正是著名的「量子跳躍」，電子從一層（能階）換到下一層，但不用越過實質的障礙欄。「量子跳躍」這個詞很早就跳進流行用語中，通常指大幅改變或躍進，雖然有些人覺得這是誤用，因爲電子層之間的距離實在太微渺了，不過我認爲這種批評不盡然正確。距離小歸小，但是眞正的量子跳躍在本質上是很可觀的，有點像是《神仙家庭》（*Bewitched*）一樣，只是沒有受不了的先生在旁吵鬧而已。

原子之所以需要電子與對應的軌道層數，都是因質子而起。原子好像是瑞士，希望隨時都保持中立。這種偏好需要每個質子（核心帶正電的老大）與電子一起配對，例如金原子有七十九個質子，需要七十九個電子搭配，才能達成期盼的中立狀態。所以「巨大」的金原子好像是億分之一公分，核心有七十九個質子和一百一十八個中子，然後離噗通噗通心跳很遠很遠的地方，有六朵雲層，是七十九個電子旋轉的六個軌道層。

雖然電子是熙來攘往的市集，但縱使面對這般紛亂，原子內部照樣空蕩蕩，幾乎空無一物，比週日早上兄弟會的啤酒桶還要空。那爲什麼我手指上的兩枚金戒指（一個是結婚戒指，一個是先生紀念女兒出世的禮物），會讓我感覺如此安心踏實又永恆，而這兩個光滑的指環又爲何會讓我明顯感覺它們是它們，不是我？有時候在冬天，我的指頭會縮小到讓戒指滑動，威脅要越過關節而掉進水槽裏，但是兩枚戒指都不曾像熱刀切奶油一般眞的滑出手指之外，雖然手指的原子與戒指的原子都是中空的。到底是誰撐在那裏呢？

答案又是電荷，這次是電子的電荷。所有原子核是由負電的電子雲圍繞，而相同的電荷會彼此排斥。電磁力的強度僅次於強作用力，所以這互斥力是很強的。瑄卡指出：「電子不喜歡旁邊有其它電子，所以原子間會因爲電子的緣故，而各自保持一段舒服的距離，也就是電磁力讓你能站在地板上。」

下一章節會從化學上解釋，爲何手指或木頭的原子會設法在一起，保持固態的外觀。不過葛林說：「如果想像近距離觀察，能夠看到自己的手指與這張桌子或這張椅子（他依序碰每件家具）之間原子彼此的互動情形，將會見到外圍電子用電磁力互相排斥。每次你感覺某件物體時，便是電磁力在工作。」

他指出：「事實上電磁力支配人類所有的感覺。」拿視覺來說，光波這種電磁波是藉由與視網膜原子的電子互動而傳達訊息。聽覺的產生則是空氣原子擠壓耳道原子，而電子之間不斷的推推擠擠，便被大腦詮釋爲是巴哈的雙簧管和大鍵琴奏鳴曲。味覺與嗅覺則是食物原子用電子挑撥舌頭味蕾的原子與鼻子的嗅覺受器，而特定的味覺模式與摩拳擦掌的嗅覺受器便告知大腦：是烤雞喔！嗯，我從昨晚就沒吃過東西了。

雖然質子和中子組成物質的絕大部分，還有我們的身體、腳下的地板、有污漬的沙發、正要吃的剩菜……但卻是電子這個佔原子質量不到千分之一又坐立不安的小飛俠，讓我們感覺和擁抱周遭的世界。用另一種方式說，正是電子間彼此的憎惡讓我們避免掉進每個實體必要的空虛之中，讓質子和中子當起吐煙圈的大人物，佔有最肥美的土地。當觀看一張桌子或者任何物體時，並不是看到核心內的大老們，而是看到妝點每個原子的電子罩所反彈回來的光。

那麼再想一想，雖然是重力讓我們能站穩地面，並且讓地球繞行太陽運轉，但卻是電子間的敵意讓這趟旅程很值得。

我討厭冬天，冬天好比是一盒手術箱：如解剖刀般的冰冷、撐開器般的冷風、套管針般的潮濕。我討厭雪，不管是白雪飄飄或像小狗尿尿。我最討厭冬天戴帽子，更受不了別人七嘴八舌地討論說，不戴帽子的我到底有百分之三十、五十或百分之兩百的熱從頭頂跑掉。戴帽子會怎樣呢？脫掉帽子後，半數頭髮會像草履蟲的纖毛，另一半則塌成一頂香菇頭。

上一段是對電子敵意的讚頌做結束，本段則是埋怨電子的行動能力當開端。電子的行動能力造成靜電，雖然靜電之名似是而非，不太正確。不過，我對靜電的討厭也不是絕對的，因為我也喜歡電子自由自在的特性，只要它不要讓頭髮亂翹或讓長襪黏住裙子，而是幫忙烤貝果或轉動刨冰機，或是讓腦細胞活動，讓肌肉細胞伸縮自如。但猜猜看誰是快閃族，造成大停電與高達數十億美元的商業損失，讓對電力開關視爲理所當然又萬般倚賴的人們跳腳？這些都是電子的傑作。英文的「電子」來自希臘文的「琥珀」，根據希臘神話，這些樹汁化石是天神的眼淚被太陽曬乾而成。古希臘人也知道，這些東西被布摩擦後會立刻帶電。

電子極小，雖然有質量卻微不足道，所以有時很像是沒有質量的光子一樣。目前我們知道電子是基本粒子，它們不能分解成更小的粒子。科學家能夠將質子和中子分解成更小的次原子粒子，叫夸克。但是不管在高能粒子加速器裏，如何殘酷地對電子摔打重擊，都無法找到有次電子的成分。

電子內部享有完整性，但忠誠度又另當別論。對於電子來說，每個質子都一樣好，不過雖然正負電粒子間的吸引力頗強，但在某些情形下，這種連結也很容易斷裂。若是拿一把梳子慢慢梳理乾燥的頭髮，梳子將會把頭髮原子最外層數百萬的電子帶走，當梳子充滿多餘的電子時，即成爲帶負電的東西。若是將這把梳子貼近一些碎紙片，它們一開始會猶豫一會兒，然後跳起來黏附在梳齒上，這種吸提的動作便是電子流動的證據。在開始的猶豫期內，碎紙片表面上的許多電子被負電梳子上的電子大力排斥，所以會跳開，不是跳到紙片邊緣，便是完全離開紙片。結果，紙片表面的原子突然發現自己處於電子赤字的狀態中，於是紙片向正在上方招手、有過多電子的梳子報到，以便解除危機。是的，正是那把原先把紙片逼向正電困境的梳子。這也像企業家的資本主義作風，忘了擴大現有消費者的需求，出去外頭重新開發新的需求吧！

冬天的帽子把戲則與先斥後吸稍有不同。當脫掉毛線帽時，爲什麼一些頭髮會豎起來呢？當拿掉毛線帽時，會帶走頭髮外層的電子，把每根頭髮變成電子不足的正電物體。由於帶正電的物體間會相斥（負電亦同），所以每根頭髮都盡量離得遠遠的。同時，靠近頭皮和臉部的正電頭髮，對於皮膚的電子變得極具吸引力，於是將頭髮拉得很近，讓電子能在皮膚和頭髮間跳來跳去。

重要的是，帶電原子會努力塡滿空層或是丟掉過多的電子，回到瑞士鍾愛的中立狀態，而電子被搶走的物體也必須想辦法回歸中立。有些物質更有能力幫助別人緩和電荷失衡的狀態，這通常需要對電子大軍擁有很高的包容力，金屬門把對電子便是一個極佳的艾理斯島（數百萬移民抵達美國的第一站）。當金屬原子排列成分子時，外層的電子通常很鬆散，能在金屬原子間自由跑來跑去。分享鄰近的電子可加強原子間的連結，讓金屬變得堅固，可長期使用在軍事用途上。金屬不停的電子流動意味著總是能找到缺洞，正電粒子區吸引電子移民潮流入，讓金屬成超級導電者。

乾空氣是很討人厭的導體。爲什麼冬天特別會發生靜電如影隨形、握手會電人的問題，是因爲室內暖氣常常很乾，所以走過地毯或是脫掉外套所聚集的電子，會一直留在身上，除非有別的地方可去。電子會在一層層的衣服裏拉扯，或是跳到客人伸出來的友誼之手，尤其是對方戴有金屬戒指時。在那觸電的一剎那，大約有一兆個電子會跳到新主人身上，讓捐贈者重回正常人體接近電中性的狀態。

相反的，在悶熱的夏日，空氣中的水分子有一端會稍微帶正電，很容易將腳底或衣服的多餘電子帶走，讓你走到門口前能回歸平靜。

外面的世界可非如此。夏天滂沱大雨中的雷電交加可能是自然界最壯觀的時刻，原本不同的氣團與雲層間會逐漸積累電荷差異，而閃電讓雲層與地面間的正負電交流，因而化解掉差異過大的危機。換句話說，閃電就像是天空中激出超級火花的門把，喜歡的話可稱爲「超級靜電」，但危險得自行負責，因爲「電」這個字在英文中有「力」與「電荷」的意思，對不同的人或心情不同的人具有不同的含義。有些科學家和工程師對於人們常常隨意亂用「電」這個字，感到非常**生氣**，甚至氣到可以**燒斷一條保險絲**。貝堤（William J. Beaty）是一名電子工程師，他所架設的網站特別用粗體大寫字母強調，努力解釋電磁學並釐清許多迷思。他抱怨「電」成了「萬用字」，亂七八糟地用在相差十萬八千里的東西上，包括電源、電流、電荷與電力帳單。他主張，爲了清楚起見，我們乾脆同意「**『電』不存在！**」，日子會更好過。

貝堤在兩點上大抵是正確的。首先，「電」這個詞含糊得可怕，比起其它可互用的詞語更加嚴重。相較上，「力」和「電荷」兩個詞在感官世界裏保有特定的科學意涵，但「電」並非如此。科學家口中說「電」，只是順應民情，好比爬蟲學家對民眾說「爬蟲動物」，但本身早已棄用這個詞，因爲過時又不精確了。

其次，大多數人口中呼喊的「電」，似乎只存在當它不**存在**的那一刻！尤其是在電腦前趕工卻忘記應該不時存檔一下，結果不幸遇到停電，直教人氣得搥心搥肺！對許多人而言，「電」是一種看不見的力，覺得它應該從電源插座或鹼性電池裏源源不絕湧出，點亮檯燈、溫暖房間、冰涼食物、清洗衣物，並且讓家裏七十四種電器用品（包括貓砂盆）上的數位時鐘能正確顯示；「電」是當電源插座不用時，大人會用塑膠蓋遮住，避免學步兒誤觸發生危險的東西。如果「電」不是正確的用字，那是什麼？更廣的來說，這麼多年我們一直誤稱的到底是什麼東東？

在這裏，許多研究人員或許會感到奇怪：貝堤幹麼特別反對這個字的用法？在他們眼中，一次開關之間，「電」便能漂亮地傳達物理學的許多基本原則。當然，說話者會隨性且隨意的使用「電」

這個字，來描述形形色色的物理事件，但是如果仔細思考，想想看爲何「電」能讓一個小小的人造太陽照亮整個房間，很平凡地做這些不平凡的事情，或許你可以克服自己一定會被留在黑暗之中的想法。

我前面提到閃電有點像華格納風格的靜電表演，雖然像貝堤的科學家們會狂叫，再一次指正根本沒有「靜」這回事。

然而，對電了解更深入的人們，早已區分出不能控制的火花和電擊，與一般能控制的電流（除非是我們這區的電力公司）。電流像靜電吸附一樣，是因爲帶電粒子的周遊列國而產生，但是電流中粒子的流動是連續、有目標且昂貴的，而靜電吸附則是偶發又難管的，有點像是「免費贈品」般讓人難以抵擋。

科學家花了數百年的時間了解並駕馭電，促進了人類的生活福祉。這些人的名字流傳永世並爲人稱頌，因爲已經成爲國際通用的電力單位，讓修物理的學生在期末考前夕得努力背誦。這些「名人」包括義大利物理學家伏特公爵（Count Alessandro Volta），他發明化學電池；英國物理學家焦耳（James Prescott Joule），他顯示熱也是一種能量形式；法國物理學家庫侖（Charles Augustin de Coulomb），他是研究磁電斥力的先鋒；英國工程師和發明家瓦特（James Watt），他設計出優良的蒸氣引擎並獲得專利；法國數學家和物理學家安培（André Marie Ampère），他發現磁力和電流之間的關係；伽伐尼（Luigi Galvani）發現了電流會引發神經和肌肉抽搐，名字成爲英文辭典中的「通電」；德國物理學家歐姆（Georg Simon Ohm），他發現電流中電壓、電流與電阻的關係，傳說他私底下會做瑜伽冥思。

歐姆先生爲我們帶來「歐姆」，是電路或裝置中測量電阻的單位。我們不一定要將每個單位或由來搞得一清二楚，不過「歐姆」的確是談論電流的好起點。

從較廣的牛頓意義來說，阻力很像摩擦力，與運動物體的方向相反，會讓物體減慢速度。在電流中，電阻是一種測量單位，測量某種物質阻止電子從輸入端自由流動到家電用品的程度，阻力越大則歐姆越大，表示電流速度越慢。乾空氣對電子流動具有相當高的阻力，而金屬的抵抗力較低，故容易傳導電流。有些金屬的導電性較佳，電子能自由流動，例如，導電性好的銅便可以製成電線。

當然，我們不想讓電子在家裏隨便亂竄，若是碰到暴露在外的電線，可能會讓人電得吱吱響。金屬電線會包上數層的絕緣體（如橡皮或塑膠），這類材質具有很大的歐姆，原子會緊緊抓住電子，而且不想也不願讓粒子流通。電子或許能迅速聚集在氣球表面上，但是橡皮可抗拒電子穿透表皮，包在電線外圍的橡皮等類似絕緣材質也是如此。

但是「電流」是什麼意思？電流是指活力充沛的帶電粒子流成一道，通常有一個方向與目的。這些興奮的電子不是都能走完全程，有些會流到目的地，大多數在途中會擠壓原子，讓環繞的電子鬆掉再推向前，然後自己移到空位裏。這裏的重點是數兆電子形成巨流，不是受到後面的推力，便是受到前面的拉力，電子受到激發、活躍與驅動。

現在電子都不停在運動，如同圍繞原子一樣，電子拒絕停下來。在棄置的一段銅線上，電子也不斷在鄰近的金屬原子間跳躍，小心看有沒有其它電子的蹤跡，以免踩線引起如貓般的憤怒。

不過這些只是平凡的電子運動，雖然能夠執行原子的命令，但是沒有能力做更多事情，不夠打開開關或發動機器。若電子要參加有組織的課外活動，一定要受到激發，一定要動起來，一定要吃東西。

電子有質量，超小的質量，但好歹是質量，所以也是一種物質，因此這些小宇宙需要一些理由在早上起床和晚上離座休息。電子不是自我激發的類型，所以說電子不是一種能量來源，或至少不是有用的能量。

就目前所知，宇宙巨大的山河裏有兩大基本產物，即物質與能量。相對於外面那大片空寂，至少我們還有物質和能量來當護身符。沒錯，愛因斯坦能聞名天下，便是證明物質與能量是同個幸運馬蹄鐵的兩端，科學作家菲里斯（Timothy Ferris）則說，物質是「冷凍能量」。極少的質量可以提取出巨大的能量，像是炸毀廣島和長崎那兩顆黑暗的核彈。太陽會發光發熱也是用核心物質交換而來，但是因爲太陽能夠以少換多，將少許質量變成大放光彩的輻射能，所以在照耀五十億年之久後，至少還能再燃燒五十億年。

然而尋常世界裏，物質和能量就如同自然的四大基本作用力，會照各自的操作手冊行事，並以獨樹一幟的才華爲傲。物質是製造萬事萬物不可或缺之物，包括行星、蟹狀星雲、三十五萬種甲蟲，以及披頭四（Beatles）。物質組合成一百零一種元素，再以不同比率混合搭配，創造出各式固體、液體或氣體，但是若缺乏能量輔弼，物質難成美事。能量的正式定義是「有能力做功」，聽起來無聊又嘮叨，就像是父母喊說寫完代數作業了嗎？好，接著練鋼琴！最好不要把能量想成是父母或學究，而是將能量想得很浪漫，想成是愛人，是讓物質變重要的火花。若要開燈讓電線裏的電子流竄，由於電子自己不會動，一定要受到刺激。所以，必須提供能源來刺激電路裏的電子，讓它們驚聲尖叫向前流衝，乖乖照吩咐行事。

在思考能量的問題時，暫時忘記大片油管穿過世界少數僅存荒野之地的醜陋景象（在榨乾幾滴石化燃料的價值許久後，這些重型機器仍會污染大地及危害生態系統），讓我們想想以比較快樂的方式得到能量，例如吃一大碗櫻桃，給身體碳水化合物，身體再加以分解，釋放儲存在碳水化合物鍵裏的化學能；或者蓋一座風車，利用空氣轉動葉片，讓曲柄轉動發電機，最後產生電流；或者揚起風帆，讓風兒帶你遨遊大海；或者與愛人在壁爐前耳鬢廝磨時，可以燒木頭產生「熱能」取暖，不管是揉一團舊報紙點燃火苗，或是拿前任劈腿情人的情書燒個痛快，又何妨呢？或者，突然看到一隻大得噁心的蟑螂，但你不想污染自己的球鞋，也可以拿磚頭砸下去，用「重力能」送牠見閻王。

這些化學能、機械能、熱能與重力能，皆是各種不同形式的能量，又可再分爲兩大類：一是儲存能（更常被稱爲潛能），二是動能。成熟的櫻桃在碳水化合物鏈結裏儲藏有潛能，這些鏈結在人體細胞內有系統地遭代謝酵素分解，櫻桃的一些潛能轉換成動能，讓人有力氣再去買更多的櫻桃。高山上一個結凍的湖泊是儲存潛能的水庫，等到春天冰面融解開始嘩啦啦往下流時，會變成風景絕佳的動能。點燃的木柴將潛能釋放出來，成爲火苗竄動的動能。將磚頭舉起，本質上是注入潛能，丟下磚塊則潛能馬上變成動能，砸中那隻外皮油膩褐色的可憐美洲小蟑螂。

所謂的「電能」也有潛能和動能。電子和質子是原子世界的基本特徵，彼此會不可抵抗地互相吸引。若是將兩者分開，電磁力會讓它們想辦法矯正這不平衡：向一個質子移動！填滿那一個洞！你以爲自己是什麼，中子嗎？電磁力也促使相同電荷的粒子保持距離，若是硬將相同電荷的粒子推近，它們會覺得被困住了，急著想要逃開。我們生活上萬般依賴的電力，即是利用帶電粒子的衝力，例如電池利用一次化學反應在一端產生多餘的電子，再利用另一次化學反應在另一端產生帶正電的原子或離子，讓相反的電荷有機會混合，爆發出來的能量可以照亮一個房間。

但是要讓電流流動，需要路徑、電路與導體，就像是從地毯帶到多餘的電子，需要以手指做媒介，去觸摸金屬門把或者寵物的鼻子，才能接觸到更多的正電農場。連接電池正極與負極的一段金屬電線，可以當作路徑。多餘的電子在一端感覺到正離子在另一端殷切召喚，而周圍帶負電的老鄉正在排擠自己，於是電子們開始對電線裏的原子衝撞，希望打出外圍的一些電子，而這些散落的電子又將原子推遠一點，電荷就像是推骨牌般被往前推進。電池的化學潛能經原子和電子推擠而化爲動能，可用來轉動馬達，或加熱鎢絲讓燈泡發亮，神奇地照亮一整個房間。

從電源插座流出的電流（感謝電力公司），也仰賴電線電荷的推拒拉扯而成。一開始要讓正負電荷分開並不容易，需要用能量將質子和電子分開，如同果樹需要太陽照射才會結果，發電廠需要能源才能生產電力。美國大多數發電廠都是燒煤炭，將遠古樹木化石所儲存的可觀潛能，轉變成一條條帶電粒子之河，向前奔流匯聚成川。在讓木炭發光發熱的轉換過程中，有部分是受到掌管電荷的第二道力量所控制，即磁力。

法拉第（Michael Faraday）和馬克斯威爾（James Clerk Maxwell）在一個多世紀前已確定，電力和磁力在數學上是緊密相關的。在尋求統一自然基本作用力的路上，這兩位物理學家都是耀眼的開路先鋒，吸引成千上百的理論物理學家前仆後繼投入該領域。對於法拉第的成就，我們用兩個標準測量的單位加以表揚：「法拉」與「法拉第」。至於馬克斯威爾，他為「電磁作用」命名，讓人每次都會想起他。

但什麼是「磁」，為什麼冰箱門上可以黏許多磁鐵？電和磁有何相關？其實兩者很認眞工作，各會產生電場與磁場，且兩種場會互相影響。「場」也可以說成是隔空行動，或是隔空拔河。地球有一個重力場，會將其它物體拉向自己，不過離地球越遠則引力越弱。同樣的，電子或質子等帶電粒子的周圍有電場，這種影響圈會放射到空間，吸引或排斥其它帶電粒子，而且和重力場一樣，與電場相隔越遠則影響力越微弱。若是玩過磁鐵或是湯瑪斯引擎火車的人會知道，磁鐵也有自己的場，磁鐵條末端有一區向外放射的力量，會吸引或排斥磁鐵的另一端。這個硬漢性格的磁性從何而來？不管是磁鐵條、銀紅色相間的傳統馬蹄鐵、自然歷史博物館的天然磁石，或是可以壓住獸醫名片的磁鐵，全部都具有同步自旋的不尋常特性。電子除了會環繞原子，也會在軸上快速旋轉，只是在奇特的量子情境裏，這種「自旋」不像是旋轉的舞廳燈球或行星，因為電子需要轉完兩圈才會回到起點。不過，在核心周圍的電子雲會踮起腳尖旋轉，每次旋轉會產生極小的磁場；有些電子往這個方向旋轉，有些往那個方向旋轉，結果在大多數原子中，這些運動的磁反應會互相抵消。不過，有些金屬（如鐵、鈷、鎳等）電子的旋轉會暫時或永久地同步化，將小磁場擴大成一個大磁場，此時得到一個磁鐵，會產生磁場，會吸引鐵和鋼，也會對電熱情回應。

當電流通過電線時，根據電子流動的方向，電流可以讓磁鐵失去磁性、重新產生磁性，或是讓原本沒有磁性的金屬暫時擁有磁性。電流裏流動的電子會影響磁鐵或磁性物質裏原子的分布，將相似自旋的原子排列起來，使得物質帶有磁性，或是讓順時針方向和反時針方向旋轉的原子互相攙雜，因而抵消物質的磁性。

這種促使交換的行爲是相互的，磁鐵也能讓電流沿著電線用力跑。如果銅線繞著磁鐵快速旋轉，磁場會推擠銅中的電子，讓電子跳躍在層與層、原子與原子之間；若是在電線一端加上正電刺激，電子會瘋狂湧向它。發電廠製造電流時，通常會利用燒炭的渦輪引擎以高速旋轉巨大磁鐵內的銅線圈。線圈裏高度激發的電子形成骨牌波浪，沿著長長的電纜傳送，有些竄入地下，其它則一溜煙隱沒到高壓電塔裏。

當使用家庭電腦時，是將電線桿配送的電流分導一些到家庭電力配線中，然後刺激電腦線路裏的電子，再對注入線路的動能分派任務，例如啓動硬碟裏某個小馬達。或者，動能可以將電腦備用電池裏的正負電荷再度分開，這門工作叫「充電」，雖然對電子正名論者而言，這個名詞很討厭，因爲並沒有新電荷加入，而是現有的電荷被硬生生拆散，讓重逢時刻能有「小別勝新婚」的熱情。不管如何，現在電腦的電池滿載潛能，萬一閃電打中樹木，樹木壓壞電線桿，你才不用哭喪臉呢！雖然燈可能滅掉，但電腦仍然微笑，你可以在黑暗中工作、工作、工作……

電流傳輸需要線路，這條通道讓原子能與帶電粒子進行交換，在過程中變得更加活躍，並且將動能波往前推送。相對上，電磁能（電磁輻射）並不需要什麼介質才能傳播。電磁能的波可以在眞空傳播，對我們眞是很幸運，否則人類會因爲飢寒交迫而死，僅能渴求陽光的垂憐。不過，因爲「電磁」一詞包含許多不同的觀念，例如原子間電子和質子的吸引力、乾衣機裏襪子和床單的吸引力，以及帶電粒子流過電線讓燈泡炙熱發光等等，很容易便讓人忽略或誤會電磁輻射獨有的美貌和光一般的無比輕盈。

世人所依賴的能量，幾乎都是始自於太陽源源不絕的電磁輻射波浪。我們可以燃燒煤炭製造蒸氣，帶動渦輪旋轉銅線圈，最後產生電流，在冬夜溫暖和照亮房子；我們可以從阿拉伯沙漠底下層層的泥岩、石灰岩和硫酸鈣中鑽取原油，再用聰明的化學方法提煉出石油，讓車輛可以行駛。不過，所有的化石燃料一開始都是陽光照射樹木，再經地底擠壓三億年而產生的能量棒。因爲植物有分子工具，可善加利用太陽輻射而變成食物，包括現在就可吃到的櫻桃「速食」，或是作爲未來石化燃料的「慢食」。不管如何，寫下每章故事的幕後英雄都是太陽，麻省理工學院的諾瑟拉便強調：「其實我們吃綠色蔬菜時，是在咬太陽的光，是在吃太陽能的光子。」

我們容易將陽光想成是我們看見的光線，指網膜細胞能夠捕捉到，並以神經衝動傳導到腦部解讀的東西。換句話說，我們將日光當成是所謂的「可見光」，是人類眼睛能看見的一小部分電磁光譜，實際上太陽光中有一大部分對我們是黑暗的，落在人類貧乏視野可見的極小部分電磁光譜之外。如果太陽是31冰淇淋店，總共有一千億種味道，那麼人類有能力品嘗的口味只有五種。我們可以感受一些太陽不可見的力量，例如讓皮膚覺得溫暖的熱輻射，讓皺紋開始出現的紫外線。但是電磁光譜上還有千千百百種光波，好比保持體態輕盈動人的舞蹈有千百種一樣。在威斯康辛州大學麥迪遜分校的馬修希望每個人能夠回答這個小謎題：「以下東西有何相同處：無線電波、微波、紅外線、光學、紫外線、X光和伽馬射線？」正確解答是：「以上全是光！」

好的，它們全是光，都是電磁輻射，但什麼是電磁輻射呢？電磁輻射其實是一對動態的場，一是電場，一是磁場，彼此呈直角運作。我保證這很難想像，但試試看吧：一個電子被一個電場包圍，電場相當於領導風範或人格魅力，讓其它帶電粒子嚮往與響應。若是將一束電流沿著一個金屬導體快速來回移動，電場的痙攣振動將產生一個磁場，磁場包住導體如同手握住腳踏車手把一般。新生的磁場接著引發另一個電場形成，這個電場又接棒創造出一個新磁場。在這種不斷重複的過程中，電場與磁場一直互相生成，每次新的場誕生後，既有的場可能增修、變弱或改變原有場，根據場的波峰與波底是否同步或會彼此相消而定。場的振盪互生以電磁輻射（如光）向外像漣漪擴散。電子可能會困在電纜中，但是產生的電磁場可以掙脫得到自由，衝進空氣中或不用空氣也行，以每秒三十萬公里的速度旅行，這是全世界的速度極限，只有光擁有這高速的飛行執照。

各種電磁輻射都能以光速旅行，但是風格各有不同。根據彼此的影響以及場的散播方式，光可以是輕柔曼妙的長波、緊張尖銳的短波，或以兩者間任何的波長行進，我們可能會得到一個心思純正的信號波，或是收集到各種小號、中號和超大號的波。好比你在浴缸玩洗澡水一樣，若是用力打水，會出現各種高高低低和大大小小的水波和泡泡；如果持續攪動洗澡水，會生出波浪一圈圈擴散，讓橡皮鴨往外盪啊盪，突破空間、時間和永恆（如果沒有浴盆阻撓的話）。

多才多藝的太陽先生在電磁場宴會中擔任烘焙師，並且將光線輻射成光譜。但因爲太陽是個中等的中年星球，核心的壓力（電磁波源頭）只有中等強而已，大部分的光線以亮麗、但不過度刺眼的波長躍過太空。陽光波長碰巧是在電磁光譜的可見區附近，不過也不是眞的「碰巧」，人類的眼睛演化成盡量看見周圍光線，而太陽擅長傳播百萬分之十五到三十二吋長的光波，於是我們這群不客氣的分類專家，將這小部分光定義爲「可見光」或「日光」。不過這個詞卻漏洞百出，因爲其它動物能看到在可見光範圍之外的光，如紫外線、紅外線與雷達。例如，蜜蜂可以看見紫外線，許多花朵會利用紫外線條紋向這些播粉專家招手；毒蛇可以看到紅外線，偵察食物與威脅者所散發出來的熱輻射標記。

不同波長的光擅長不同的壯舉。無線電波非常長，行進時不會被空氣分子吸收或分散，而最長的無線電波能夠輕易隨著地球的曲線轉彎，所以最適合爲遠方的無線電台和電視台播送訊號，將節目送到各家各戶或是汽車裏，還有些人發誓嘴裏的補牙料也能接收到訊號。

接下來在電磁光譜上的是名字取得不好的微波，因爲微波一點也不「微」，有一定分量的長度，從一公分到一公尺都有。微波像電波一樣，由於波長夠長，所以可經過空氣傳達信號而不受干擾。但微波又不像電波，能夠集合成可導向的光束，所以傳輸信號時有相當程度的安全和隱私性。雷達也是一種微波輻射，這種可導向的微波脈衝會從固體反射回到接收器上，所以能精確指出物體的位置。最尖端的雷達能精確指出兩公里外家蠅的行蹤，雖然這種雷達顯然是閒過頭了。

在光譜的另一端是超短的X光，大約只有千萬分之一公釐寬或原子寬。X能量很高，能夠直接穿越身體大部分，但是會被密度高的組織吸收，如骨頭。長久以來，X光對於醫學、牙科、生物學和天文學都貢獻卓越，但至今名字仍然像個可笑的間諜代號。其實這個名字是發現者侖琴（Wilhelm Roentgen）在一八九二年命名的，因爲他不曉得X光究竟是什麼東西。即使X光的電磁性質已經闡明，這個古怪的子音仍保留下來，讓人一望即知。

越過X光，接下來是波長很難測量的伽馬射線。伽馬射線的波長比質子的蝴蝶結更短，但背負巨大的能量。當太陽的伽馬射線要抵達層層的大氣層時，一定會在空氣分子的羊腸小徑中迷路，不過伽馬射線對人類的健康有害。經常做洲際飛行的人們，會長時間飛行在離地面六到八哩的透明同溫層裏，累積到太多的太陽伽馬輻射。而且萬一距地球二萬五千光年的範圍裏有超新星爆炸，釋出的伽馬射線將會毀壞整個的電子傳播系統，包括行動電話、部落格、電子郵件、電子約會、電子閒晃等，都會在一瞬間全部消除了。

從光明面來看，自然不是小氣鬼。在每個春天終了，森林腳下會鋪滿比果實多上數百倍的落花、等不及長大及冠的橡實芽枝，還有鳥巢負荷不了而被逐出的雛鳥骨骸。當人類胎兒腦部生長時，需要犧牲一百個神經元，才能讓一個腦細胞安頓下來，用突觸和鄰居串門子；胎兒的手指和腳趾，同樣也是從肢體末端原始的蹼狀肢逐漸蛻變而成。

在每天進食十六個小時中，一頭象可以吃掉與鼻幹等重的食物：三百磅的草葉、根莖、竹子、漿果、玉米、棗子、椰子、李子、甘蔗，還有巧克力蛋糕。但是，大象的腸胃只能吸收小部分的營養物，所以每天大約能排出驚人的兩百磅糞便。

不過，在自然廣闊的胸襟下有一位錙銖必較的會計，仔細計算每顆豆子和腦細胞，爲每束稻草訂價。自然是不厭其煩的回收公司，不管是糞堆或倒樹，底下都是腐生物熙熙攘攘的社區，在死亡或廢棄的物體中求生存，好像天生知道太陽底下沒有新鮮事。在物理世界裏，從宇宙到次原子，一切一切周而復始。守恆（節約）不僅是好點子，更是定律。牛頓發現部分的守恆定律，以動量的守恆定律爲例，如果一台五千磅重的四輪傳動休旅車，以每小時三十哩的速度前進，結果與一頭一萬二千磅重、時速二十五哩、腳掛鈴鐺、怒氣沖天的大象對撞，由於大象的動量是體重乘以速度，所以動量較小的休旅車只抵消大象部分的動量，而大象正好將剩餘的怒火，發洩到那台不知好歹的休旅車上。

電荷守恆律是指，在這裏產生一個正電荷，在某處一定有負電荷。例如拿梳子梳頭髮，會將一些髮絲變成互相排斥的正電物體，那麼梳子上一定是留下多出來的電子。我們不能將粒子固有的電荷弄出來，或是讓它們變成中性，因爲就目前科學家所知，宇宙處於電中和的狀態：有一個電子，就有一個質子（依此類推）；打出一個帶負電的原子（負離子），一定會附帶產生一個正電的原子（正離子）。

也許在所有守恆中，最深奧的是能量守恆定律，也稱爲熱力學第一定律（也是科學家們一再告訴我，最希望大眾能夠了解的兩個守恆定律之一）。我向來喜歡「熱力學」這個詞，因爲念起來像是會渾身發熱般帶勁。熱力學是研究動能、潛能和熱能之間關係的學問，其重要前提爲：在一個封閉系統內，總能量（包括熱能）永遠保持恆定；能量不能夠從無中創生、複製或召募，能量不能被破壞、被編造或強迫提早退休，能量只能被換手或者轉變形式。首先要滿足「在一個封閉系統裏」的條件，日常生活中遇到許多系統都沒封閉，例如在爐子燒沸水，可以一直加更多的能量到系統（鍋子）中，只要爐火一直開著即可。天然氣持續燃燒所釋放的動能，可以持續轉移到水分子上，讓水分子振動越來越快，直到發生相變成爲水氣爲止。甚至所有的水沸騰跑光之後，燃燒天然氣得到的能量會繼續使系統工作，將合金打造的鍋子氧化並打破鏈結，再熔化鍋柄的硬樹脂聚合體，直到最後你這個粗心大意的廚師需要打開另一個系統，即打開家裏的門窗，並且倒掉鍋子裏焦黑惡臭的殘渣。

不過，我們熟悉的系統中也有相當接近封閉的系統，例如在公園溜滑梯的小朋友。小朋友爬上溜滑梯頂端，在向上爬的過程中累積潛能，然後坐在溜滑梯頂端調整呼吸，確定大人帶著該有的興奮和讚賞觀看著，於是呼地溜下去，將儲存的重力能兌換爲刺激的動能，還有玩過溜滑梯的熱度。如果將下滑的動能，加上移轉到溜滑梯、小朋友屁股和空氣分子的熱能相加，將會等於一開始的重力能。

太陽和地球構成另一個能量系統，最好將它想成是封閉隔絕的，至少等到我們發明《星艦奇航》(*Star Trek*) 中的時空彎曲飛航器，能夠去尋找新生活和新油田之前。到目前爲止，從太陽而來的能量滿足這套系統，包括太陽能直接的產物煤炭、木材與風力，還有人爲製造的核電或夢想中的核融合。

不過，全部都封閉的系統是宇宙本身。熱力學第一定律適用於全宇宙，現今所存在的能量將保持永恆。一百三十七億年前，大霹靂所釋放的能量（E），是我們第一個E、最後的E，也是唯一的希望和嫁妝，沒有其它存款、退稅，要退換限店內商品。這不是一條差勁的定律，反倒在一定程度上爲靈魂帶來安慰，至少有足夠的能量，讓電磁上可見宇宙中一千億銀河的一百億兆個星球燃燒個痛快，也夠支撐宇宙間龐大的暗物質與暗能量（雖然這些東西沒有重量又看不見，但是我們知道它們就在外頭）。我們的宇宙像法國糕餅：芳香濃郁瀰漫空氣間，你不覺得一個就夠了嗎？

對於沒有宗教信仰的人，能量守恆定律是精神上的泰迪熊，在靜悄悄的恐怖深夜裏，當想到死亡和逝去時，此刻擁抱守恆定律或許能獲取慰藉。守恆定律是一個永恆存在的承諾，宇宙實際上是一個封閉系統，總能量將維持恆定，不會創造更多能量，也不會破壞能量。個人體內原子和鏈結之間的能量E將不會被消滅、歸零或變空，雖然創造身體的物質和能量將會改變形式和地點，但這些能量將會鎖在生命與光線的循環當中，留在從大霹靂開始的永恆派對裏。英國物理學家焦耳如此稱頌熱力學第一定律：「沒有東西被破壞，沒有東西曾失去，這部機器雖然如此複雜精密，卻平順和諧地運轉著……保持最完美的規律性。」每次女兒害怕黑暗時，我都會告訴她這層道理，雖然她還是偏愛較有人味的永恆，但已能從熱力學的眞理中獲得些許溫暖。有個冷死人的早晨要上學前，她充滿憐愛地注視著曼妮。這隻愛打呼嚕的貓咪，最會讓吐出來的毛球塞在沙發縫裏。她說：「希望在我死之後，有些原子能夠變進貓的身體裏。」

「第一次世界大戰」暗示後頭還有其它世界大戰；「伊莉莎白皇后」或「菲力普國王」後面加上羅馬數字I，代表以後同名者至少在名義上也是一國之君。同樣的道理，熱力學第一定律聽起來只是起頭而已，事實上熱力學共有四個基本定律，其中有一個定律是在第一定律之後才發現，但有一個可愛的名字，叫「熱力學第零定律」，不過最重要還是第一定律和第二定律。和美國憲法修正條文有點兒像，第一定律是保障言論、新聞和宗教自由，第二定律則保障個人可攜帶榴彈砲的權利，那咱們還需要什麼呢？

科學家恰巧將熱力學第二定律看成是某種武器：往房子裏丟散彈，把掛畫震得東倒西歪，讓液晶電視爆炸開花，把家具震得七零八落。如果熱力學的第一定律是「好消息」，如哈曾（Robert

Hazen）和崔菲（James Trefil）所指：「一個不朽的自然法則」，那麼第二定律是「壞消息」，是個解釋爲何身體會變衰老的自然法則。第二定律也可稱作「蛋頭先生定律」，一旦這個嘻皮笑臉、愛掉書袋、繫領結的大蛋頭先生摔下來，即使動員國王所有的將士兵馬、國土安全部大小官員與各地整形科醫師，再用盡世界各種膠帶，也沒辦法將蛋頭先生黏得完整如初。第二定律是自己得花很大力氣將屋子整理乾淨，但是外出度假兩星期，回來包管屋子又會變髒的原因。第二定律解釋，爲什麼有些飲料冰涼的時候好喝，有些熱熱的好喝，大部分在室溫下喝起來口感很差（當然紅酒除外）。第二定律保證生活中注定有混亂與不幸，不管計畫多嚴謹、檢查多嚴密；犯錯不僅僅是人性，犯錯是天注定。

以上是第二定律的一些哲學涵意和小小觀察。在背後的物理原則是什麼？首先，第二定律有個看似簡單的前提：熱能不會主動從冷物體流到熱物體。若是在大熱天拿甜筒，冰淇淋會開始融化，逐漸流下甜筒，黏到手指，滴在地上；冰淇淋不會改變想法，開始結凍回來。若是冬天將熱咖啡拿到戶外，但是沒有隔熱良好的馬克杯，咖啡會很快變涼，沒有辦法守住熱氣。在宇宙中，熱只會自然往單方向流動：從溫暖的物體移動到較冷的物體，所以夏天的熱空氣總是撲向冰淇淋，而咖啡的暖和總是飄進冬天的冷冽中。若是突然發現不是這麼回事，恐怕要考慮進勒戒中心了。

從分子層次看來，熱的單向箭頭有其道理。熱物體分子比冷物體分子移動更快，當能量高的粒子碰到比較端莊的分子時，會將一些能量轉移給對方，讓自己變得能量較低。當夏天熱空氣分子碰到冰淇淋冰晶時，冰晶會開始搖動分解；而當空氣分子將活力傳給甜筒時，附近的空氣分子會稍微冷卻下來。以熱咖啡來說，表面快速移動的熱分子會與上面的冷空氣分享能量，遇熱的空氣分子又再輕輕搖動上面的空氣。在任何情況下，要讓能量不從熱物體移轉到冷物體，動作慢的冷分子擋住熱分子快速的進攻，單靠自己是無法抗拒交流的。

這種從熱到冷的自然趨勢，結果便是慢慢攪和混合，讓能量分散。將檸檬汁裏面的冰塊拿出來放在桌上會融化，當咖啡的熱氣飄散到四周，產生咖啡香的分子反應會變慢，讓咖啡喝起來平淡無味。要維持形狀或避免溫度由熱變冷，都需要加入能量，例如冰塊放在冷凍庫裏可以保持完美的形狀，但冰箱複雜的冷卻機制是由電力發動，冷氣機的作用也是如此；在冬天，可以開暖氣系統、燒木材或是開電暖器讓屋子保持溫暖，抵消流失到屋外寒冷空氣裏的熱氣，但這些也都需要能量。再者，無論家裏如何保暖，仍然避免不了熱氣漸漸流失到外面。

這裏導出第二定律的第二個前提，簡單地說沒有東西是完美的。講正式點，我們永遠造不出效率是百分之百的引擎，能夠將每公克燃料轉換成百分之百的功，符合新教的道德戒律。我們無法建造一個不需要外界幫助，便能永遠保持運轉的機器，雖然包括達文西（da Vinci）在內已有許多人嘗試過，但是第二定律總是贏家。不論一具引擎如何平順，不論齒輪間如何完美配合，驅動引擎的一些能量總是會以熱能的型態流失，送進天空中而不是回到手邊的工作上。有些動能會加熱引擎周圍的空氣分子，使螺絲釘等零件的原子運動，反正某個地方總是有某個物體會吸收熱能浪費掉。大部分機器，包括人體細胞內所有小小的有機分子，永遠都無法達到百分之百的效率，甚至連百分之五十的效率也沒辦法。例如，許多植物勉強只能儲存百分之五的太陽能用來生長。

效率不彰是不可避免之事。想一想汽車引擎裏一個簡單的活塞零件，每次活塞往下推，汽缸裏面的空氣都會被壓縮加熱，結果汽油燃燒所產生的熱能不僅會對筒內空氣分子做不必要的刺激，而且毛毛躁躁的熱空氣也必須排出，活塞才能重新循環，否則引擎會燒斷保險絲、爆斷封環，從車輛的中央處理器解體或停止運作。這表示要開個排氣閥，將熱氣倒入大氣裏，放棄假裝當個認眞工作、誠實納稅的好公民，開始與其它不安分的氣體同流合污，惡搞全球的氣候。

總而言之，從一開始就沒有需求的東西，竟要花錢得到，又得花錢擺脫。聽起來很像生命中的許多事情，不是嗎?享受甜點後上健身房，結果被啞鈴砸傷手指，還得多花錢請醫生縫傷口；爲女兒買非洲牛蛙當寵物，後來還要幫忙清理地板上肢離破碎的牛蛙……。沒有事情是完美的，沒有人是完美的，而聰明人不會浪費太多時間想辦法變完美。

這帶領我們到第二定律的第三個前提(可能是最令人沮喪的)：每一個孤立系統會隨著時間越變越混亂。或者像我們編輯門上放的牌子：**熵最後一定會逮到你！**

「熵」(entropy)這個字還頗流行，常被當成「混沌」的同義詞，不過兩者意義各異。在物理和數學裏，「混沌」用來指天氣或國家經濟這類看似隨意不可測的系統，其實背後常有規律重複的模式，如高壓雲以及公視台蘇西·歐曼(Suze Orman)的理財節目。相較上，「熵」是指測量一個系統裏有多少能量「無法工作」。雖然有能量，但說沒有能量也對，好比雨天夜晚一輛燈號亮著「未營業」的計程車從身旁急駛而過，或是博物館裏一張圍起來不能坐的骨董椅，或是一個叫不動的青少年。克勞西斯(Rudolf Clausius)是德國物理學家和熱力學先鋒，他爲「熵」命名時，是取希臘文中的「轉變」之意，並且用心讓 entropy 聽起來與英文中的「能量」(energy)諧音。克勞西斯說，有能量的地方就有熵，拿根撬桿準備搞破壞。

熱力學的第一定律主張：「能量既不可創造，也不可破壞」。第二定律回應：「好吧，那我只好搞破壞吧！」

在一個封閉系統內，熵會步步升高，而秩序會每下愈況。如果將一鍋水煮滾，放進一顆蛋，用鍋蓋蓋緊，然後關掉瓦斯，便可得到一個隔絕的系統，熱水能夠將蛋煮成半熟或八分熟的狀況。但是當蛋能煮到適合小孩食用的全熟狀態之前，這個系統將會失去大廚的能力，因為水分子在煮沸過程中獲得的大部分動能，會變成熱氣跑到鍋蓋下方。由於變得較不活潑，鄰近蛋殼的水分子無力繼續修訂與連接蛋裏面的蛋白質和膽固醇鏈結。雖然此時系統的總能量可能與鍋蓋剛放下時相同，但是已經分散趨緩，沒有馬力了。

唉，第二定律有大獲全勝的機會。當物理學家說到有秩序的系統時，是指系統裏的成分以有規則、可預測的模式組織，例如鹽巴裏面鈉和氯原子整齊排列，或是圖書館裏的圖書按照主題或字母依序排列。但是想想圖書館，要搞亂秩序多麼容易！不用將所有藏書統統丟到地板弄亂，只要隨便藏一本書就足以毀掉一個學者的早上。事實上，按照完美的杜威十進位分類法，只有一種方法可以將書整齊排好，但是反過來卻有千千萬萬種方法讓書找不到，背後的藏鏡人便是熵大爺。根據定義，秩序有限制和極限，而混亂無法無天。鍋子裏的滾水想要藉著表面的水分子與周邊的水分子持續碰撞來保持熱度，卻沒有跟上面的空氣分子打交道，那麼機率可說是微乎其微。理論上有可能，正如理論上可以關上眼睛，開始將幾百塊磚頭丟到一角，結果睜開眼睛時發現，眼前有一座夢想中完美無比的荷式壁爐出現。以機率來看，應該會看到眼前一片亂七八糟，而門外警察正用力敲門，帶著重型武器來問候你。

我們不能這樣亂搞，若是想把上噸磚頭砌成美美的壁爐，必須拿出抹刀、桶子和灰泥，利用所儲存的化學能，將磚塊放到最適當的地方，修補突出的磚角，像是演化對待我們的方式一樣。另外，壁爐也需要定期做整修，因爲火燒、重力、透水、濕寒、焦油、黴菌、震動等都會造成影響，尤其是找黑牌的煙囪工人來清掃，卻不知道得打開「煙洞」時，這一切都會讓磚頭和水泥分子的結構更加支離破碎。最後，你或兒孫輩可能會因爲破損焦黑之處補不勝補，於是乾脆將壁爐全部打掉，重新再造一個更方便。

根據熱力學第二定律，一個系統的能量可能保持相同的數量，但是品質會持續衰退。汽油濃縮集中的能量相當有用，但是在汽車排氣管噴出來的二氧化碳和一氧化氮中，那些興奮的分子所含的零星能量卻沒啥作用。第二定律最黑暗的一面是：宇宙也有嗎啡打到靜脈裏，會讓所有的璀璨、所有的生命與所有的可能性，全部慢慢窒息而死。在這個啓示錄中，全世界的熵正在升高，生產性的能量卻在減少，兩者相加是大家的漠不關心。今天，一個星球的爆炸死亡可能對附近的氣體雲注入超多的能量和物質，讓氣體雲崩塌成一個新生的星球，開始踏上生命之旅。在遙遠的將來，宇宙會變得更大，但也更奇怪，屆時可能沒有太陽有能力爆炸產生新生命，或者有星雲還能以祖傳的光芒來孕育下一代。

但是在被甲醛迷昏不省人事之前，讓我們記住：不論宇宙最後的命運爲何，目前還有太多時間登場演出；宇宙是喜劇天才也是唯美主義者，能完美持久地演奏出井然有序的交響樂，抵抗天性怠惰的熵。宇宙喜愛模式，似乎不停發現新型態的光和角色，只爲其中的樂趣。原來毫無頭緒的物質竟是原子組成，而塵埃灰燼中竟可誕生星球，而且還可以根據其光芒推測照耀的時間長短

5 化學

火、冰、間諜和生命

下次你認爲自己受到欺負或挑釁時，不要再忍氣吞聲了，別讓那些討厭鬼享受你促狹不安的快樂。何不試試化學家的方式，用一些派對上的把戲來對付攻擊呢？

許多化學家承認偶爾會陷入被迫害情結當中，覺得自己被大家當成妖魔鬼怪，也被其它科學家邊緣化。在每六點零二二五個美國人中，就有六人堅稱「自己的高中化學被當掉」。好萊塢典型的邪惡科學家常常是化學家，白色實驗衣、各式冒泡的燒杯和機關，企圖將世界搞得天翻地覆。人們也對環境中種種化學物質大聲撻伐，好像「化學物質」等同於「毒藥」。化學家會反駁，指所有的環境本來就是由化學物質構成的。這句話對人類也適用，正如麻省理工學院的材料化學教授沙杜威（Donald Sadoway）指出：「我們只是碳化物的自我複製，人類的本質就是如此。我們跟輪胎的碳纖維沒有太大差異，或許不應該將自己看得太重要。」

縱使「化學」不怕被視爲是環境的威脅，也很容易被貶視爲「官僚」的同義詞，搞得這個領域左右得罪、爹娘不愛。康乃爾大學的霍夫曼（Roald Hoffmann）是化學家與詩劇家，他觀察到化學「被放在物理宇宙與生物宇宙之間」，而且「不處理無限小或無限大」，所以容易被認爲難搞又無聊，「中間的事物通常是這樣」。推擠化學領域的傢伙，往往是坐在兩旁的乘客，麻省理工學院的化學教授丹海瑟（Rick Danheiser）便指出：「化學是中央的核心科學，然而貢獻常被忽略，就連許多生物學家、物理學家、醫學研究人員等等應該比較了解的人，也不例外。」即使是在熱門書籍《科學之終結》（*The End of Science*）中，曾提到主要科學已接近探究極限，很快會沒落無聲息，但是竟然也未包括化學在內。丹海瑟咳聲嘆氣，他猜可能是化學不夠性感，所以連訃聞也沒份。

現在來看看派對上的把戲吧！丹海瑟是嬰兒潮世代，男孩般的臉龐搭配中等體型，波希米亞風格的鬍子隨性配上跑馬衫和卡其色鬆長褲。他把椅子拉開，找遍書桌的抽屜，但是運氣不好。他走近書架，掃瞄一眼，用手摸遍比較高的地方，還是找不到東西。他問我身上是否有火柴，我說自己沒抽菸，他說：「也好，對妳的健康好，但是對我想要做的示範可不妙了。」看來必須要比手畫腳一番了。

丹海瑟拿了化學家用來做分子模型的塑膠枝。他說「假裝這是火柴」，我點頭。他把塑膠枝舉起來說「這是物理」，接著他假裝將火柴劃過想像中的火柴盒，然後對我說「這是化學」，得意地舉起來讓我注視想像中的火苗。因爲已經有兩位化學家同樣用憑空想像的方法，對我解釋過化學的靈魂精髓，所以我很能想像火苗燃燒的情景，於是對丹海瑟點頭微笑表示了解。化學家可能覺得不受重視，許多低空飛過高中化學的倖存者可能認爲他們是性冷感。然而化學家知道，普羅米修斯（Prometheus）是他們的先知，若是口袋裏找不到一根火柴，內心總是有火光閃爍。

趁提到神話人物之際，還有一些寓言故事的主角也與化學點石成金的魔法有關，我覺得金髮女孩歌蒂拉克（Goldilocks）的故事，比起將化學譬喻成灰色的夾心人，也許更能激起共鳴。對於歌蒂拉克來說，「極端」才刻板乏味、無法令人滿足呢！因為太熱會燙壞舌頭，太冷則嘗不出味道；太硬表示不是生命，太軟則表示已經死亡。歌蒂拉克最喜歡中間，中庸之道才和睦協調，是「恰到好處」的世界。這種世界適合孩子、人類和三隻熊，這種世界適合生長，讓原子合成分子，分子變成化合物，單元變成鍵結，鍵結變成褶層、組織、器官、眼睛、口鼻，以及會大聲嚷嚷的嘴巴。一個對孩童安全的世界，是一個擁有無窮分子的多元世界，有百萬種分子與化合物繁榮興盛，沒有分子會太久沒人理睬。化學家的世界正是我們生存的世界，氣候溫和，氣壓剛好，水源豐富，分子可以獲得滋潤、盡情結合，這是一個備受寵愛的世界。

霍夫曼說：「太陽表面上沒有什麼化學，全都是原子和被嚇得分開的離子。」

化學在地球上無所不在，這裏的溫度允許分子以三種不同的狀態存在：固體、液體或氣體，輸入能源（包括太陽能與燃燒生熱）可以讓分子轉變成其它分子，或是變成複雜的原子組合。「若是這個世界只有一百一十五個人，將會變得多麼無聊！若是這個世界只有一百一十五種元素、一百一十五種不同類型的原子，將會變得多麼無趣！故事到此結束。」荷夫曼說：「但是我們的世界不是這樣運轉，從這一百一十五種元素可以造出幾乎無限多種的分子，需要哪種類型都沒問題，可以滿足所有結構及功能的不同需求。人類身體中至少有十萬個不同的分子，葡萄酒中已發現九百多種芳香分子。化學是分子，人類是分子，化學是一個眞正『人』的科學。」

在太陽表面，溫度在華氏一萬度左右盤旋，把原子嚇得分開，但是它們並不孤獨。原子周圍是其它的原子，大部分是氫，但有相當數目的氦原子，還有散布一些碳、氮、氧和氖等等原子。

太陽表面上的原子，和女兒臉上的原子有何不同？原子要如何才有資格做分子，需要什麼通關密語嗎？

「大名是龐德（Bond），詹姆士·龐德（James Bond）。」沙杜威說：「全部的化學都是如何製造和打破鍵結（bond）。」身穿完美的義大利西裝，漿挺的白襯衫、雅致的溫莎雙領結，沙杜威本身散發出一股龐德的風采。他說，分子以及範圍更大的混合物，並不是將左鄰右舍的原子隨便湊在一起。要能稱得上是分子或者化合物，組成的原子必須以某種電磁膠緊緊相黏。原子一定要彼此分享最外面的電子，或者會感覺到身邊電性相反的原子一直在用力拉。化學就是關於分子，關於製造鍵結和打破鍵結。化學鍵是由電磁力所打造，電磁力是電子和質子之間天生的吸引力，變幻無常的電子必須願意隨時接受不同質子的號召。化學利用電子不停將週期表的上百種元素重組，變換出數十萬種的新結構，又再次將鍵結打破，並重新排列組合，將改良後的新產品重新上架，例如更亮的白色、更深的黑色、更甜的味道、更硬的塑膠板、更長的聚合體及更強的提神劑。不管有哪種化學要求，期待分子有哪種形狀、大小或屬性，包管都可以在這個歌蒂拉克世界裏的玩具箱找到，若是沒有天然製造的，也可以到實驗室裏想辦法。霍夫曼稱化學是「想像力的科學」，十九世紀偉大的法國化學家貝托萊（Claude Berthollet）稱化學是一種藝術。「在所有科學中，幾乎唯有化學具有製造新事物的能力。」麻省理工學院的化學教授利帕德（Stephen Lippard）說：「我們不僅能研究現有的世界，更能以從未夢想過的方法結合各種分子。」像是一面可以捲起來放進口袋的電腦螢幕；可以自行清理的擋風玻璃；不會發生血栓、免疫系統也不會攻擊的人造動脈；可以克服沮喪的抗憂鬱劑，但是不會造成肥胖或死亡的後遺症……，以上這些東西可由化學家的夢想來打造。

而不管是睡覺或藝術，不一定搞得清楚誰是做夢的人、誰又是夢。「我的領域是材料化學，有一件事情我們不向年輕學生承認，便是我們實際是多麼茫然無緒。」康乃爾大學的化學教授迪薩沃（Frank DiSalvo）說：「我們提出許多的東西是從嘗試錯誤中偶然發現的，我們無法事先預測會得到什麼。除了手頭上一些元素外，我們對於遊戲規則所知不多。」他表示，理論上要建造任何物品的材料都可以想像，像時空彎曲飛航器、運輸器、完美的假髮等等，材料都已經在週期表中的某個地方。但是要找出用哪種元素、搭配哪種元素、製造條件爲何等，才是使本生燈徹夜燃燒的原因。迪薩沃指出：「如果地球上每個人都是材料化學家，恐怕需要一千年或更久的時間，才能將週期表全部搞懂，創造出我們所有夢想的東西。」

化學的主軸是分子，以及連結與定義分子的鍵結。在二十一部〇〇七電影中，英國情報員龐德以各種迷人的風采現身，同樣地，鍵結也可以是輕柔如貓、硬頸鐵漢，或是露水姻緣、若有似無。鍵結將原子連接成分子，或是讓分子互相連接，可以解釋爲何碳構成的鑽石堅硬無比，永遠是女孩子最好的朋友；爲何食物裏面的碳鏈結，用輕鬆的新陳代謝便能分解成功；而鉛筆石墨尖的碳分子，只用輕輕的筆觸便能變到紙上。鍵結被攪動，鍵結被搖動；鍵結就像規則一樣，是創造來被打破的。

自然界中最強壯和最簡單的鍵結是共價鍵，但其實一點兒也不簡單。所謂共價鍵，是兩個原子變成一組，分享一對以上的電子，只爲享受那輕柔舒適。組員間之所以產生鍵結，都是因爲隨心所欲的緣故：雖然最外層不需要額外的電子，但是反正有空間就是了。理論上，每一個原子都能夠達到電磁自給自足，外層的負電子數與裏面的正質子數處於平衡，但是電子旅行的軌道路徑或電子層，每一個都規劃有特定的電子數目，也就是滿足質子所需要的特定數目。換句話說，電子層很像衣櫥：全部裝滿，幸福爆表。

電子層半空半滿的原子常會聚在一起，來來回回交換最外層的電子，藉以滿足將衣櫥塞滿的慾望。在這種方式下，原子軌道有飽滿的感覺，又不用正式帶電；若是原子收留太多電子，或者是失去外層的電子，就會變成帶電。分享的電子時而靠近這邊或那邊的原子外層，但更常在中間某處擺動。

「一方面，兩個原子想要靠近，因爲所分享的電子想要感覺兩邊的正電核。」霍夫曼說：「另一方面，原子核不想要太接近。折衷距離便是鍵結長度，作用像是連接兩個原子之間的彈簧。」咚、咚，先靠近、再彈開。

在這裏參與共價彈簧的可能是相同元素的原子。以一對氫原子爲例，每個氫原子的電子層裏原本有兩個電子的空位，但都只有一個孤單的電子，於是兩個粒子可以形成一個共價的H_2分子。又例如，我們呼吸的氧氣大部分是由O_2組成，當雙胞胎的氧原子合夥時，分享的不只是一對電子，而是兩對電子。

或者，共價鍵可以讓兩種完全不同的元素相扣，變成所謂的化合物。氫和唯一的電子小孩可能會被氯拉去搭便車，氯共有十七個電子，最外層有八個空缺的軌道上有七個電子，氫與氯結合會變成大家熟悉的化學物質氯化氫，這種氣體無色、具腐蝕性、易窒息，在製造塑膠和許多工業程序上會應用到。氮的外層有五個電子，氧的外層有六個電子，兩者的外層軌道都可容下八個電子，於是兩種元素有多種交換方式可以結合。一個氮原子與一個氧原子以共價鍵結合，可以得到一氧化氮（NO），太多一氧化氮具有毒性，但是平常身體可以好好利用一氧化氮，例如放鬆肌肉、對抗細菌、送信號到腦部，以及在性興奮時使生殖器充血。氮和氧也可以變魔術，結合成爲笑氣一氧化二氮（N_2O），就是由兩個共價的氮原子與一個氧原子再共價做好兄弟。這種帶甜味的神經作用性氣體，即使無法眞的讓你笑出來，至少可以讓看牙醫變得和藹可親一點，我們吃的碳水化合物，是由碳、氫和氧原子（水）共價而成的艦隊，根據每種元素混合比例和排列位置，決定該碳水化合物是複雜而營養的，或者是含糖與可疑的。

當元素有連結關係時，通常比脫離連結關係時更加穩定，較不會起化學反應。這個道理就像是已婚人士被公認是社會上可信賴、頭腦冷靜的中產階級，因爲結婚以後，婚配的能力大致已經滿足了，被當成「有主物」。婚戒正是婚姻的象徵，是一個封閉的圓圈，締結的化學伴侶也是如此，會反應的部分已經太忙了，沒有時間發展其它關係。

不過，分子的婚姻不苛求一夫一妻制。許多元素有一種以上的反應選擇，不是只有一個電子能將終身託付到有空缺的軌道上，與其它原子共價結合的機會多得是。因此，許多元素本質上是一夫多妻制，只不過大家都有浪漫的極限，也就是最高能同時擁有多少伴侶，這個數字稱爲元素的價數（valence number），從拉丁文的 valentia 而來，指「力量」或「能力」。當元素越能塡滿電子層時則越穩定，越不怕別人來搶親。而一氧化氮之所以容易動感情，是因爲氮和氧原子間雖然有共價鍵，但是兩者都有空間容納更多的電子，所以出軌或偷竊都沒問題。一氧化氮就特別會偷血紅素裏鐵原子的電子，干擾血紅素在身體各處運輸氧氣的能力。

相較上在一氧化二氮中，氮原子外面的三個電子完全在共價鍵裏，無法再與他人結盟，所以笑氣很適合用來舒緩情緒。然而，由於氧原子那端隨時都可能起反應，所以一氧化二氮同樣會干擾血紅素，若是誤吸此氣體太久，氧氣會逐漸耗盡，讓人笑到斷氣。

氮本身具有極端安定的能力。若是沒有壓力得跟氧、氫等元素進行文化交流（鍵結）的話，二個氮原子可以分享三對電子並互滿需求。這種三鍵的二重唱變成超級不會反應的分子，讓關係一直持續下去，所以液態氮對於長期儲藏珍貴的生化物品是首選，包括血液、精子、冷凍胚胎、犯罪物證等。大氣中約有百分之七十八是三鍵的氮氣，百分之二十一則是氧氣，雖然人類肺部是吸取空氣中的氧氣，再送到身體每個細胞去工作，而且幾分鐘沒有氧氣就無法存活，但是我們吸入的氮氣沒有生理作用，不是立刻呼出來，便是以廢物排掉。人體細胞和DNA所需要的氮，是從食物獲得，是氮與氧和氫結合「固定」而成。這該歸功土壤裏面辛勞工作的微生物，因爲微生物從空氣中將氮固定，然後餵給植物，接著餵給我們或是牲畜家禽。無論從食物鏈哪裏得到，經過馴養的氮分子對於人類的永存是必要的，每個人都能夠說不能一朝一夕沒有氮。

然而餵養生命的東西，也能種下消滅的種子。三重奏的氮通常不會反應，三個共價鍵非常難打破，不過靠著正確的化學方式或搧風點火，則可以將它們打破，而且當分裂時會釋放大量能源到環境裏，簡而言之就是炸彈開花啦！因此，大多數爆炸物如地雷、槍彈或炸彈，都含有三鍵氮。

化學是關於分子，「分子」這個字和許多科學用語一樣，有精確和隨便的定義。一絲不苟的意義是指由共價鍵連接的一群原子，彼此會分享電子。不過即使是化學家，有時也會捨棄正式的用法，稱呼任何由化學鍵結而成的物質爲分子，不管是鹽巴或溴化鎂。事實上，氯化鈉、溴化鎂、氯化鈣等等都不是分子，而是離子化合物，雖然這裏的英雄仍然是鍵結，但不是史恩・康納萊（Sean Connery）。離子鍵爲我們帶來調味料、小礫石、蛋殼、我可舒適（Alka-Seltzer）、各式家庭清潔用品和多種精神藥物，比共價鍵更強壯、更死硬派，同時較耿直、較可預測。一塊磚頭、一顆石頭、地球之鹽，離子鍵是羅傑・摩爾（Roger Moore）。

相較於共價鍵能將相同或不同元素的原子鍵結，離子鍵只能將不同者同化。道理就蘊藏在名字裏，因爲離子鍵是離子（帶電的原子）之間的鍵結，是帶負電的原子（帶有的電子比質子滿意的還多出一個以上）與帶正電的原子（所擁有的電子比質子所期盼的還少）之間的吸引力。有些元素很容易變成負離子，有些元素則常被拐走電子而成爲正離子，但是沒有元素會同時淪落到這兩種命運當中，因爲當正離子尋找負離子時，是沒有機會發生亂倫的。

最可能失去電子的元素，是最外層的一個或兩個電子想要尋找伙伴，因爲內部有幾個電子層隔開原子核裏面的正電荷，所以當外頭有些風吹草動或是鄰居媚眼一拋，完啦！電子就落跑了。

相較上，最有可能變成負電的元素，是外層幾乎已經裝滿電子了，但還有空間可以再容納一位貴客。當然，元素能夠而且經常進入分時共享的模式，但是，哦，那更進一步的誘惑：只要再一個電子、再多一個電荷，便能將全部房間整個佔滿，那感覺會如何完整圓滿，多麼光彩耀人，就像餐後來一小片薄荷……

例如，想想看對稱漂亮的鹽。一邊是帶有銀鱗色的軟金屬鈉，共有十一個電子，最裏面的軌道有兩個電子，接下來一層是八個電子，三號軌道上則有一個孤單的水手，隨時準備跳船呢！對門則是氯，這是具有腐蝕性的黃綠色氣體。前面提到氯的最外層差一個電子就達到飽和，所以氯想幹壞事，打算偷別人的電子。我們不能吃純鈉，也不能呼吸純氯，兩者都有毒。但是，將兩個放在一起，好戲就上場了。在炙熱的反應後，鈉原子會拱手相讓，將多餘的電子抖落，奉獻到對手氯的手心上。此時，鈉原子缺少電子，變成正離子，氯則將軌道完全填滿，變成負離子。於是兩族元素眞正渴望彼此，但不是爲了要平衡電子層以便回復中性的緣故，而是電磁吸引力太強了。

面對異性相吸與離子電荷相同互斥的兩股競爭勢力，氯和鈉原子很快變成常見的組合，像超市裏柳丁和葡萄柚般堆疊整齊，重複排列的原子化身成優雅美麗的鹽晶。結果，原本是家政老師因你將圍裙口袋縫顚倒而賞你一個C，你也不會拿來對她下毒的兩種東西，現在竟然變成如此珍貴的調味品，大家爲它發動戰爭，或是特別拜託水手代買，所以英文中的「薪水」（salary）來自於拉丁文的 salarius，原本就是買鹽錢的意思。在顯微鏡下觀察食鹽，將會發現每個結晶面是多麼利落乾淨的畢氏定理，彷彿是一個個亮晶晶的藝術玻璃磚。記住每顆鹽晶都是億億個氯和鈉離子所構成，每粒鹽所含有的原子比銀河系中的星星更多。

另一類原子鍵是金屬鍵，許多原子像是社會主義者般分享電子，如銅電線、金戒指，或是碰到氯之前軟軟的鈉。在金屬鍵結的物質中，最外層的電子彷彿飄浮在「電子海洋」裏，先被拉往一個原子，然後又被拉往另一個原子，這種流動性爲金屬帶來導電的能力。

連結原子和離子的鍵結都是很強的黏膠，結果就是如霍夫曼所寫的，在正常情況下，「原子會黏合，並且一起行動」。原子以共價黏合成分子，或是以離子鍵黏合成晶鹽，或以金屬鍵黏合成金屬。緊密黏合的小派系之上是更大的集合，即分子化合物與離子化合物。離子鍵與金屬鍵的力量比將原子變分子的共價鍵更微弱，但對於生活、船隻和封蠟都是不可或缺之物，而且爲鉛筆帶來翅膀。

其中一種重要的交錯連結者是氫鍵（hydrogen bond）。這個名字運氣不好，跟英文的「氫彈」（hydrogen bomb）聽起來像同夥，也容易被誤會是連結氫與其它原子的鍵結，例如將氫氧鍵結成水，或是氫氯鍵結成氯化氫。然而，上面兩種鍵結都是共價鍵，比氫鍵強多了。事實上，最好將氫鍵想成俏皮的米老鼠：一個大圓頭，上面加兩個圓耳朵。這裏的米老鼠是水分子，頭部代表氧，耳朵是兩個氫原子，以共價鍵與氧相連。幸好，我們不用再細究米老鼠的長相了，以免有侵害版權之虞。

但是，當耳朵氫與大頭氧分享連結彼此的電子對時，並不是十分公平、公正與和平的，因爲電子流連於氧原子核的時間，比偏向氫原子核的時間多一點點。結果，米老鼠分子的耳朵有一點點正電荷，因爲質子並沒有被負電的電子雲完全平衡掉。同時，因爲氧原子得到共享的電子多一點點關愛，導致米老鼠臉的下半部有負電荷影子。分子被極化，電荷分布帶來方向性：向上與向下。

將一大票極化的米老鼠集合到像密西根湖一樣大的地方，會發生什麼事？某個分子的下巴慢慢被吸引到別一個分子的耳朵，讓水有了水的形狀以及完整性，讓米奇變神奇了。隨著上面與下面如拼圖般融合，氫鍵造成水獨特的緊密性，小水滴緊緊相連，忠心耿耿一個跟一個走，不管童軍頭往哪裏冒險。氫鍵的強度大概只有共價鍵的十分之一，但是力量不足之處則以彈性彌補。因爲有氫鍵存在，所以植物可吸水，即使是高聳紅杉的冠頂也能被征服。細細的水流從土壤蜿蜒而上，流經植物的脈管系統，從樹葉的毛孔以水氣蒸發逃脫。而當水柱的前端蒸發到空氣裏，氫鍵會從底下拉上來更多液體。

不過水分子的氫鍵很光滑，當沿路上有東西比較濃稠時，便會溜去攪和。水被稱爲萬能溶劑，因爲極少有東西不會溶化在水分子的擁抱中。將一匙鹽放進水裏攪拌，水裏面萬能的米老鼠們會很快插入鹽晶之間，正電的耳朵會誘惑負電的氯離子，負電的下巴則追逐鈉離子，直到鹽粒化爲霧濛濛。給極化的水分子六百萬年，便能將石頭塑成鮮紅色的美人，將亞歷桑納州北方高原的石灰岩、砂岩及富含鐵質的頁岩，削出深六千呎、寬二百七十七哩的大峽谷，讓全世界都讚嘆不已。

氫鍵不是水分子獨有。當氫這種最輕的元素遇上另外一種較大的元素（例如氮）而形成共價化合物時，氫鍵也會出現。因爲兩方共享的電子會偏向氫的合夥同伴以示忠誠，基於這種不對稱性，整體呈電中性的分子，會在米奇的耳朵和下巴周圍出現細細毛毛的電荷。

分子之間另一種結合力是凡得瓦力（van der Waals force），由十九世紀末荷蘭物理學家凡得瓦發現，並用數學描述特性後所命名。儘管英文名字長得有點嚇人，但凡得瓦力卻是連結中力量最弱的，強度還不到氫鍵的四分之一，這一點上完陶藝課後全身沾滿黏土的人可以作證。不過，溫和的個性還是有優點，凡得瓦力可以保持許多固體和液體的完整性，對於維持各種物質的特性也很重要。在其它鍵結中（包括氫鍵），電子知道自己的定位，會對產生的分子或化合物分派好固定的正負電角色，但是凡得瓦力會讓電子即興演出。

電子當然不喜歡其它電子，雖然物體都是由幾乎空無一物的原子所組成，但是電子彼此的憎惡讓我們碰觸物體時不會穿透進去。同時，電子會受質子吸引，不僅是自己的原子核，也包括附近任何原子核裏面的正電粒子。相同的傾向也適用於當電子處於液體或固體的環境中，或屬於分子與離子團隊成員的時候。電子的基本信念是「質子好、電子壞」，所以當原子和分子彼此靠近時，電子會偏向自家電子雲的另一邊，避免電子供過於求的環境，同時也尋找更強的質子拉力，於是分子變得輕微極化或電荷不對稱，這層些微的正電荷和負電荷幫忙綁住許多物質，但卻是一個脆弱的兄弟會。因爲電子在原子間沒有正式分享，跟分子和離子中的情況不同；電子對於不平衡的軌道也不死忠，與迪士尼牌的水分子大相逕庭。

凡得瓦力有時是讓大批物質結合的唯一力量。例如，陶土擁有各種原子層，包括矽、鋁、氧、氫、鈣、氮、鐵，也許還有一些鉆、銅、錳和鋅。每層原子被很強的共價鍵與離子鍵綁在一起，但是分子層之間卻只能找到凡得瓦力，這就是爲何指尖很容易沾染到陶土的緣故，因爲在陶土輕微極化的粒子層之間，偶然的吸引力被手指打斷了。當你試著要將指縫裏光滑的陶土清乾淨時，會發現非常難清掉或撥開，從這又可看到分子鍵結具有完整性。幾個小時之後，可能還會覺得手指頭油膩膩，殘留的陶土分子只能靠強效清潔劑或化學溶劑，將它們的共價鍵打破，才能眞正清乾淨了。

考試塡答案卡的鉛筆，也可以讓我們聽到凡得瓦力淸脆斷裂的聲音。鉛筆的「鉛」根本不是鉛，而是石墨（長久以來石墨被認爲是一種軟質鉛，當化學家發現眞相後，「鉛筆」這個詞早已在文具辭典上落籍了）。石墨是由數不盡的碳原子層堆疊而成，像是「奶油指」點心棒裏面細細酥酥的太妃糖層。在每層石墨裏，碳原子形成共價晶體重複排列，但是上層與下層之間會加入一頁凡得瓦力。當鉛筆筆尖在答案卡上畫滿橢圓格時，其實是抖落一大堆碳晶的一、兩層。

鍵結用途廣泛，大大小小的事情皆可包辦。我們駕著四輪愛車踩遍的美麗風光，大都是由離子鍵打造的，包括山巔海涯與奇石海貝。離子固體通常很硬，因爲離子鍵綁得很緊，所以不容易推開。這份堅硬讓離子固體成爲負重任務的理想材質，例如在搭建橋梁時，有什麼比開始用幾個離子鍵構成的混凝土塔門更穩固？要鋪人行道時，有什麼比離子化合物的水泥更堅固？我們的骨骼部分也是由離子固體構成，與鈣、磷和其它原子十指緊扣。有了骨頭，我們不會變成軟體動物，走起路來可以虎虎生風。

然而離子固體只能做到這個地步，因爲擁有的力量相當脆弱。若是往下壓，離子固體或許可以撐住，但是來來回回幾次，或是用鋤頭用力一敲，離子鍵結會破裂，讓水晶王宮崩塌。所以，將塔門埋在地下是爲了穩定；若樹根往上隆起，嚴重的會讓水泥板裂成兩半；扭到腳踝則可能會造成骨頭破碎。幸好骨頭還帶有軟軟的蛋白質保護著，比單靠離子鍵帶來更大的彈性和抗力，而且骨頭易碎的外部鞘下面有再生組織網，可以長出新的骨頭細胞，可以治療裂縫破損處，做了離子固體的蛋殼辦不到的事情，讓我們這些脊椎動物重新站起來。

人體大部分組織主要是共價鍵化合物，而非離子鍵化合物。我們身上有充足的水分，可以將百分之六十體重怪罪水分子，若我們走在曼哈頓突然內急，卻因爲太尷尬而不敢趁著領檯沒看見時，偷溜到「廁所限顧客使用」的餐廳裏方便的話，身上的水分會更多。不管如何，解放吧！一番暢快淋漓後，大部分剩下的可以說明，爲何科幻小說最愛說人類是碳單位自我複製的產物，因爲人體乾重大約有三分之二是由碳組成。水或許是宇宙的溶劑，但是碳是生命的膠帶。每個細胞以及細胞的每個成分，都是以碳爲基礎。如果坐在生命之樹的某處，或本身就是生命之樹，本質即含有碳，細菌、阿米巴、青苔、塵蟎、寸白蟲或創造論者皆然。甚至是大多數人都覺得沒有什麼生命的病毒也含有碳，從宿主到宿主傳承的遺傳背包也不例外。難怪，有一半化學家都在研究有機化學，這個領域與純天然食品工業毫無瓜葛，而是指含碳化合物的研究。

因爲碳是一種很好的分子，所以我們成了以碳爲基礎的單位。碳很強壯、資源多、彈性佳、善社交，最外面的電子層有四個電子，還有四個空位可出租，超適合作爲分子鍵結。它快樂地與週期表上幾乎每位演員合作，除了氦、氖、氬、氪、氙、氡等惰性元素之外。再者，碳幾乎能夠無限連接自己的能力在元素之中也所向無敵，可形成碳鏈、碳環、碳叉、碳枝、碳板與碳球……，族繁不及備載。不管想要什麼形狀、哪個細胞部分，或者需要什麼酵素，最可能是以碳架構裝飾。而且，兩個碳原子之間的鍵結是最強的鍵結之一，比兩個矽原子之間的鍵結強多了，否則兩者很相像。這種強度說明碳鍵何以成爲生命之基礎：我們現在需要分子的安定性，當生命剛開始而世界比今日更爲艱困惡劣的時候，我們更需要分子的安定性。同時，碳鍵在一般狀況下能彎能捲，碳分子有能力列成指環、箱型和線圈。對於歌蒂拉克來說，碳正好能打造螺旋纏繞的DNA分子，雙螺旋的核醣及四個密碼字母都是徹徹底底的碳產物。

還有一件事或許只是巧合而已，就是當我們這些「碳艦」考慮要拷貝一些自己的碳貝比時，會開心選購一顆寶石戴上，那就是光彩奪目的鑽石。也許沒有什麼比外表包裝選擇之廣，更能凸顯碳的化學奇才，一個極端是墨黑、光滑、易削落的石墨，另一個極端是透明、催眠、不妥協的鑽石，這種凍結的星光是最硬的物質，除了某人的鐵石心腸之外。

石墨粉可以潤滑鎖孔，所含有的碳和戴比爾斯（De Beers）採鑽公司的碳之間，究竟哪種魔咒讓兩者天差地別？在石墨中，每粒碳原子都與其它三粒碳原子以共價鍵結合，全部都在二維平面上，沒有樓上樓下的電子混合，每一層只有微弱的凡得瓦力維繫著，所以很容易滑動分開。

但是鑽石的情況則相反，每個方向都完全受鍵結掌握，每個碳原子都以共有價與另外四個碳原子組成三度空間立體。不管碳往上下左右哪邊看，都有一個碳約束它。由於包得如此緊密，再加上晶體如此均勻，讓光線通過時難有阻礙，幾乎毫無瑕疵之處，讓光線反射遮擋視線，讓鑽石發出幾近透明的亮光。不論想切下哪塊地方，都會遇到嫉妒的碳—碳鍵結頑強抵抗，讓鑽石感覺彷如永恆。甚至要切割鑽石時，專業切割師都得動用另一顆鑽石。

將碳原子壓實定型的工作很費力，過程極爲艱巨。要讓每粒原子各就定位，組成三度空間的馬賽克姐妹會，將無以計數的四面體排成毫無瑕疵的指環，這一切的一切都費時耗力。直到最近，唯一自然的鑽石工廠在地底數百公里之下，在地球的熱爐中，碳礦歷經幾百萬年到數十億年的高溫高壓，最後才固定成形。通常火山爆發會將一些鑽石噴發到地表，讓國王的王冠或瑪麗蓮多一位梨滴狀的朋友。工業界也仰賴鑽石無與倫比的切割能力，將金屬機器的零件打磨修整成形；半導體製造業者也在微積體電路中安裝一點鑽石，可預防線路過熱。鑽石正好是極佳的散熱片，這是爲什麼即使是室溫下的珠寶，觸摸起來仍然會覺得冰涼。將指尖或嘴唇放在鑽石上，鑽石會吸取體溫，腦部會詮釋成碰到寒冷的東西。事實上，是鑽石的高導熱性贏得「冰」的別名，而非鑽石如冰晶般的清澈性使然。

不管如何，鑽石的用處顯然太大了，不能光靠運氣苦苦等待岩漿自動送上門來。在二十世紀中葉時，科學家已研究出如何模擬地球內部的狀況，開始製造工業等級的合成鑽石。最近，更已經能夠打造出珠寶等級的鑽石，只不過製程極爲昂貴，恐怕花費會比蒂芬妮（Tiffany）顧客買奈米比亞的天然鑽石更昂貴。

雖然人體中的碳鍵不如鑽石中那般激起熱情，但可以將我們黏合起來，幫助我們存活下去。我們吃的大部分食物都是碳化合物，包括碳水化合物、脂肪、蛋白質和纖維素等，每個人每天平均攝取三百公克的純碳，約是一對腎臟的重量。有些攝取的碳是直接使用，可修理損壞的細胞或者合成荷爾蒙，但是身體更常將碳鍵打破，吸取其中儲存的能量，然後以呼出二氧化碳的形式將碳原子排出。不過，我們的廢物是他人的最愛，植物將二氧化碳和水混合並生成醣類，在過程中有幸產生我們需要的副產品：氧氣。碳循環只是我們賴以生存的眾多曼陀羅之一，通常我們沒有意識到，卻讓我們這些猴子活得逍遙自在。碳鍵很強，是高能量的小封包，我們永遠不嫌多。驅動經濟與汽車引擎的能源大都是將煤炭、天然氣和石油中的碳鍵切開而來。汽車和人體一樣，取出碳鍵的能源，將碳原子以二氧化碳的形式倒掉。人類一年大約燃燒七十億噸化石燃料，因此原本應該在地底冬眠的碳礦，被消耗排放到大氣裏，促使已經飛快旋轉的碳循環更加快速。

分子鍵的柔軟力量爲我們帶來可飽餐的碳食物和可呼吸的氧氣，對於生命至爲關鍵，但是當生命要求有芭蕾舞家尼金斯基（Nijinsky）的出神入化時，共有價的承諾仍然顯得太笨手笨腳了。這裏需要第二種鍵結，讓弱勢變成一種優勢。DNA的脊柱或許是由碳鍵結合在一起，但是雙螺旋就像一條拉鍊，「牙齒」會按照需要相合或者分開。例如當身體細胞要複製時，DNA分子的兩半一定要分開，才能允許製造一份碳副本，縱使細胞無須分裂，只是得生產新鮮的必要蛋白質（如血紅素或胰島素）時，DNA仍然必須拉開拉鍊一點點，讓其中印有血紅素食譜的地方露出來。

打開、關上、展開、扭緊，讓生命分子輕輕相連搖動。生命畢竟是誕生在水中，遺傳的守衛者DNA並未忘記自己的根，讓兩半螺旋體合起來的是氫鍵，讓兩邊對應的齒模或化學字母連結的也是氫鍵，同時也能讓水分子緊緊相連成可憐的淚珠子。當一粒氫原子與更強大、更具佔有慾的元素（如氧、氮、碳）共享電子時，分子所獲得的穩定性極具吸引力，正是遺傳密碼所需要的。當DNA乖乖待在細胞核時，氫鍵強到能讓它保持彎彎曲曲的形狀，但是當要製造新的蛋白質或整套新的染色體時，氫鍵又很容易打破。

蛋白質的分子也是一樣。蛋白質必須要有特定形狀，才能在細胞中執行工作，但是也得要有彈性，可彎曲又可壓縮。氫鍵可讓蛋白質能屈能伸，讓它一邊可以往外翻一點，另一邊可以往內彎一點。透過氫鍵，血紅素蛋白質可以自己纏繞成義大利肉丸，每粒丸子是一團鐵質，包住我們所渴望的氧氣。或者，免疫系統的抗體蛋白質可將四個鬆散的鏈結變成緊身衣，包住碰到的各種微生物。

有時，當打破一個氫鍵而無法挽回時，將會看到生命在面前僵硬冷掉。一粒剛產下的雞蛋裏有清澄的液體，由大約四十種蛋白質巧妙組成，是專爲呵護小雞發育破殼的精心設計，這些蛋白質形成三度空間的結構該歸功於氫鍵。煎荷包蛋時會破壞鍵結，讓蛋白質隨性重新排列。原本浮動、熱切、透明的膠體，現在凝結成固定、死硬、不透明的固體，變成了即將吃入口的蛋白了。

雖然談到生命的顯微層面時，氫鍵是次等鍵結中最重要的角色，但是人類也不該小覷凡得瓦力，因爲臟器和腦部主要都是由凡得瓦力鍵結而成。人體堆積的脂肪特別要歸咎於這種黏性最差的膠水，光用牛排刀或手術刀便可將脂肪切成薄片，反倒是想靠運動分解脂肪分子可不容易了，因爲它們本身是能量豐富的碳鍵所構成的。植物也仰賴纖維素壁的凡得瓦力生存，根和莖的內面稍微帶電，吸引土壤的水分子，並且刺激往上爬，如同紙巾一角浸在水裏，水會向上爬行一樣。接著氫鍵要確定更多的水分子會跟隨領袖，沿著纖維素一路往上爬。生命的名字是鍵結，所有的鍵結都是福音樂團，每個都貢獻所長來幫助維持秩序與鼓舞士氣，抵抗全世界的墮落腐爛，至少撐一天算一天。

化學是關於分子和鍵結的事情，也是關於找到火柴棒擦亮點燃的事情，丹海瑟指出：「化學是改變的科學、轉變的學問」。化學源於煉金術，是古人努力想將鉛變成黃金、讓平庸變絢爛、讓死者重生的學問。英文的「煉金術」源於希臘文的khemia，意思是指「黑砂」，希臘人認爲這和遠古埃及人亟欲確保法老王來生享有好生活的精湛技術有關。中文的「化學」和「改變」有同樣的意思，「化」字顯示出簡單明顯的姿勢轉變，從一個站立的人變成一個坐姿的人。

最不會弄錯的物質轉變是狀態：固體溶解、液體蒸發、氣體凝結成雨。對於大部分日常生活中的物品，我們習慣只以一種狀態描述，例如木材、鋼鐵和石頭是固體，氧和氦是氣體，酒精飲料是液體。水又再度抗拒傳統，可以水、冰、氣三種型態並存。事實上，地球擁有三態水的情況相當特別，火星雖然有許多水，但是都結冰在地底；木星和土星也有水的痕跡，但是只有環繞的冰晶或是蒸氣氣體而已。只有在地球上，才有海洋潮流、北極圈大浮冰，還有黃石公園的間歇噴氣泉並存，只有歌蒂拉克的行星才有水適合每隻小熊。

固體、液體和氣體有何不同？爲什麼有些固體抗拒融化，有些想帶去野餐的東西卻迫不及待滲出袋子外？有一項明顯的參數可用來誘發相變，那便是熱，例如煎冰塊會很快融化，因爲加熱會擴大分子的焦慮。當然，分子本性是坐立不安的，每一丁點物質，不管外表如何沈著冷靜，基本的組成粒子都會不停振動：質子一定在旋轉，電子一定在飛行。在形狀與體積皆固定的固體中，組成分子能移動的範圍極小，因爲個別運動的力量被堅實緊密的聯繫抵消掉了。只要溫度（和壓力）保持穩定，粒子會滿足於健美人瑞萊蘭（Jack LaLanne）的運動器材，樂於在原地慢跑。

不過，把熱加入固體時，分子的振動會加快。興奮的粒子用力拉扯鍵結，直到三度空間的排列開始到處出現極小的裂痕，讓粒子有一些空間可以往彼此移動。然而這邊移過去更多，代表那邊縫隙越大，讓振動的分子有更多機會脫離框架。當最後阻礙分子間移動的障礙已經分離後，物質變成液體，成爲一種流動的物質，沒有固定的形狀但有可測量的體積。如果再將液體加熱，粒子會得到足夠的動能，衝破彼此緊黏的吸引力，於是開始脫離表面成爲氣體。氣體仍然保有分子成分的完整性，例如從笛壺尖叫脫逃的水分子，仍然維持共價的 H_2O 結構，但是已經擺脫所有的體積控制，會散播到空間去。

通常，石頭和骨頭的離子固體非常抗拒熔化和沸騰。離子鍵非常頑強，不願被鬆動推開，而這卻是液化的第一道步驟。多數偵探故事都在爐床上揭露證據，因爲受害人的遺骨會拒絕沈默。一般木材約在華氏六百五十度燃燒，但是無法在牙齒或骨頭上烙出凹痕，甚至專業火葬場的火爐都需要以華氏一千八百度燃燒二到三小時，才能將死者大部分的骨頭燒熔，不過骨灰中還可找到骨頭碎片。金屬也常擁有魔鬼使者（Mephistopheles）的特質，只有在非常高的溫度才會熔化。不只是多粒原子之間分享的電子所形成的金屬鍵相當強，交換系統更鼓勵金屬原子盡量排列成最緊密的立體，不過固體性和抗拒熔化的程度因金屬而異。例如，鐵原子有三個電子可和同儕分享，由於排列緊密，讓每個原子會接觸到十二位鄰居，所以鐵要到華氏二千八百度（攝氏一千五百三十八度）才會融化。另一方面，軟鈉只能與朋友分享一個電子，因此鈉－鈉聯邦比較鬆散，華氏二百零八度即可融化。銀、銅、金的軌道結構相似，接近華氏兩千度時會融化。

至於水銀，可以說是所有元素中最不安分的。水銀在室溫下是液體，導熱和導電性非常差，幾乎很難納入金屬王國中。水銀不尋常的行徑背後是因爲擁有巨大的原子核，八十個質子會產生很強的拉力。由於水銀核心的正電如此強勁，所以會鎖住周圍的電子，即使理論上仍可分享電子海的兩個負電粒子，但是那些電子偏愛留在核心家庭附近，讓連接水銀原子彼此間的金屬鍵相當微弱，很容易被打亂。

雖然水銀化性不強，但是很容易與其它金屬形成軟性的汞合金，包括銀和金。古代埃及和希臘的礦工會用水銀吸取礦石中的黃金，而且煉金師深信若是有東西可以將鉛變成金，那一定是水銀這種半活性的金屬，稱爲「混水」或「流銀」。偉大的牛頓爵士偶爾會扮演熱中的煉金師，他認爲與其將水銀形容成是一種特別的元素，倒不如說是一項基本的原則，是所有金屬的要素，於是他以最高貴和最「哲學」的形式來研究它。在劍橋實驗室研究時，牛頓處理研究水銀，吸入了揮發的氣體，直到像皮帽商一樣瘋狂或一樣神經質（這種商人需要以水銀處理布料，因此容易受到神經毒害）。從牛頓保存下來的頭髮中，顯示水銀濃度很高，而且根據當時的記載，牛頓慢慢變得懷疑又易怒。當他漫長的一生接近尾聲時，這位早先發現重力、運動和光學定律以及發明微積分學的人，這位讓葛雷克（James Gleick）推崇是「現代世界的總建築師」的偉人，除了對空幻的福音（救贖之書）之外，對其它事情一概沒有興趣。

相較於離子固體和比較不活潑的金屬，分子固體常常很容易融化與煮沸，對於分子不同但關係緊密的固體尤其爲眞，如同身體軟軟的器官。這種固體要維持外形，須大大倚靠凡得瓦力，然而凡得瓦力的承諾又最容易打破。例如，一條奶油大概含有百分之八十的脂肪、百分之二十的蛋白質與乳糖等成分，差不多嘴巴的溫度便可融化，這種協調性大大說明爲何奶油富有「口感」，以及爲何許多美食都含有奶油。

不過，不是每一種受熱的物質都會規規矩矩踢正步：從固體到液體，再到氣體。以凍結的二氧化碳（乾冰）爲例，在孩子們難忘的生日宴會和容易忘詞的《馬克白》舞台劇上，這常是不可或缺的基本要素。當乾冰遇到室溫時，會跳過液體的階段，直接化成一大片白煙蒸發，這種拒絕相變的行爲叫昇華。乾冰冒煙的性質須歸因兩點，一是二氧化碳的鏈結相當脆弱，二是大氣低處的二氧化碳很稀少。在室溫下，乾冰分子之間的鏈結會很快開始溶解，周圍的空氣馬上將這些稀罕的東西往上吸走，而且永遠嫌不夠多。一般的冰塊也能直接昇華成蒸氣，而不經過水的階段，只是過程沒有那麼戲劇性。例如，冷凍庫的溫度保持不變，但冰塊卻會逐漸縮小，這是因爲循環的空氣會將冰塊上面的水分子帶走，最後留在冰庫旁邊變成霜；如果冰庫裏的冰塊放在盒子裏，最後昇華和重新結霜的過程將使它扭曲變形成一大坨怪冰。

融化、冰凍、沸騰、凝結，這些都是物質狀態的物理變化，但並非組成分子有所改變。雖然分子的組件可能會變得無政府狀態或是逞強好鬥，但仍然維持分子的原本身分，例如玫瑰花瓣就是玫瑰花瓣，不管是撒在蜜月套房的地板上，或者是泡在液態氮裏變成像冰棒硬。若想要眞正新奇的東西，一定要從化學上改變物質，要將既有的分子打破分散，再將子單位重新排成新的分子結構。若是想要麵包發酵或者讓果汁發酵，沸騰或冰凍將沒有效果，而是需要「鍊金術」，這正是變化科學的精髓所在，所以我們需要化學反應。

發酵大概是人類歷史上最古老的化學實驗。沒有人知道第一次酒精飲料是如何製造出來，讓人喝過之後大聲宣布：「潤口、柔順、濃郁，帶有水果、黃樟、可可、肉桂、肉類、礦物、大地、底格里斯河、幼發拉底河的味道，在建造第一座廟塔之前喝醉最好。」第一次很可能是意外，或許是粗心的孩子或僕人，忘記將桌子上裝了碎麥芽的鍋子收好，結果一些酵母飛進去後釀出酒來。不管起源爲何，釀酒術在農業革命後很快被掌握，從陶甕碎片上的化學分析顯示，九千年前中國北方河南省的賈湖村，就會用米、葡萄及蜂蜜製酒，這可說明爲何享用中國食物配啤酒最美味。另一方面，雖然酒也有淒涼悲苦的一面，曾殺死成千上萬人或製造成千上萬的兇手，但它也讓千千百百萬的人們存活下來。在公共衛生發明前數千年來，在水不能安全飲用的地區，不分男女老幼，常會用酒解決口渴的問題（至少美國西部是如此）。酒具有溫和殺菌的特性，再加上些許酸性，所以比水更不可能帶有寄生蟲；雖然老百姓大多數時間可能有點酒醉，但是微醺總比得傷寒好。

葡萄酒、啤酒和其它政府控制的提神劑，是酵母細胞設宴款待的產品，要飲用一定要經過化學轉換：將發現的分子打破，然後燃燒產生需要的分子。酵母屬於眞菌類，雖然眞菌王國博愛的味蕾不一定能與我們產生共鳴，但釀酒的酵母正好和我們一樣都愛糖。若是將製造啤酒的酵母細胞加入裝有碎麥芽或踩好的葡萄大桶子裏，酵母會捉住混合物中的單糖。「單糖」表示碳水化合物分子不能再分解成更簡單的碳水化合物，嘗起來是甜的，包括葡萄糖（血液中流動的糖分，是每個細胞的燃料）和果糖（將葡萄糖和果糖合起來會得到蔗糖，可加入咖啡中變甜）。這兩種單糖具有相同的化學組成，含有相同的碳、氫和氧原子數，不同之處只有原子在三度空間的排列方式。不管如何，酵母都會來者不拒，將糖分解成兩份二氧化碳和兩份乙醇（酒精），藉此獲取糖的能量。二氧化碳放進飲料中可引出氣泡，酵母若是加到生麵糰裏，可讓麵糰發酵膨脹，等著送入烤箱烘烤。乙醇則是讓酒成為酒鬼，讓心情發酵而感覺放鬆的黑手，屬於有機化合物大家族「醇類」的一員；醇類是無色又易燃的化學物品，隨處可見。若是沒有酵母的幫忙，人體細胞被迫以厭氧（無氧）方式燃燒能源時，也會產生些微的酒精，例如進行激烈的舉重運動，這是為什麼更衣室有時聞起來像酒館一樣。

不管來源為何，所有的醇類都配有氫氧基的正字標記，這種化學活性大的好幫手，可以分開較大的分子，讓醇類擠進去。因此，酒精成為應用廣泛的溶劑，可以用來製造香水、染料、藥物，甚至是小孩的咳嗽糖漿，同時也是相當好用的清潔劑。酒精的冰點和沸點都很低，所以把好酒從冰酒櫃取出後，不論是做燒酒雞給小孩吃，或是端給禁酒先鋒凱莉·奈遜（Carrie Nation）女士都無妨，因為在鍋子端離瓦斯爐的時候，裏面的酒精早已冒泡不見了。

酒精分子自己也能以化學反應變清醒。若是讓一瓶葡萄酒接觸好氧性細菌（需要吃氧才能存活的細菌），細菌將會接受酵母留下的工作，將酒分解成水和醋（酸）。醋和油是好搭檔，是沙拉吧中不可或缺的角色；但是除了那股酸勁外，醋也缺乏酒中氫氧基的醉人力道，自然連一隻小兔子也無法醉倒。

發酵只是我們周遭無數化學反應的一小部分而已。有些化學反應容易又自然，有些則是得在屁股放把火，或是將火種埋在地底五億年後才會發生。若是讓鈉和氯相逢，那反應可是天雷勾動地火，馬上熱情地生出一根鹽柱子。而當兩方離子的電子在晶體中就定位時，會放棄一些動能與潛能的魂魄，使得氯化鈉聯盟的總能量比先前的鈉和氯稍微少一些。因此，這項結合是放熱反應，讓能量減少一些，變成熱與光，以及迷你爆炸的「轟」。

另一方面，如果要烤一個生日蛋糕，將蛋、奶油、麵粉、糖等成分放在一起攪拌，再將麵糊放進烤箱裏（可惜派對開到一半時，你才突然發現烤箱忘了插電啊！沒關係，去買現成的好了）。麵糊裏面的成分需要進行化學反應且重新排列，才能將碳水化合物、脂肪和蛋白質變成鬆軟綿密的蛋糕，這一切都需要能源。烤蛋糕是吸熱反應，需要消費熱能而非發出熱能。

接下來還有化學對抗賽，以吸熱反應開始，以一團熱氣做結束。我們呼吸的氧氣佔地球大氣的五分之一，雖然氧氣可以養活生命，但它實在是太熱中反應了。氧會跟任何可結合的物質結合，並將合夥人的電子偷過來，再把別人家燒焦，讓別人變得更弱。由於氧是明目張膽的小偷，偷電子的海盜行徑獲得氧化反應的專屬名稱，雖然其它原子和分子也能作爲氧化劑。氧化反應可能遲緩穩定，如鐵橋和氧起反應而生鏽。但是氧化反應也可以在毫秒之間，例如氧與汽油在汽車引擎內結合，混合後發生爆炸，然後就可以上路了。氧化反應會產生熱，所以生鏽的鐵橋會發出一點點熱，而汽車引擎燃燒所發出來的熱，在熄火後幾個小時仍然可以讓睡在引擎蓋上的小貓感到溫暖。然而，在燃燒反應可以自發放熱以前，通常一開始都需要能量輸入。火星塞一定要冒出火花，讓內燃機的氧氣和汽油求歡成功；火柴一定要摩擦才能點燃，如果只是打比喻的話除外。將火柴擦亮點燃，便是用摩擦力讓火柴發熱，正好讓火柴頭裏面的硫磺和磷粉等分子結合，產生真正的放熱反應。從硫磺與磷粉碰撞而產生的熱，接著啓動氧化燃燒，當氧和碳基物質（火柴棒）之間產生化學反應時，燃燒將基質轉變成熱、光、二氧化碳和水蒸氣，而且只要有碳可以吃，貪吃的氧便可以繼續燃燒下去，不用再甜言蜜語拐騙了。

生命也是吸熱和放熱反應的綜合，是一個收集燃料點燃的過程：以童子軍的精確擺好柴火，擦亮火柴然後感受燃燒的熱力。身體畢竟不能呆呆等候正確的化學事件發生，沒有像氧化鋁枯等數百萬年的奢侈，一直要捱到完美的地球化學事件匯聚，才能打造出美麗的藍寶石。相反地，身體一定要催化所需要的反應，讓原本永遠不會碰頭的分子聚在一起，然後沐浴在化學媒合的活性反應裏。我們的細胞充滿酵素，這種蛋白質使反應如期發生，正如引擎的火星塞使內燃機裏面的氣體燃燒一樣。消化酵素可釋放食物裏的能源，肝臟酵素可以去除毒性，免疫系統酵素可以消滅微生物。我們吸收燃料來製造催化劑，酵素製造是一個吸熱的產業，大部分酵素再催化放熱反應，讓百億萬個小細胞家庭能夠日夜不停燃燒。

生命如同愛情，時機是關鍵，即使沒有手腕的人也會戴錶。當植物的種子準備散播時，需要借助動物的行動能力來達成使命，所以向外求助時，要將甜度和柔軟度發揮到極致才行。植物需要我們將果實吃下，將果肉消化掉，然後散步到遠一點的空地上，將不能消化的種子排出。蘋果策略性的成熟手法，是掌握世間歡愛的最好例子，一步步點燃化學火花，利用鮮豔的顏色、濃郁的果香和多汁誘人的外形，一切只求誰來咬一口。

當春天開花成功引誘昆蟲幫忙授粉播種後，蘋果開始在樹上成長。當繁花落盡，由樹葉盛情贊助的光合作用不斷催情加溫，讓蘋果長出五莢種子。在有能力破莢而出、發育成新的果樹之前，種子需要時間成熟。所以，未成熟的蘋果是禁果，細胞壁粗厚難入，果肉酸澀粗糙，果皮是塑像用的綠色黏土，像是建築工地的標誌：施工中，禁止進入。

但是給蘋果和種子時間，它們會釋放出成熟的荷爾蒙，特別是乙烯。乙烯是氫和碳原子合成的碳化氫分子，作用洋洋灑灑。當乙烯分子在蘋果內部以氣體的方法散布時，會刺激其它酵素的活動，還有教練、木匠、編輯、衣著顧問以及情緒管理諮商師等人的腸胃活動。某些酵素會將澱粉等複合碳水化合物修剪成單醣分子，有的會幫忙中和酸性，有的則負責瓦解水果細胞之間的凝膠促成果實熟軟。當細胞變得較鬆軟香甜及更具浸透性時，水果會像動物一般呼吸，吸進氧氣而呼出二氧化碳。甜度激增的果實從莖吸收水分，讓蘋果變得更多汁。此時分子已小到能夠揮發到空氣裏，散發出讓人感覺到是蘋果的獨特香氣。果皮裏的酵素可幫忙脫去葉綠素的青澀外衣，換上明亮動人的紅色或黃色外皮，對於以水果爲食的鳥兒或哺乳動物，看起來便像是晚餐搖鈴，遠遠便能瞧見。這些化學反應大部分是發光發熱的，外表與感覺皆是如此，好比是成熟的蘋果散發紅光，讓人好想摘採下來咬一口，與摯愛共享這甜美溫暖的滋味。

6 演化生物學

萬物理論

當我跟著加州大學柏克萊分校教授威克(David Wake)，正要走進他在脊椎動物學博物館的辦公室時，他看了旁邊一眼，然後突然停下腳步。

「等一下，」他說：「我要讓妳看一樣東西，包準妳會喜歡。」他衝到附近一個架子，拿起一個白色塑膠桶，上面的蓋子戳了幾個洞，他拿掉蓋子讓我瞧一瞧。

「那是什麼東東啊？」當我注視桶子內時，馬上困惑地問。在桶子底部是一種十分奇特、長得像蜥蜴的玩偶，但跟我在動物園禮品店、玩具反斗城，還有聯合車站旁邊一家小酒店看到的玩具都不一樣。那個五吋長的身體很輕巧，像是晶瑩剔透的布丁，明顯是用先進的凝膠固態物製成的。寬扁的頭部帶有顏色，輕巧的腿部和鼻尖有些粉紅，背部和胖尾巴則有銅色和紫色的斑塊。我看呆了，這是遠古爬蟲動物的複製品，因爲身上的五顏六色招忌而導致絕種嗎？還是一項創意搞怪，由某位鬼才科學家對爬蟲類學下的嘲諷註解嗎？這個東西是要賣的，還是我應該趁威克教授不注意的時候偷拿走？咦，怎麼威克沒有按鈕，那個東西就會眨眼睛與搖尾巴呢？

「這是不是妳見過最美麗的生物呢？」威克說：「這是一個大壁虎，一位同事剛剛從中東帶回來的。」

「等一下，」我說，也許是尖叫，「你說這眞的是一隻活的大壁虎？」

「活的。」威克肯定，「牠確實有一種不眞實又具喜感的特質，不是嗎？好像是蘇西博士故事中的主角。你不覺得這可當皮克斯動畫（Pixar Studios）公司最完美的電腦動畫模型嗎？動畫師什麼也不用更改。」他蓋上蓋子，將桶子放回架上。

不會吧！我心裏想。大壁虎眞的很漂亮，讓人捨不得離去，「神奇蜥蜴」的綽號很傳神。但是大壁虎看起來實在太假了，不好放到卡通裏吧？

「假中之假」是這裏該謹記在心的一堂課：在生物學上，永遠不要有懷疑。世界上有太多看起來很可疑的物種，如太誇張、太蠢蛋、太古怪、太造假、太優雅、太沈靜、太短暫、太完美了。每一次我看到巨嘴鳥時都會起疑，因爲笨重的大黃嘴與身體完全不成比例，好像只是黏在臉上而已。我覺得，有可能是因爲牠的嘴巴偶然插進一條巨大的香蕉裏，自己感覺效果很不錯，於是決定留下來。至於說到不可能的鼻子，別忘了美東常見的星鼻鼴，這種半水生動物的口鼻處共有二十二個極敏感的肉刺，在覓食時會伸張蠕動，看起來好像是蚯蚓製成的風車，或是恐怖電影中小孩的手指突然從底下伸出來的感覺，讓人毛骨悚然。我覺得，星鼻鼴不是憑空出現的，一定是哪位員工窩在地下室的小辦公間很不高興，於是惡搞出來的傑作！

事實上，當十九世紀歐洲的自然主義學家第一次遇到澳洲和紐西蘭的鴨嘴獸，看到這種怪物像蜥蜴般拖行，眼睛小如珠子，耳朵有裂縫，再加上蹼足、槳尾及怪嘴（像無厘頭諧星馬克斯兄弟〔Marx Brother〕假扮的暗色橡皮鴨嘴），卻沒有嘎嘎叫的能耐，這一切讓他們深信這種動物是騙人的。直到一些鴨嘴獸被殺死解剖後，懷疑者才接受事實。

優雅過頭，也會讓人不可置信。看兩隻喇叭天鵝面對面，額頭相依相倚，如同芭蕾舞姿勾勒出一顆心。看牠倆緩緩移動，那股聖潔讓藐小的凡人湧現愛慕與敬畏之情。再看看公彩雀，藍頭綠背與紅頸臀，簡直就是馬蒂斯筆下的部落王子。我也曾見過一隻彩雀，無法相信這麼小的東西竟然佔滿我整個視線。

威克的辦公室是這位生物學家習慣的有機棲地，四周隨意堆滿了影印資料以及他蒐集的小玩意，其中有一個時鐘是用青蛙標示時間，還有各式各樣的小雕像收藏，以假可亂眞的爬蟲動物和兩棲動物爲主。另外有一塊浮雕磚，標題是「火蜥蜴人」，配上達爾文、海克爾（Ernst Haeckel）、歐文（Richard Owen）和卡通人物荷馬・辛普森四人的圖像。威克在辦公室裏談論他的專業熱情和個人任務，他談到樹蛙、小蜥蜴、棘魚，還有蠑螈的彈弓舌，也提到因爲家族內有神學和科學兩股思考勢力匯流，讓自己擁有不尋常的成長經歷。雖然這兩股思想一般會彼此挑剔攻擊，像是羅密歐與茱麗葉兩人的家族，或是美國紅州與藍州各擁其黨互相抗衡，但是他認爲自己綜合的背景讓他對教學更爲嚴謹熱忱。威克讓我想起一位我小學認識的衛理教派牧師，他是我好朋友的父親，一樣有花白的頭髮、藍眼睛、配戴一副眼鏡，也一樣明理、慈愛、有魅力。不過，那位希爾（Hill）先生是福音傳道者，而威克則偏愛證據和化石。

「我在一個保守的基督教社區長大。」威克對我說：「我的祖父是路德教會的牧師，我的父母非常虔誠。我自己畢業於太平洋路德學院，我有兩位堂兄弟獲得神學博士頭銜，一位在亞伯達一間路德學院擔任校長，另外一人在加拿大當主教。你可以看到，我們的家族有許多有宗教信仰的人和神學家。

「同時，我們家族也很榮幸，擁有許多科學家。我有一位堂兄弟是芝加哥自然歷史博物館館長，另外有位親戚是奧斯陸博物館的館長。我當牧師的祖父，也是一名業餘的自然學家。他曾在我們家住過一陣子，又活到九十九歲高齡，所以我很了解他。在他豐富漫長的一生中，從不曾覺得宗教信仰和科學知識之間有任何衝突，我們家中也沒有人這樣子。祖父是第一個教我演化的人，他教導我尊重證據，而且一定要記得宗教必須符合事實。他說，我們住在眞實的世界裏，一定要用實證經驗來了解世界。」

威克想分享一個訊息，在我所訪問的科學家當中，幾乎都希望大眾能了解這一點，認爲這項訊息是生命科學的精華。這點以偉大的俄國遺傳學家杜贊斯基（Theodosius Dobzhansky）講得最中肯：「生物學的東西沒有道理，除非從演化上來看。」

演化，**演化**，**演化**！不管你是無神論者、虔誠信徒，或是怯懦躲藏的浮士德；不管是天主教徒、回教徒、印度教徒、猶太教徒、德魯伊教徒、重生的浸信教徒，或是多世輪迴的佛教徒；不管你相信今生在世的目的，或者希望有來生；不管你相信有上帝的存在，或者偏愛塵世俗民(Ronettes)。不管心中對「神」的看法如何，都應同意生命的基本原則。我們四周所見到的生命，我們自己所擁有的生命，全都是從先前的生命型態演化而來，而它們也是從之前的祖先傳承下來的。透過天擇偉大的力量，新物種從先前的物種演化產生，天擇的力量在範圍和技術上幾乎無所不能，不需要證書、輔助資料、助手幫忙或護教人士。天擇演化又稱達爾文演化或達爾文主義，可以全方位解釋地球上的生命，而現今約有三千萬或一億個物種，許多還沒有計算分類，更不用說引發下一回物種大爆發來打破紀錄。再者，自地球出現第一個生命後，過去數十億年來已有上億種生物出現又消失了，這些都可用達爾文主義解釋。對於許多生物學家而言，演化是生命定義的一部分。「什麼是生命？」一個研究人員回答：「能吃能生，濕濕軟軟並且會演化的東西。」

達爾文主義對於了解生物學也是必要的，所以連物理學家也同意，應該將其視為定律加以保護。麻省理工學院物理學家傑夫指出：「人們喜歡把物理當作是科學基本定律的來源，但是生命科學也有一則基本定律，和物理殿堂裏任何定律一樣深奧、全面與普遍，天擇演化是一項自然的絕對法則，適用每個地方且成果驚人。但是演化未受重視，甚至遭受攻擊。」

達爾文主義並未普遍受到輕視或排斥。相反地，演化理論有廣大的粉絲基礎，如大衛・丹比（David Denby）幾年前在《紐約客》寫道，演化生物學已經取代佛洛伊德學，在餐會上成為人們臆測某位朋友舉止失常的首要理由。達爾文本人的形象別樹一幟，白色的長鬍鬚，維多利亞女王時代的雙排扣長禮服，可能是愛因斯坦之外，一般大眾最熟識的一張科學家臉孔。在歐、亞、南美洲等地，演化科學成為科學教育的必要項目，而且完全不像哥白尼（Copernicus）的地動說，帶來社會文化的不安或遭到唾棄。然而在美國，這個擁有世界上最多最好的研究大學，以及最多諾貝爾科學獎得主的國家，對演化發動的戰爭狂猛熾烈，攻擊者穿戴舊式軍服與步槍，雖然早在百年前已輸了證據之戰，但是步槍仍在掃射，形成游擊隊對抗擁抱猴子祖先者的戰爭。

美國反對演化論的人士再三設法使學校不能教演化論，或是要求生物教科書必須同時列出「替代觀點」，包括不科學又缺乏證據的創造論或智慧設計論。反達爾文主義運動已經在許多人心中成功種下懷疑的果核，在最近一項民意調查中，只有百分之三十五美國成人同意「演化是受到明確證據支持的一項科學理論」，與過去數十年來的調查結果一致。當教育程度越高時，支持達爾文的比率的確節節高升：百分之五十二的大學畢業生和百分之六十五的研究所學生，表示對演化理論的接受。然而，這表示在美國教育程度最高的人當中，還是有百分之三十五的人，沒有正眼看待演化這項現代科學的基礎觀念之一。

我時常碰到很理性的人士，卻對於達爾文主義表現出抗拒或懷疑，這讓我很驚訝。例如，當我構思一本談演化的兒童書籍時，我問當畫家的堂姐可否爲我畫插畫，她說她願意，雖然她並不相信那套猿猴變人類的劇情。又有一次，我在沙加緬度參加朋友的婚禮，遇到一對人很好的夫妻，男方是律師，女方則是從商。我提到演化，然後跳到另一個主題，對方馬上攔住我。律師先生問我：「所以，這表示妳不懷疑演化的眞實性嘍？」

「嗯。」我回答，盯著香檳酒杯，不巧的是杯子裏空空的。「我相信演化，這個道理好比是把杯子放手，地心引力一定讓杯子摔到地上破掉，然後新娘會覺得很難過，因爲這是名牌水晶杯。」夫婦倆乾笑一兩聲，然後適時發現房間另外一頭好像有個朋友在叫他們的名字。

好吧，也許我不常受邀請參加宴會。不過在科學家之中，演化已經是理所當然的事了，如同我所舉的例子：放掉玻璃杯，會掉到地上；放眼自然，演化就在四周。

「演化的證據？」加州柏克萊大學的古生物人類學家懷特（Tim White）說道：「證據排山倒海，無庸置疑。」

威克在柏克萊教演化已經三十載了，他說：「證據是固若磐石，難以反駁。」他指出，有人會相信地球只有六千歲，每種生物都是由神創造的，但是當大家知道藥物實驗犧牲的是老鼠而不是蜘蛛或蝸牛時，會覺得比較安心。「爲什麼用老鼠做實驗，比用蜘蛛做實驗多呢？因爲我們天生都知道，老鼠比蜘蛛更像人類，不是嗎？」威克說：「這跟演化有關嗎？」

道金斯（Richard Dawkins）是牛津大學的演化科學家，對捍衛達爾文主義不遺餘力，他也是暢銷書《自私的基因》（*The Selfish Gene*）與《盲眼鐘錶匠》（*The Blind Watchmaker*）的作者。有一次他接受Salon.com的一位記者訪談時，又再一次對演化論做了清楚的闡釋。他表示：「人們常說演化發生在過去，而我們並沒有親眼目睹，所以沒有直接的證據。那當然是亂說，演化很像一名偵探來到犯罪現場，當然犯罪已經發生過了，所以要依據遺留的線索推敲發生什麼事情。在演化的故事中，線索有無窮的多。」

道金斯指出，從動物和植物王國中的基因關聯，以及從廣大的生理與生化特徵上進行詳細的比較分析後，都能得到豐富的線索。「全世界大陸和島嶼的物種分布，與演化論完全吻合。」他說：「化石在時間與空間上的分布，也完全與演化論吻合。有數以百萬計的事實全都指向相同的方向，沒有事實指往錯誤的方向。英國科學家霍登（J.B.S. Haldane）在被問到有什麼可能成爲駁斥演化的證據時，說了一句名言：『前寒武紀的兔子化石』，可是從未發現這類東西。這種東西會推翻演化論，但是所有化石都出現在正確的地方。」

我們不可能從十億年前的帽子裏捉出巴哥兔，而翼龍絕對不會扯住拉蔻兒・薇芝（Raquel Welch）的腰帶。威克強調：「你必須狠心瞎了眼，才會看不見演化。」

這個問題有好一部分是因爲「理論」一詞而起。達爾文主義所說的天擇演化論招來大眾混淆，也讓這門科學容易受到強硬反對派的攻訐。批評者說演化論能看嗎？連科學家自己都說演化是一個「理論」，並不是一種事實，顯然科學家自己也有懷疑唷！而如果連他們都懷疑的話，爲什麼其它人要相信呢？爲什麼應該相信演化科學家的創造理論，而不是相信別種說法呢？我最近看到有人車子上的保險桿貼紙是：**演化理論是給成人的童話故事**。在美國有些州，反演化論者已經要求將這種標語放在中學生物學教科書上，說明演化「只是一個理論」，不是一種「事實」。

這裏該怪科學家用了「理論」這個詞，因爲一般隱含「臆測」、「懷疑」與「猜測」之意。雖是相當好的猜測，也許是受過教育的猜測，但是理論是「可能的事實」，卻非「證明的事實」。通常，我不推崇使用專業術語，但是在這種情況裏，我寧願科學家自己有一個字，說明「理論」對他們的意義。一個固若磐石的科學詞彙，有如「核糖體」或「火成岩」，避免人們無意或有意的誤解，也避免因「僅僅只是……」而慘遭誣蔑。

有時一支雪茄只是一支雪茄，拍著翅膀到月亮旅行可能也很容易成爲「只是」的一員，但是科學理論從來不是「僅僅只是……」的故事而已。在科學中，還需要測試或證據磨亮的想法叫假設：注意到某件事情，提出一個可能的機制來解釋觀察到的現象，這便是假設。假設可能是簡單類推的結果，將先前的發現推廣到相似但不相同的個案研究上，或者可能完全是天馬行空的推測。不管推測是如何感性或理性，都不是理論，而**只是**假設而已。爲了要測試假設，必須設計實驗或收集足夠的樣本，並且成爲控制狂。再來要統計分析結果，得到結果之後，若結果證實最初的假設，那麼可歡呼前進，否則再提出一個改良過後的新假設，回溯解釋所發現的結果，這便是科學論文討論的部分。不管是哪一種情況，只有可驗證又無法反駁的事實才能留下來，但此時還沒有一個理論可掛上自己的名字。

科學理論是一套具有一貫性的原則或陳述，可解釋一堆觀察或發現，如愛因斯坦的廣義相對論、板塊運動理論，以及達爾文的演化論。構成發現的是科學研究和實驗的產品，換句話說，這些發現已經驗證過，而且通常經過多次驗證，非常接近科學所謂的「事實」。舉一個簡單的例子：昆蟲學家一直發現新品種，可能是在阿第倫達克山健行時，或者是在中央公園大草坪中找到新品種的甲蟲，然後在警察威脅要以毀損公物罪開罰單之後，你可以爲新發現命名。現在，還有千萬種昆蟲等待被發現，包括各種大小、僞裝、噪音和技能。然而不管有千百種的不同，昆蟲學家知道任何新昆蟲都必須具備下列特徵：頭、胸、腹三節身體，以及三對腳和堅硬的外殼。這些基本的昆蟲學大家都知道，就連我女兒上幼稚園時敎唱的一首西班牙歌也有類似的歌詞。這些特徵爲昆蟲所共有，是昆蟲定義與分類的依據，更是從昆蟲的共同始祖流傳下來的結果。這裏是眾多事實中一項微小謙卑的事實，最好從上往下看待與了解，這套偉大的解釋架構就叫演化論。爲何地球上有這麼多生物有六隻腳、三節身體和一具硬殼？因爲現今三千萬左右的昆蟲，是來自於擁有這些出線組合的始祖，在四億年前泥盆紀期間有個昆蟲眞正的祖先出現了。但是爲什麼蟋蟀、蟑螂、蜻蜓、頭蝨、大黃蜂、白蟻、螳螂等等這些傢伙，彼此看起來會如此不同？因爲牠們是經過修正改變的後代，當昆蟲向外發展，開始在不同地方落腳時，會演化配合居住環境。天擇介入了，揮舞一支蒼蠅拍，那麼可以突變成和葉子一模一樣，當然是好事囉！不管將重心放在昆蟲的多樣性或共同的特色，唯有放在演化論中看才有道理。

或者比較下列四種動物的前肢：蝙蝠的翅膀、企鵝的鰭肢、蜥蜴的腳，以及人類手臂。表面上，四種肢體並不相干，各有各的工作要做：飛行、游泳、爬行，以及購買遙控裝置。然而每個骨子裏卻是相同的，都由四種骨頭構成：肱骨、橈骨、尺骨和腕骨。蝙蝠翅膀分支散開的骨頭，收斂成企鵝雙腳的V字端，但是從X光片上看來，兩者在解剖上是同形異物。從胚胎發展上可進一步確定兩者的連結，若是看過這四種胎兒各自在卵與子宮裏如何生長的畫面後，將會發現這四種前肢都是自胚胎相同的部分發芽長出。這種結構發展上的相親相愛，是第一代四足脊椎動物之後所有後裔的共同標誌，那些英勇的四隻腳祖先用海洋交換了陸土，這種基本的骨骼結構證明非常適合陸地生活的挑戰，因而所有脊椎動物的前肢都改而換成肱骨—橈骨—尺骨—腕骨的主調，我們袖子上披的都是四足動物的外套。

霍登講在適當地方找到兔子化石的事情很好笑，但這是另一項有根據的發現，是必須正視的事實。我們不可能在有三葉蟲遺跡的岩床中發現兔子化石，三葉蟲看起來很像鱟、蟑螂和掌上遊戲機裏的圖案，在三億年前是海底主要的生命型態，品種超過一萬種，大小從一公釐到人體手臂長都有。三葉蟲以吃海草爲生，是海底主要食物，也會互咬。牠們以鰓呼吸和游泳，眼睛構造很特別，因爲普通眼睛的水晶體是由蛋白質分子製造，但是三葉蟲的水晶體像一顆彈珠，是由方解石組成。然而在二億五千萬年前，那些銳利的小眼睛不見了，三葉蟲在二疊紀結束時滅絕了，連同百分之九十的海洋生物消失在地球上。最後一隻三葉蟲留下最後永恆的印記，可能比最早的哺乳動物能留下任何化石遺跡更早二千萬年，更不用說是五千七百萬年前才出現的兔子了。古生物學家不斷發掘與面對新證據，化石會在正確的地方與時間發現，新化石會堆積在舊化石層上面。世界各地都有三葉蟲，不管是在澳洲、奧地利或辛辛那提進行挖掘，三葉蟲的化石總是會出現在預期的沈積岩當中，深度與位置恰恰符合這群生物繁榮興盛的五億年前。恐龍的化石也一樣，還有漸新世（約西元前三千五百萬年前）其它遠古兇猛的哺乳動物骨頭也不例外，包括巨犀（Indricotherium），是有史以來最巨大的陸生哺乳動物，體型相當於雷龍；古豬（Archaeotherium），狀如野豬，但大小如牛，還有大獠牙；新獸類（Cainotherium），是駱駝的遠親，但臉部、耳朵和前腳像霍登的吉祥兔。不管在哪裏找到化石，一定會吻合年代。巨犀的化石在漸新世時期的地層發現，並且沈積在侏羅紀和三疊紀上面。化石紀錄的一致性和在時間的連續性都是擺在眼前的事實，比洛杉磯的高速公路獲得更多支持。

這是一個科學的「理論」，不是一個直覺或一大堆直覺，而是集合「事實」或有力的發現而成，賦有實質的意義。科學理論也有預測力量，在理論的註釋與引導下，對世界運作之道會產生新的想法，然後對想法進行測試。例如，藉由演化推論，對於不同生物之間的關係可能獲得某些結論。早在科學家對遺傳密碼DNA有所了解之前，他們根據結構與行為將生物分類成不同屬種，決定老鼠和人類是哺乳動物，而老鼠與人類的共通性多過蜘蛛，包括器官、腦部、心血管系統、化學組成、免疫系統、生殖習慣、肢體和眼睛數目等，全部都比蜘蛛或蒼蠅更接近人類。因此，遺傳學家很容易預測老鼠與人類的相關性可追溯到基因的線頭，也就是鹽基對，這些化學子單位組成了DNA。所以，當科學家開始拼出各種生物的遺傳密碼時，發現若生物在巨觀下與人類越親近，則字母排列順序也會越接近，像老鼠的DNA大約有百分之七十與人類相同，而果蠅則是百分之四十七。

科學家可以更進一步預測分子系譜。當然，人類與老鼠的基因比蒼蠅更靠近，但是為何我們仍有一半的DNA食譜，與流連於糞坑的複眼生物那般相似呢？還有，酵母分享我們五分之一的遺傳密碼，但是這種生物卻連頭尾都沒有，更用不到多細胞的結構。是哪類基因將我們與這類生物產生關聯呢？

事實上，有許多基本雜務是每個細胞都必須知道該如何做的。不管是牛羚、烤麵包的酵母、人類的肱骨或蒼蠅的腎絲球，細胞一定要能夠吸收營養、排泄廢物、保持健康，並且按照指示分裂。因此，可以猜測帶有這些基本任務密碼的基因，是最不會隨著演化時間而改變的基因，不管是誰繼承到這類基因都一樣，這正和基因學家所發現的事實吻合。維持細胞運作與細胞分裂的基因，是自然界保存最好的部分，要知道在經過五億年演化的運作後，現在基因一樣會指揮細胞分裂爲二。事實上，科學已經大量開發運用DNA恆久不變的藍領密碼，例如科學家從研究酵母中監督細胞分裂的基因上，已經比直接研究腫瘤細胞，對人類癌症病變獲得更多的了解。醜陋又可惡的癌症細胞很難處理，但是酵母細胞乖巧又慷慨（記得酵母會釀造葡萄酒）。若是有一天我們能在艱困的「抗癌戰爭」中獲得勝利，幫忙磨利武器的演化理論將厥功甚偉。

演化理論有時看起來不那麼固若磐石的另一個理由，可能是因爲演化生物學家彼此之間太愛爭辯細節所致。這場辯論賽唯獨競爭對手與郵寄名單上的科學家們才會感到興趣，不過由於達爾文主義是美國的流血運動，所以每個人都想收到附件。演化生物學家確實會爭辯演化改變的機制、速率與測量方法，想知道改變是不是逐漸累積而成，經過一代又一代慢慢演變後，直到發現大嘴鳥變成香蕉公司的活廣告；或者是，大多數物種在漫長的時間中幾乎毫無變動，也舒舒服服地保持原樣，直到某天發生危機了，使得重大演化改變驟然出現⑥，如小行星撞上地球，或火山爆發遮蔽天空。科學家爭辯著怎樣才算是一個物種，該在哪裏畫出分界，讓不同的物種經過林奈分類法後能分別入典編冊，而不只是相同物種的分支而已。他們在演化和浪漫之間的關聯上打仗，爭辯女性選擇男性配偶時，是謹慎評估男方的基因特質呢？還是她注意到其它鶯鶯燕燕追著那個男人跑，肯定有她不知道的原因呢？還是因爲男人的鼻子讓她想起一種喜愛的食物，而她正好肚子餓？

然而不管爭辯什麼細節，演化科學家對於演化原則並無爭論。他們不會爭辯演化的眞實，或是現有物種是從先前物種演化而來的原則。他們也不會爭議何謂演化改變的引擎，因爲一百五十年前達爾文和華萊士（Alfred Wallace）已經將「天擇」做了清楚明確的闡釋。天擇將隨機飄蕩變成超級大禮，利用熱力學第二定律怠惰之餘，將每個系統隨著時間會變亂的趨勢扳正，打造出神奇、萬能與有目標的機制，回頭打垮愛搗亂的熵。

天擇的基本前提很簡單，親代產下許多後代，這些後代並不會全都存活。子代像父母，但並非一模一樣，每個孩子的DNA是將父母的DNA重新編排組裝，母體的隱性基因可能會在子代顯現，而父親的顯性特質可能無法在兒子身上發揮出來。此外，混合體中總會有少數完全新奇的成分，因爲當父母傳承給子代時，某個基因的化學拼法突然發生細微變化，因而產生了新的變異。

⑥ 已故的古爾德較中意第二種情節，他稱為「交續平衡」，主張演化穩定應是常態，偶爾才會交替著大滅絕和大變動。由於古爾德身為科學家、散文家和暢銷書作家，推廣達爾文主義可謂不遺餘力，所以第二種說法也較廣為人知。

這是難以避免之事，想想看複製DNA時，是一條有三十億個字母長的句子耶！生命像每個人一樣會犯錯，況且突變也是有趣的部分，正如前美國職棒捕手貝拉（Yogi Berra）說得好：「如果世界是完美的，那就不完美了。」而且，如果DNA複製計畫中完全沒有熱力學來搗蛋，那麼我們全會停留在單細胞古細菌的階段，和混沌之初那些躲在海底熱泉旁邊打呼嚕的老祖宗們，擁有百分百相同的基因。

透過突變和DNA重新洗牌，基因庫中出現了差異，供自然加以選擇，那就開始選拔大賽吧。有一個微生物出世時發生代謝突變，能夠消化更多營養素，因此長得比疊層岩中其它的同伴更大。於是，它把細胞膜能夠圍住的所有東西都吃掉了（可能也把可憐的生母呑下去了），貪吃的小孩很快開始產下自己的後代，多數都帶有這種厲害的新陳代謝突變，結果聚落中較靜態的單細胞生物便沈潛被遺忘了。經過數百或數十萬世代，另一個快樂的錯誤發生了，這次是指揮細胞膜某部分表現的基因，這項突變讓微生物對周遭鄰居的線索異常敏感，知道誰在哪裏、在做什麼事情，以及如何利用別人。很快地，竊聽大軍合縱連橫，從此各自爲政、反社會性的單細胞自戀世界，拱手讓位給互助合作、重社區性的多細胞自戀世界。在這種偉大的改革後，封建制度、君主主義、民主政治、金權政治、後現代企業、大富翁和妙探尋兇等等，都隨之而起。

天擇是兩階段運動，潛力幾乎無限。首先，群體中偶然出現遺傳到變異的小孩，例如一隻青蛙發生突變，頭上變成奇怪的菱形。當她跳過去時，同伴瞪著她瞧，發生粗魯無禮的打嗝聲。但是噓聲還是留給自己吧！因爲當鳥兒飛來啄食時，這隻小青蛙有如立體派大師布拉克（G. Braque）筆下的小女孩，看起來活脫是一片落葉，可以混進地上的落葉而不被發現，所以比那些嘲笑她的青蛙都活得更久。後來，她的後裔又發生其它突變，正好更能提高僞裝效果，而每次出現比較好的「僞裝」時，天擇又剛好比較喜歡，結果讓突變很快變成物種的標準配備。今天，所羅門島著名的葉蛙看起來太像一片葉子了，會讓人不可置信地連連搖頭：太荒謬了！一個隨機的突變怎麼會「剛好」爲青蛙刻出稜角來？兩棲動物一個普通基因發生的一次偏離，如何創造出看起來很愚蠢卻很好用的東西？又怎會有一連串基因的隨機變化，接連提高先前突變的僞裝效果？一系列的差錯要變化出完美的僞裝，這機率是多少呢？

事實上機率相當高。青蛙面臨各式各樣掠食者無情的壓力，包括鳥、蛇、龜、哺乳動物、其它青蛙、蠍子、大蜘蛛，以及大廚師皮賓（Jacques Pépin），大家都垂涎著青蛙腿有嚼勁的好味道與高蛋白質的能量。有些毒蛇拂曉出擊時，勤快的話，一次可以捉到上百隻青蛙。

但是青蛙像其它跳來跳去的獵物一樣，用繁殖彌補了極端的脆弱性。多子多孫除了確保至少有些青蛙能活到生殖期，同時也帶來演化機會。由於每個世代生下大量小青蛙，可望不時會演出一些美麗的錯誤；而每一次進化時若能提高防衛性，將很快會被自然選擇，使得意外變成基本配備，使得其它修正可能會或可能不會出現。

昆蟲同樣也有演化的動機和機制，讓「沃爾多在哪裏？」的戲碼變成例行公事。世上每個人都吃過昆蟲，不管是自願品嘗或是在衛生局未蒞臨檢查的期間。昆蟲用驚人的生產力克服生命的短暫，我最喜歡舉的例子是普通的德國蟑螂（*Blatella germanica*）。如果不加理會，一隻母蟑螂在十二個月左右的生命中，可以產下四千萬個後代。要賭蟑螂的存活機率，全部的賭注有如受到中央存保公司的保障。暗褐色的德國蟑螂適合都市棲地的色調，但是不管是哪種場合，昆蟲都能配合妝扮，像爪哇葉蟲不但能模擬出完整的葉脈分布，還有洞孔和撕邊，簡直像被昆蟲啃食一般。竹節蟲的外表和舉止完全像樹枝，這表示太僵硬或太安靜都很可疑，所以竹節蟲會像樹枝在風中搖動般，偶爾擺過來擺過去，這正是動物模仿植物、植物模仿夜晚裏的精靈一樣。但是投票選最會裝死的花花公子時，我的票投給燕尾毛毛蟲，牠們實在太像新鮮的海鳥糞了。

在龐大的昆蟲家族和節肢親戚中，所有的武器裝備和自保策略全部備齊。擬態、致死或消化不良等威脅，不管你想要哪種毒藥，節肢動物的酒保都可調配。當鞭蠍噴出一兩滴辛辣的「雞尾酒」時，所含的油性酸可以穿透敵人最硬的外鞘，醋酸則可灼燒底下的組織。竹節蟲除了可僞裝防禦之外，還有化學武器做後援，所噴出的松烯含有類似貓薄荷裏讓大家嫌惡、卻讓貓咪抓狂的成分，若是冠藍鴉被竹節蟲噴到臉上，保證以後再也不敢挑釁枝椏了。一些馬陸含有高濃度、類似黃體素的化合物，可以削減敵人的生殖能力，屬長期性防禦之道。雖然壯烈犧牲的馬陸無法保住自己的小命，但至少可以讓未來的掠食者減少，爲大家的生存做出貢獻。

昆蟲有方法與動機去合成更多防禦性的化學物質，讓人類來不及研發應付。當我們將化學武器瞄準牠們時，牠們也有本事騙過我們。提到ＤＤＴ晦暗的歷史，會讓人想到沒有蟲鳴鳥叫的寂靜春天，天空也失去白頭鷹的蹤影，然而滅蚊運動眞正失敗的地方，是這些傳染疾病的傢伙馬上便不甩殺蟲劑了。當一九七二年美國禁止使用ＤＤＴ時，有十九種蚊子已對這種殺蟲劑免疫，約佔這些瘧疾傳播者的三分之一強。你親愛的孩子們最近與頭蝨邂逅了嗎？如果沒有，你們可能是在家自學，或者小孩特別沒有人緣。近幾年來，頭蝨（Pediculus capitis）這種吸血寄生蟲對於孩子柔軟的頭皮特別喜愛，成爲現代孩童上學的必備物品，加入校園金屬探測器和三十磅背包的行列中。理由很簡單，頭蝨太難殺死了，它們對除蟲菊精類（超市可買到的除蝨洗髮精作用成分）的軟性毒素幾乎完全免疫，而小兒科醫師理當不願意推薦更強烈的毒藥，以免滲入年輕敏感的小腦袋瓜裏。所以束手無策的父母，只好用手指抓不勝抓，然而頭蝨一定另有窩藏地點，隨時準備好絕地大反攻。

昆蟲對毒藥以及細菌對抗生素產生抗拒性的速度，常常快到教人吃驚。有一年，我們家用餌做陷阱對付螞蟻，結果第二年我驚恐地看見螞蟻列隊走過滅蟻盒，一隻也不少地繼續去享用貓食大餐。還有，我們家地下室住了會四處方便的蟋蟀大哥們，每年春天我先生會在牠們喜愛的縫隙或孵卵處噴灑毒藥，直到去年春天爲止，這個方法都奏效，讓蟋蟀潰不成軍。但是今年起，這個方法不管用了，更像是一九五〇年代經典科幻片《X放射線》（*Them!*）中輻射對螞蟻的作用一樣。如果你對演化有任何懷疑，歡迎到我們家地下室參觀，現在蟋蟀看起來像袋鼠一樣啊！

不管對付哪種害蟲，抗藥性的演化完全遵守達爾文的公式。群體中任何時候都會發生基因隨機變化，尤其在快速孳生的物種。這些變化大部分沒有結果或是不明智，因此會被選擇性壓力忽略，或是很快從基因庫裏被掃除。不過，經常會有很實用的突變蹦出來，例如抗藥性，結果這項新奇的特徵很快就成爲物種標準了。

基因的變異也能孕育生物多樣性。如果突變碰巧影響到控制動物某項基本發展的一個關鍵基因，導致外觀或動作上發生劇烈深沈的改變，結果讓受益者恍若蛻變成全新的物種。而且如果這種改造過後的生物和後代，與未發生突變的同儕因某種原因隔絕分開後（例如海水上升讓半島變成島嶼），原本奇怪的生物可能會眞的演化成一種獨特的新品種，與以前的同胞切斷關聯。史丹福大學的科學家最近便發現到，棘魚家族的演化其實是一些很簡單的基因改變造成的。在北半球約發現五十種棘魚，有些棘魚住在大海中，全身有三十五塊盾板當盔甲，可以抵抗掠食者。有些棘魚則游到淡水河與湖泊裏，丟掉堂兄弟姐妹們笨重的鎖子甲，所以可以加速搶食。研究人員已經確定有一個基因中發生一些變異，造成棘魚身體構造的劇烈差異，讓海生棘魚的盾板長到最多，或是抑制淡水棘魚的盾板數目。棘魚結構的大改造竟然這麼簡單就完成了，讓棘魚家族快速衍生出多樣的面貌。

演化證據充滿在我們自身與周遭。反演化論者抱怨化石紀錄有「裂縫」，恐怕縫隙還深如淵谷。現在已發現並命名的化石超過數十萬物種，然而研究人員懷疑這些僅佔全部物種的千分之一。道金斯說：「化石紀錄當然有許多縫隙，然而這並沒有錯。爲什麼呢？因爲要很幸運才能找到化石。」想想一具屍骨要昇華爲不朽，途中須經過多少層障礙？首先，一定要避免落入宿命當中：遭腐食動物肢解離散；遭到蟲子、黴菌和微生物分解；遭到各種元素攻擊侵佔；或者以上皆是。欲抵抗自然界全面性的回收計畫，最佳防衛之道便是快速掩埋，通常需要死在有厚層沈積物的地方，例如河流、湖泊、沼澤和潟湖周圍，或是接近海岸邊有泥沙淤積之處，以便屍體能很快埋葬。當沈積物掩蓋後可避免屍體分解，至少能保住生物最硬的組織，包括骨頭、牙齒、貝殼與枝幹。隨著時間流逝，泥沙沈積會變成石頭，包括裏面的生物遺骸，礦物質再一點一滴取代原來的有機分子，保持了身體姿勢與結構模樣的完整性。

然而到這個階段，化石還不算安全。若是墓地深埋岩石底層，可能會被熔化而屍骨無存，或當地以前曾經浸在古地中海溫暖而低淺的水域裏，結果他們發現兩處超棒的鯨化石，可幫助了解哺乳動物如何厚著臉皮從陸地回歸海洋。生物學家長久以來認爲鯨太像魚類了，因爲牠們擁有流線形的身材以及對海洋的忠誠，《白鯨記》的作者梅爾維爾（Herman Melville）也認定鯨是魚類。但是會呼吸空氣、哺育幼兒，也和其它哺乳動物一樣擁有毛細孔的鯨，實際上是五千萬年前回到海洋的哺乳動物的後代。但是由於鯨的化石遺跡分布太過零星，所以生物學家只能猜測會航海前的鯨長什麼模樣。現在他們有明確的證據，指出鯨的祖先外表和動作像狼，但是吃起東西像豬一樣，因爲牠跟遠古的偶蹄動物有密切關係，現今的豬、牛、駱駝和河馬都屬於偶蹄動物。這些新的化石寶藏顯示，即使在勇敢躍回水中之前，遠古的鯨目動物已經具有特殊的耳骨，現今只能在鯨和海豚身上發現，這顯示鯨驚人的聽覺技巧（例如，能夠聽到獲得自由的威利在大海另一邊呼喚），很可能早就在陸地上演化成功了。或許是鯨聽到女妖撩人的歌聲，於是忍不住跟隨回海洋了。

而且，還有一系列漂亮的化石紀錄，成爲物種演變過程的力證，其中最鮮活有名的化石紀錄便是馬。根據挖掘紀錄顯示，第一個長得像馬的是始祖馬（Eohippus或Hyracotherium），這種敏捷的四趾生物，大小有如今日的拉布拉多犬，生長在五千三百萬年前始新世北美大陸的森林裏，專門挑幼芽、漿果和樹葉爲食。始祖馬產下幾種品系，有不同大小、腳趾數目、牙齒構造與皮毛花色（不過毛皮難以成爲化石，所以這點可能永遠無法查證）。有些品種終生寄情山林間，有些則奔馳於開闊的原野上。有一支很成功的大草原專家叫三趾馬（Hipparion），大約在一千萬年經由白令陸橋遷移到舊世界，並且很快散播到歐亞大陸南部和非洲。可是在北美，所有始祖馬的後裔都相繼滅絕了，到五百萬年前鮮新世開始時，只剩下恐馬（Dinohippus）。高大的恐馬粗皮單趾，沒

的露西，她是嬌小的南猿（australopithecine），因爲在約翰遜（Donald Johanson）發現她的那天，帳篷內播放的恰好是披頭四唱的歌曲〈露西戴著鑽石在天空〉（Lucy in the Sky with Diamonds）。露西明顯是直立動物，但是頭蓋骨只有我們的四分之一。另外，早期原人還有一半腦容量的巧人（Homo habilis），他們被認爲是最早會用石頭當工具者之一，具有馬齒般的匠人（Homo ergaster），臉型尖瘦的盧多爾夫人（Homo rudolfensis），頭蓋骨往後掃好像是戴浴帽的直立人（Homo erectus），和遠古、現代早期及完全現代的智人（Homo sapiens），還有重要的洞穴人尼安德塔人（Homo neanderthalensis），雖然有些研究人士習慣不發h的音，但是大家都同意尼安德塔人受到不公平的誹謗，變成「超原始、不衛生、愛咕噥」的代名詞。尼安德塔人遍布歐洲，與智人共存了約十萬年，然而大約在二萬八千年前，尼安德塔人突然消逝，甚至可說是大滅絕。尼安德塔人的死亡至今原因不明，大體上他們的腦部和同時代的人類相當，除了眉毛粗濃之外，頭蓋骨也較爲扁平，顯示他們的額葉較小，而額葉正好是管聰明才智的地方。尼安德塔人像智人一樣，也能打造鋒銳的石器工具，但是對於藝術和裝飾好像較不感興趣，在壁穴塗鴉或象牙雕刻的女人像上，可看到非常不恰當的身體質量指數。一些骨骸證據顯示，尼安德塔人比智人更容易受傷、罹患關節炎等病症。或者是我們的祖先見不得這些下里巴人，於是將他們終結了。基因研究強烈顯示，智人與尼安德塔人之間絕無任何浪漫的交會，我們身上並未有尼安德塔人的基因遺痕。不管原因爲何，當尼安德塔人消逝在地球上時，只有一支人屬留下來，那就是我們，用高傲的前額和三磅的腦袋，自命爲萬物的主宰，欽點萬物之名。因爲我們太聰明了，所以自稱是「人中之人」（Homo sapiens sapiens）。當萬物之靈的智人在自然歷史博物館中，看到一排類猿人和原人的骨骸時，怎至德州和墨西哥邊界，南到布宜諾斯艾利斯。只是冠雉不善飛行，所以未能越過大海，因此我們不會看到肉垂冠雉漫步在寮國的雨林裏，或是發現蜜塗鳥在所羅門群島上做日光浴。同樣的，一隻野生企鵝也不會死在北極熊的嘴裏，因爲全世界十八種企鵝全部住在南半球，大都分布在南極大陸周邊，而北極熊就好像表親棕熊一樣，完全以北半球爲家園。從達爾文以降的生物學家來看，地理學和生物學上的一致，包括近親相聚的現象，以及不同大陸居民的差異性，皆可用一項優美的機制說明。達爾文寫道：「從這些事實，可見到生物具有深沈的關聯，而且廣布於時間與空間中。就我的理論而言，這種連結就是簡單的遺傳。」

再者，我們還有另一條分類系統可以證明，即是界、門、綱、目、科、屬、種。這套系統依巢套順序進行分類，當包含範圍越小時，成員共同的特徵越多；當涵蓋範圍越大時，成員數量越多，差異性也越廣。不過，不管大家怎麼吵吵鬧鬧，同一圈生物一定比另一圈生物擁有更多相同的特徵。以人類爲例，現代智人是人屬中唯一的現生人種，雖然化石紀錄顯示之前還有尼安德塔人和直立人等其它人種存在。我們也屬於人科，這個大家庭裏有黑猩猩、巴諾布猿、大猩猩和猩猩等四種猿猴存在，另外還有數十種滅絕的類人或類猿的人科祖先。我們這些人猿和其它約兩百種動物共同加入靈長目的行列，包括猴子、狐猴、眼鏡猴、懶猴等物種。接下來，我們與約四千六百種動物成爲哺乳綱的同學，共同特徵是身體有毛髮、心臟分四部分、二耳分立和泌乳哺育，甚至是產卵的鴨嘴獸和食蟻獸，因爲會分泌奶汁讓剛孵出的小寶寶仰頭吸食，所以同屬哺乳綱的成員。再往上推，我們屬於脊索動動門的脊椎動物亞門，感謝脊椎支持我們，同時也讓我們與另外約五萬種脊椎動物箍在一起，如爬蟲類、鳥類、魚類和兩棲動物。我們最上一層是動物界，在這裏會遇到不計其數的節肢動物和其它無脊椎動物，如昆蟲、蜘蛛、蠍子、馬陸、龍蝦、小龍蝦和螃蟹；還有牡蠣、章魚、腹足動物；以及蟲子、海綿、珊瑚、海鰓、海參；再後是數以百萬計大嘴或小嘴的動物，完全視我們要拿來餵誰而定義。另外是擁有二十六萬個物種的植物界，它們就像是執拗的小矮人（Rumpelstiltskin），專心一意要將陽光紡成金線；甚至是捕蠅草勾引不到昆蟲時，也能利用葉綠素食光度日。

若繼續往生命之樹上爬，會遇上新近加入的分類法，讓人類與植物、藻類與酵母同屬一國，那就是眞核生物和原核生物的區分。我們屬於眞核生物，細胞裏面備有核心，呵護著雙螺旋，而原核生物（如細菌）的DNA則自由飄浮在黏稠的細胞裏，方便能在短時間內分裂成功。不過，如果再繼續往上探看是什麼密碼讓生命生生不息，將會發現眞核細胞和原核細胞又變成同一國了。因爲在每個細胞中，都會發現相同的化學字母、相同的核酸字母，用十億種不同的方法訴說一個史詩的故事。

如作家和自然主義者逵曼（David Quammen）所觀察到的，這種親緣分類系統屬於「類中有類」的巢套系統，讓有相似特徵的物體分層排列，一層層納入更多物種，最後出現一個共同的超特質（即基因共有的化學性質）而達到高潮，然而這種模式與我們平常將收藏分類的方式並不相同。比如說，我有收集書籤的習慣，我會按主題爲骨董書籤分類，例如廣告類書籤，包括鋼琴、名牌肥皂、巧克力、輪胎或蘇格蘭寡婦基金，但是卻沒有系統性的方法，將輪胎書籤、香水書籤與一九三九年花生先生世界博覽會紀念書籤等連接起來。我女兒愛收集盒子，她喜歡用外形美觀與否來排列，但是卻沒有明顯的高低標準，沒法子說珠寶盒比起木雕盒更像漆畫盒。爲什麼書籤、盒子、珠寶或耳環，不能像俄羅斯娃娃一樣分類？達曼寫道，這是因爲「珠寶的類型與風格無法反映源於同一祖先的一脈相承，然而生物的多樣性卻有共同的起源」。再者，從兩個物種擁有多少相同的特徵，以及DNA鏈是否能快樂相逢交織的程度，通常可判定兩者是在多久前從同一祖先分家。

然而長相相似，不代表一定是親戚。有時候，相隔半個地球的兩種生物驚人得相像，結果之間的關係卻很遙遠。舉例來說，美洲仙人掌外觀很像非洲另一種多汁的大戟屬植物，它們都有些品種的形狀有點像圓圓扁扁的麵糰，也有些品種又高又直，好像是與天爭高的圖騰柱。大戟屬和仙人掌的葉子都會長刺，表皮有厚層的蠟質保護，中空的部分則可儲存水分。若是買一株大戟屬，暱稱它是仙人掌，相信住土桑仙人掌國家公園旁的阿姨也不好糾正你。然而仙人掌和大戟屬剛好僅同屬植物界而已，各自擁有會開花的表兄弟姐妹，而且人家還不帶刺呢！

澳洲針鼴、非洲穿山甲和拉丁美洲的大食蟻獸，也有類似的情形。這三種哺乳動物不只都喜歡享用螞蟻和白蟻大餐，而且都具有輕巧、無毛的口鼻部，以及會蠕動的舌頭、鼓起的唾液腺、像混凝土機一樣粗硬的胃、退化的牙齒、腳爪如小鐮刀。然而這三種生物最早的共同祖先，可能要追溯到恐龍時代了。記住，針鼴到現在還會產卵，而牠最近的親戚則是看起來像布偶的鴨嘴獸。

重點是許多解剖上相似但分類上相異的例子不可勝數，再再凸顯出達爾文難以抗衡的權威。這些例子都指出趨同演化的現象，關係極爲淡漠疏遠的物種因爲面對相似的問題，經過天擇的指引與淬煉後，各自演化出相似的根本解決之道，並以相似的工具來解決麻煩的問題。非洲次撒哈拉的大戟屬和北美索諾蘭高原的仙人掌，都是生長在全世界最艱困、最乾燥與太陽最狠毒的地方，保持舌頭黏性，並且將螞蟻沖下去；鐵胃可以抵抗附帶吃下的沙子；由於吃螞蟻可以直接吞入，所以完全不用管牙齒的問題。瑞福德（Kent Redford）是布朗士區野生動物保育協會的生物學家，他研究過食蟻動物，承認牠們是「怪異的生物」，但是有票房保證。他說，如果見到許多物種獨立演化出相似的型態，必須知道這種設計是最明顯的選擇，也是最自然的選擇。

趨同、僞裝、鴨嘴和大嘴鳥騙局。在遍覽稀奇古怪的生物圈後，會發現達爾文的演化並非是隨意的，而是蘊藏目的。如果自然大部分看起來是被設計的，那是因爲它是被設計的，是生命努力實現自我、由內而生的一股力量，不惜代價、不計榮辱，用盡方法讓自己活在世上。批評演化論的人士抱怨，對生命賦予純達爾文式或「機械性」的解釋，將會剝奪生命的意義，感覺世界是受到隨機作用、意外變故和無意義的畸變所驅動。被封爲「自由派基督徒」的作家伊斯特布魯克（Gregg Easterbrook）指出：「最終的爭論將會落在相信有上帝存在，以及相信一切都是一次化學意外造成的人士之間。」然而這種二分法太過火，也太不周全了。什麼是「一次化學意外」造成的「一切」？是指世界上「所有的」生物多樣性嗎？無論自己的宗教信仰往哪兒傾斜，將生命當成「意外」其實極爲誤導。生命是「反意外」之事，是熱力學上最揮霍的舉動，再經刪解註修與擴大更新而成！我們不知道生命如何開始，但即使是第一個不知名的分子進行複製時，那也絕對不是意外之事。也許，第一次複製時算是很幸運，但是自我複製的行爲本身即是刻意之事。從生命的定義來看，生命原本就蘊含要過何種生活並尋求自身存續，所以已將「意外」從方程式中除去了。的確，有些研究生命起源的人士主張，在某些情況下生命的發生是不可避免的，然而這些情況是否稀罕到可稱爲眞正的化學意外呢？或許生命的誕生在宇宙間很普遍，因爲氫和氧屬於最普遍的元素，因此使得生命之泉「水」成爲最普遍的分子？我們仍然不確定這一點，不過我可以說，絕大多數天文物理學家都相信人類並不孤獨，最後一章會再談到。

不管生命創始是如何偶然或不可避免，生命開枝散葉成爲我們觸目所及的「一切」，絕對不是全然意外或隨意的。道金斯說：「天擇是最不隨機的力量。」這不是說天擇有特定目標，或是想積極創造出更複雜聰明的生物（人類當然是箇中翹楚）。天擇只是要選出最知道如何生存的生命，有時候如現代建築家魯斯（Adolf Loos）所說的「裝飾是罪惡」。例如，海鞘在幼蟲階段能移動獵食，所以有個小腦袋可幫忙尋找獵物，但是在成熟並固定下來後，改採濾食維生，於是便將腦部拋棄了。「腦部很會消耗能量，」牛津大學化學教授亞特金斯（Peter Atkins）指出：「若發現不再需要大腦，丟掉是個好主意。」

演化沒有組織也沒有遠見，你不會想讓它負責安排公司的年度董事會，甚至安排在查克披薩店（Chuck E. Cheese）爲孩子辦生日派對。生物學家喜歡指出，演化是補鍋匠，手上有什麼就用什麼，不是按照計畫做事情。演化有些發明優雅細緻，有些東西則可看到縫線與乾膠。加州大學柏克萊分校的材料科學家富爾（Bob Full）指出：「通常一般人會認爲有機體處於最完美的狀況，實際卻不然。有機體背負著歷史的行囊，而天擇受限於只能運用祖先傳下來的材料工作，所以海豚沒有重新演化出魚鰓，龜殼中沒能發現鈦的存在；也不可能無中生有，變出一隻蝙蝠來。」

爲什麼每家餐廳都張貼哈姆立克法的海報，爲什麼吃扭結餅很容易噎到窒息？人類語言的演化是因爲喉頭從最初的位置往下降，所以空氣有比較大的流通空間，方便發出更精確的聲音。除此之外，舌頭的位置變動也有關係，像黑猩猩的舌頭完全含在嘴巴裏面，不像人類舌頭後方變成聲帶前端，讓發聲說話有了彈性。這兩項改造，意外讓人類的食物與空氣通道更爲接近，也附帶讓醃瓜意外滑進氣管的糗事增加，甚至造成致命的風險。雖說喉頭的突變很可能是從基因庫跳出來，然而我們**現在**將這項新奇的能力發揮得淋漓盡致，可以演說、訓話、瞎掰、恐嚇、毀謗、抗議，幾乎無所不能。

再者，生物的每個特徵不全然是天擇的產品，有些可能沒有需要或沒有功能的殘留特徵，但是因爲沒有害處，所以沒有被淘汰的壓力，不像海鞘的大腦被拋棄了。例如，當感到寒意或受到驚嚇時，皮膚可能會起雞皮疙瘩，若是小孩剛從泳池浮出水面，這看起來會可愛，但是卻不如毛皮有用。這項反應可回歸我們毛茸茸的歷史，因爲毛髮豎立可以在寒冷時保溫，遇到敵人時也可以虛張聲勢。另外，某些特質只有某個性別才有，雖然沒有直接的功用，卻對於另一個性別很重要。再者，哺乳動物胚胎發展的基本藍圖剛好是雙性的，例如雄性哺乳動物的乳頭又小又不會泌乳，但是數目通常和會泌乳的雌性一樣，所以男人有兩個乳頭，公黑猩猩與公蝙蝠也各有兩個乳頭，公狗有十個乳頭，公貓則有八個乳頭。

另一種更強大的引擎或特質純粹是用來炫耀或交歡，既不會延長也不會減損壽命，這股演化力量便是性擇。達爾文認爲這股力量可以補強天擇的作用，並提出廣泛的證據顯示，吸引交配對象並阻撓潛在敵手，對於動物的外形和行爲具有根本的衝擊。達爾文指出，有些會妨礙逃脫或安全沒入背景的特質（天擇的標準贈禮），若是有助於提高性吸引力，也能在基因庫中脫穎而出，這都算是演化的好意。畢竟，如果光靠一個春天便能戰績輝煌、甚至是高潮迭起，那誰在乎如果夏天變成一支雞毛撢子呢？撒下的種子未來會代替你昂首闊步。性擇最經典的意象是孔雀開屏，全身淺褐帶斑的母孔雀是懶女人，然而她慾望如火，特別喜好尾巴盛開時色澤最鮮豔奪目的男伴，導致公孔雀長期下來演化出壯麗的尾巴，笨重到撲翅只能飛到最低的枝椏上。對於原產於花豹王國的孔雀來說，這當然是障礙了，更何況花豹還是爬樹專家呢！沒有人知道母孔雀爲什麼喜歡公孔雀的尾巴，是不是那份光鮮亮麗點出公孔雀的基因極具價值？或者母孔雀更注意羽毛上眼點的數量與對稱性？還是公孔雀願意且有能力背負這身重量，讓母孔雀深受感動？不管尾巴傳達哪種訊息，沒有一隻驕傲的孔雀膽敢拋之腦後。

激烈的競爭可吸引交配對象，也可擊退對手，同時讓演化轉向。每年交配季節時，公鹿會不停頂撞打架，直到鹿角不如對手的一方敗陣落跑，讓贏家取得當種馬的權利。在公鹿的年度鬥角大賽中，鹿角又大又堅固的一方擁有優勢，一方面是受攻擊時較不會受傷斷裂，一方面是可將鹿角叉入對手頭頂上，輕易將對方扳倒。慢慢地，公鹿美麗的頭飾會越來越高，有時也會高掛到獵人家的壁爐架上。相反的，許多種公蜘蛛相較於母蜘蛛都很小號。魁梧的母蜘蛛確實有此需要，因爲得負責抓獵物、吐絲和下蛋。至於公蜘蛛只求速度快，要趕在其它八隻腳的精子機之前，搶先上壘成功。只是如果女方想要完事後吃頓點心，男方輕巧的身材恐怕沒有招架的餘地。愛，總是會受傷。

沙利坦（William Saletan）曾經觀察網路雜誌「石板」（*Slate*）後指出，演化論的懷疑者也可像生物體一樣分門別類。其開宗祖師是直硬派的創造論者，他們完全按照創世記的故事，相信地球只有六千歲，而且堅持所有的物種都是由上帝創造，包括人類，以及《綠野仙蹤》裏的桃樂絲和小狗。創造論者堅持，沒有達爾文主義、沒有天擇、沒有始祖馬與恐馬、沒有挑剔得可笑的母孔雀、沒有二疊紀。總歸一句話，沒有演化。

強硬派創造論者的基本教義已盤據山頭數十年，曾激盪出一九二五年著名的史科普斯（Scopes）猴子審判案，至今未有滅絕的跡象。近幾年來，聖經教義派已經設法說服美國公園服務處，在大峽谷國家公園禮品店販賣他們的書籍《大峽谷：一個不同的觀點》（*Grand Canyon: A Different View*），在美麗的落日照片旁，闡述大峽谷是諾亞的大洪水造成的。阿肯色州的幽麗佳溫泉市興建了一座全新豪華的地球歷史博物館，非常講究地擺上暴龍、奇異龍和其它恐龍的化石，但是這些栩栩如生的化石卻和亞當、夏娃並列，並將恐龍的滅絕歸咎於那無所不能解釋的大洪水。

然而，地球年代久遠以及物種歷來演化的證據可謂排山倒海，懷疑論者面對這些壓力後又再演變分派。嚴格的創造論者衍生出新物種，嘗試用天擇論來反攻達爾文的演化論，其中最聲名狼藉的或許是「智慧設計論」（intelligent design, ID）。雖然「智慧」原指設計萬物的上帝，但是若不怕引起口水戰的話，也可說「智慧」是指自己這一邊。

創造論者大抵拒絕演化論的說法，包括物種何時出現，以及如何了解急速變化的生物多樣性。創造論者若看到博物館將恐龍與長毛象擺在一起，會覺得沒有什麼不可相信的，因爲他們更不相信將兩種動物分開至少六千萬年的化石紀錄。而六千萬年這個數字，更是他們估計地球年齡的一萬倍哩！

另一方面，智慧設計論的倡導者相當樂意接受地球已有四十五億歲的地質學證據，也認同生物歷史可回溯數十億年的主流觀點。他們對於人類從猿類祖先而來的主張沒有爭論，也接受生物具有演變的能力並可產生新物種的說法。一些ＩＤ派的重量級人物是科學家，其中倡導最力的是貝希（Michael J. Behe），他是賓州伯利恆理海大學的生物學教授。貝希曾在《紐約時報》的讀者投書中寫道：「智慧設計倡導者並不懷疑演化發生過。」

ＩＤ意識型態者與主流科學家不同之處在於，他們對生命最小組成單位的起源看法不同，包括細胞以及維持細胞運轉的酵素與蛋白質「機器」。貝希與支持者認爲，細胞和內部的微電路設計幾乎太完美了而無法置信。他們說，許多蛋白質合成物對於生命是必要的，必須所有成分都具備並運作才行。萬一某個分子不行了，或是其中一個彈簧鬆脫了，那麼整個結構將會潰散。換句話說，當看進身體裏面，穿透那濕軟黏糊的器官底下，直到身體基本的組成單位時，會開始遇到難以置信的優雅美麗，他們稱作「無法化約之複雜」。ＩＤ派指說，蛋白質的聯合演出不可能是透過隨機突變和修正既存結構而逐漸產生的，細胞分子的組成分子太相互依賴、太謹愼安排，所以不可能是達爾文平凡的天擇產物。天擇需要中間階段，爲演化的結構帶來新優勢，例如，當一隻青蛙看起來有一點點像一片葉子，會比另外一隻普通的青蛙稍微具有一點點優勢，所以像一片葉子的僞裝便是階段性演化；一隻棲樹的哺乳動物，若前肢的皮膚稍微擴張，在樹枝上跳躍時能夠獲得一點浮力，有助於脫逃獵食，因此可以想像當三頭肌逐漸擴張後，最後產生了有翅膀的蝙蝠。但是ＩＤ派堅持，在化學層面上這些組合必須同時具備併進，否則整個系統無法運作。他們說，天擇不會運作在複雜又相互依賴的組合上，若是產品的草圖未過關，根本完全不會被選擇。

爲說明生命基本的小裝置具有無法化約之複雜，ＩＤ派人士最常舉的例子包括：幫助草履蟲和細菌在水中推進的纖毛；將訊號從眼睛傳達到腦部的蛋白質雛菊鏈線路；複雜的凝血機制，可避免我們被信封邊緣割到後血流不止。在每種情況裏，許多蛋白質精誠團結，成爲一個不可分割的國家。構成草履蟲纖毛的蛋白質約有六十個，若是破壞任何一個，那麼纖毛不是擺動得更慢又更弱，而是完全不會擺動，讓草履蟲哪裏也去不成。若是早上刮鬍子太笨拙而流血時，趕來援救的凝血反應是由十種獨特的蛋白質「因子」緊串而成。若是任何一個因子因爲遺傳性基因突變而遭解甲，那麼將會患上血友病，即使是最小的傷口也會致死。貝希想知道，像凝血反應這麼複雜、對生存又如此必要的東西，怎麼可能是透過笨拙又虛矯的達爾文機制演化而成？若是像堆樂高積木一塊一塊逐漸堆起來，只要有一步發生缺失，整個東西就垮了。

貝希表示，如果細胞的基本組件與生物化學具有無法化約之複雜，如果它們無法解釋成是傳統演化力量的成果，如果它們是不朽天才（如具無限科學創新巧思的達文西）的超迷你創作……，爲什麼要排除這些可能性呢？爲什麼不留下空間，讓智慧設計者對生命根本做出貢獻？如果一般科學無法解釋爲何看到光線令人感動無比，卻不肯正視是否存在另類的觀點與更深沈的眞理，寧願錯失機會了解到並非所有事情都有理所當然的解釋，這種逃避心態又算是多麼科學呢？貝希說：「當代智慧設計論的論點都是以實際證據和邏輯應用爲基礎，由於缺乏有力的反論，我們有理由相信智慧設計眞的參與了生命。」

ＩＤ派人士很小心不說出何謂「設計者」，也不說是他／她、祂，或是在德拉瓦州某個不知名的公司。貝希寫道：「智慧設計論本身並未涉及創造者的宗教性。」對於許多科學家而言，這項否認聽起來很不老實。貝希並非眞的訴求科學家更客觀公正、態度更開放，或是更深入嚴謹地探究生命的分子基礎，構思更具想像力的實驗，加倍努力設計出完美的控制方法。設計學院要傳達的基本訊息是：大家，對不起！到此爲止，沒有什麼可以研究了。他們認爲，在分子與細胞的生物學上，人類已經到達科學的極限，已經走到無法化約之複雜的臨界點。如果你不能讓一個複雜的物體變成更簡單、更易處理的部分，那就什麼也不能做了，不是嗎？科學需要某種程度的化約，能將東西拆開，每次只注意一、兩個變數。但是如果天擇論無法將凝血反應一點點組裝起來，科學有什麼希望一步步追蹤到源頭呢？

分子科學家們不願意舉手回應：「喔，太複雜了！我從未見過如此無法化約的複雜之事！我們何不將實驗筆記丟進鍋子中，召喚『超自然干涉』，然後盡情享用法士達和啤酒？」科學家的競爭激烈無比，根本不會認爲沒什麼可以研究了，況且現在明顯還有許多研究尚待開發。他們也指出，智慧設計論者主張特定分子組合和蛋白質串連太過複雜而無法化約，同時又抗拒達爾文派的分析方法，但其實只要經過適當的努力，便可將這些東西拆開成可處理的子單位，而這些組成分子可解釋爲天擇的產物。在《發現達爾文的上帝：以科學尋找上帝和演化之間的基本共識》（*Finding Darwin's God: A Scientist's Search for Common Ground Between God and Evolution*）中，羅德島布朗大學的生物學教授米勒（Kenneth Miller），逐一解構了ＩＤ派最常列舉「無法化約之複雜」的例證，其中最生動的便是他對凝血之舞的解析。米勒說明凝血作用按部就班的反應，當身體表面有外傷時，會刺激一系列的酵素或因子在血液中流動，這些因子都有羅馬數字標示，如因子Ⅷ、因子Ⅸ，因子Ｘ，每個因子的啓動都取決於前面所有的羅馬士兵們都被喚醒了，並且在每個反應關卡上，生化信號的力量都上衝百萬倍，最後因子Ｘ吹起床號喚醒凝血酵素，並且剪掉纖維蛋白原旁邊小小的保護鏈，以便製造蛋白質的黏性。這些新的纖維蛋白原黏膠很快凝結成球，於是血液凝結出現了。

米勒承認這個作戰方案相當複雜，等於是一部「荒謬拼湊的機器」，而且「如果取走這個系統的任何部分，我們會有麻煩」。醫學遺傳學家已經找出每一種凝血因子突變造成的病症，每一種都相當嚴重。米勒寫道：「凝血作用毫無疑問是一項必要的功能，不容發生問題。但這表示這不是演化出來的嗎？當然不！」

米勒解釋，已知仰賴蛋白質連鎖反應產生凝結作用的動物是脊椎動物，包括哺乳動物、鳥類、爬蟲動物、兩棲動物和魚類，還包括一些節肢動物，特別是有大硬殼的物種，如龍蝦和螃蟹。但這不表示如果一條蟲或海星的血管被切斷了，就只有流血等死的份了。沒有凝血蛋白質的生物，會仰賴血液中「黏黏的」白血球來補救。當受傷時，黏黏的白血球會附著在暴露於皮膚表面外的蛋白質，如膠原蛋白，在幾分鐘的時間內，傷口處會聚集足夠的白血球當瓶塞，避免進一步失血。相形於人類凝血蛋白質運作的快速和優雅，這種黏性OK繃原始又緩慢，也只適用於血壓相當低的生物，恰好符合大多數無脊椎動物的情況。不過，米勒強調：「正是這種『不完美與簡單』的系統，讓達爾文視爲是演化的起點。」

爲避免有人甚至認爲無脊椎動物簡單的系統太過複雜，而無法歸因於演化力量，米勒又進一步說明。那些白血球除了凝結作用外，還承擔多種用途，包括運送營養。想像血管出現一個漏洞，再想像少數白血球發生突變，當暴露到破皮處粗糙的纖維基質時會變得有黏性，「在白血球中……任何的改變，讓它們對於組織蛋白質的外基質產生黏性，即使只有一點點，」米勒寫道：「都會受到天擇偏愛，因爲可幫助封閉漏洞。」換句話說，遠古的蟲子或海膽發生突變，碰巧讓一些白血球具有快乾膠的魔力，幫助流血者蛻變成未來的播種者，所以這種突變被選中並散布到物種中，凝血系統的根苗於是誕生了。

我們脊椎動物的凝結機制仰賴的是血蛋白質，而不是靠整個細胞製造凝結，但是同樣的邏輯也適用。讓血液變濃的蛋白質因子，與在胰臟和其它器官發現的蛋白質非常相似，後者與凝血作用無關，可修剪接合各種生化信號，但是這種修剪接合的縫線技術，正是危機時將血液縫合避免流失過多所需要的。從外在看來，人類的凝血蛋白質是從先前作用較一般的酵素徵召而來，帶有這類蛋白質密碼的基因複製，加入陣營。慢慢地，這些稱爲血清蛋白酶的處理器投入血液凝結的工作，它們強化反射機制，加強內部信號網絡，強制彼此成爲共生者，大家命運相繫、力量與共。今天，凝血作用很像職棒比賽，正如洋基隊不能只有八人比賽，因此只要失去一個凝結因子便會威脅生命，從比賽淘汰出局。現在，凝血網絡的互相依賴正好可解釋其迅速與活力，但這不代表它一向如此，或未來只能如此。米勒寫道：「血液凝結不是零和現象，就像任何複雜的系統一樣，從血液和組織等基本材料便可開始演化，縱使不完美又很簡單。」所以，海膽可以利用簡單的白血球生存，兩個小孩用一顆球便可以在公園玩投擲遊戲了。

我們不知道生命如何開始：不知道是否基於地球化學和太陽的慷慨，生命出現在物理上是不可避免的；也不知道是否受精神鼓勵而出現生命，如神的愛憐，或是宇宙渴望了解自己的好奇心。我們不知道第一種生命型態看起來像什麼，或者有何行爲表現。它們可能是核糖核酸RNA或蛋白質，或至今未被發現或認識的分子。我們不知道在四十五億年前地球形成之後，生命究竟何時首度出現，可能在很早的時候就發生了。一九五〇年代，芝加哥大學的尤瑞（Harold Urey）和米勒（Stanley Miller）揚名國際，便是在實驗室中模擬重建地球最初的情況時，設法產生胺基酸（蛋白質建材）。有一次人們請米勒猜測生命要花多少時間開始，他回答：「十年可能太短，一百年可能也太短，但是一萬或十萬年似乎剛好。若是一百萬年內都做不到，那麼可能永遠都成功不了。」然而，這裏用的動詞是「猜測」，早期生命的化石證據是可悲的大裂縫。不管首先設法複製自己的母體分子有何種生化特質，但一定沒有堅硬的部分，所以沒能沈積留檔。即使自我複製的化學物質成功將自己與周遭環境有所區隔，能夠用有彈性、薄薄的外膜畫出「我－非我」的分界，宣布自己是貨眞價實的細胞，生命仍然太年輕，未曾想到爲明日留下交代。

不管生命如何開始，有一件事很清楚。生命如此熱愛生活，從開始後便不曾片刻停歇。從第一個細胞出現後數十億年來，藏有密碼的泡泡生出更多泡泡，讓生命不斷延續下去。生命的密碼是刻印在DNA和RNA核酸片段的文字，也是通行宇宙的密碼。每一種生物都擁有一段密碼，包括寄生、伴生，意圖不軌的病毒也擁有一段密碼。唯有透過核酸的音素，才能大聲說我活著。若是生命不只出現過一次，若生命的起源是複系並非單系，我們將會見到多重密碼，可選擇作爲生命存續的生化指令。然而事實並非如此，海底生物（海平面八千呎以下）靠著深海熱泉噴出滾燙的熱氣取暖，牠們的細胞也擁有DNA。困在極地冰山中超過百萬年的細菌，也有DNA。物種誕生、繁殖、分化，然後死亡，但是DNA存活下來，如果不在寒武紀多刺的怪誕蟲(Hallucigenia)中（牠具有七組堅硬的觸肢，可當海底的清掃夫），那麼在泥盆紀中掠食性的雙翼肺魚也可看到；如果不在三葉蟲中，那麼在翼龍上也可以看到；如果不在古代巨鳥中，那麼在卡羅（《愛麗絲夢遊仙境》的作者）的身上也可看到。生命線史是由大滅絕和小滅絕分段，被消滅與撐過來的比率超過九比一。不管如何，DNA不斷重複自己，在某處翻觔斗，在某些細胞中倒立，而且永不乾涸。

布洛貝爾（Gunter Blobel）是洛克菲勒大學的細胞生物學家，這位擅長五行民謠的諾貝爾獎得主說，他看到在生命永恆不輟的詩歌中散發平實動人的光彩。他說：「認眞看來，我們不是二十、三十或四十歲，而是三十五億歲。有些人可能會說，我們從猴子演化來的想法好恐怖喔。好吧，情況或許更糟（或者更好，端看你如何看待），我們是在三十五億年前從細胞演化而來的！」

「這條綿延不絕的生命線可以追溯到第一個細胞出現時，縱使我們都死了以後，這條線仍會綿延不斷。」他說：「這是連續的生命和連續的細胞分裂，我們都在延續這份連續而已，生生不息是生命之歌的眞髓。」

布洛貝爾說，如果想要看到眞實的自己，或者是祖先或後代，忘記鏡子吧，不妨打開細胞一探究竟。

7 分子生物學

細胞和口哨

每天晚上睡覺前，我會先來場口腔大作戰。首先我用三種不同的牙線產品：一般光滑的牙線用來清理大部分牙齒，超細的牙籤式牙線用來清理後層較難搆到的牙齒，最後是用軟硬兼具、奇怪組合的「超級牙線」，清理牙冠與牙橋下面。然後我用號稱可以去除牙斑、按摩牙齦、造型又很性感的電動牙刷刷上兩分鐘，若是我決定用空出來的手摺衣服的話，刷牙的時間會更久。再來我大方用李斯德林漱口水，在臉頰裏左右上下轉動，直到嘴巴和牙齦徹底火辣沖遍後才吐掉。

每當我心情不好或是懶惰作祟時，會想也許今晚就跳過一、兩個步驟吧。但是我會提醒自己在十歲那個恐怖的日子裏，牙醫告訴我有二十二個新蛀牙，所以接下來半年的每個星期六，他毛茸茸的手都要伸進我的嘴巴裏治療……，或者是我會提醒自己最近到牙科照X光時，赫然發現我竟然有九顆牙齒經過根管治療！或者我想起從普林斯頓大學微生物學家貝斯勒那兒，聽到有關蛀牙的故事。

她說我或許知道蛀牙是由細菌引起的，但是可能不了解細菌有多麼複雜、聰明和無情。雖然我的牙齒有悲慘的歷史，但是造成蛀牙的小惡魔們，很難有足夠的時間穿透保護牙齒的琺瑯質，再鑽進底下享用軟組織。首先，嘴會不停分泌大量唾液，唾液是身體的防衛系統，具有溫和殺菌的功能，可將細菌掃到胃裏消化。再者，琺瑯質是身體中最硬的物質，比骨頭還要硬，比露營時沒時間剪掉的腳趾甲更硬。人體死後，琺瑯質可保住大部分牙齒，因此牙齒擁有豐富的化石遺跡，美國自然歷史博物館的諾維克（Michael Novacek）還開玩笑說，這可能會讓人誤會地球上的生命史，是由牙齒交配生下牙齒所構成。

那口腔裏的細菌到底如何攻陷牙齒的琺瑯質，讓我們從小便開始蛀牙呢？首先，我們吃不好的食物助紂爲虐，例如嚼含糖口香糖，或是偷吃奶奶從福特政府時代就留下來的玻璃紙包糖果。糖果不僅會吸引細菌，還會幫助細菌黏在牙齒上面，開始對個人進行珍珠港攻擊。這裏用軍事比喻很恰當，因爲全面攻擊時會出動轟炸機、直升機、坦克車、海蜂號和突擊隊，而攻擊牙齒時共有六百種細菌大軍會參與。這裏不是說六百「個」細菌，而是六百「種」細菌（有些微生物學家說「株」），每種細菌擁有不同的遺傳基因，貝斯勒比喻說：「好比火星人與地球人的不同」。在數百種細菌中，共有數十萬或數百萬個細菌合力鑿穿牙齒。貝斯勒指出，某種細菌可能會代謝牙齒上殘餘的糖分，有些可能擅長黏附在琺瑯質上，有的可能會釋放酸性化學物質磨蝕琺瑯質。肉眼看不到這些嘰哩呱啦的小惡魔，因爲細菌細胞大都小得不可思議，約是人體細胞的一丁點而已，記得針頭可以裝滿三百萬個細菌吧！但是我們可以感覺口腔細菌的存在，那就是牙菌斑。牙菌斑有如俄國巫師拉斯普丁（Rasputin），或隔壁詹森先生家的貓，不管你做什麼事，牙菌斑總是會回來。「當然晚上可以刷牙，但是細菌到早晨時又會再回來。」貝斯勒指出：「不管甘不甘願，細菌一定會回來，每次都以壯大的軍容重返戰場。」

所以我每天都得反擊一次，讓牙線、牙刷與漱口水全派上用場。我認識敵人、知道敵人的存在，卻無法擊敗敵人，只好有系統地將牙齒受到的衝擊降到最低，至少對牙醫有個交代。

我們不能讓口腔與手臉全部變成無菌狀態，不管一個星期用掉多少瓶浦樂爾（Purell）乾洗手都辦不到。我們全身布滿細菌，皮膚上也許有五億個由數千種不同菌株組成的細菌覆蓋，身體潮濕的洞孔還有數十億的細菌快樂生活著，包括嘴巴、鼻子、耳朵、陰道、尿道、肛門和腸子等。我們呼吸時會不自覺吸入空氣中的細菌，絕大多數都沒有害處，不會到肺部殖民而讓人生病。走路時則會迎向一層細菌薄紗，有如對中央公園的克利斯多門（Christo Gates）打招呼，只是顏色沒那麼橘黃。用食指擦過這一頁，然後吹一口氣，百萬個微生物會乘風而起。我們像蓋瑞・拉森（Gary Larson）卡通裏的巨人，與細菌迎面撞上卻毫不為意，只有想殺死細菌時才會留意，如除去牙菌斑、鏈球菌，以及支氣管炎裏嘶嘶叫的搗蛋鬼。然而大多數的細菌是良性的，沒打算從我們身上撈到什麼好處，而且有許多細菌用處很大，甚至對人類的生存是必要的。這些細菌為人類提供食物，連煮飯、清掃也一把罩，因為植物根部的細菌會將氮「固定」成合適的型態，以幫助植物生長，而植物又為我們獻上所有的食物，包括麵包、生菜、番茄和烤牛肉。吃進食物後，腸道裏面的細菌會幫忙消化，例如小腸裏面每一百個細胞中約有九十九個是細菌，在我們溫暖的管線系統裏面孳長，會幫忙合成維他命作為回報，同時萃取食物中的必要營養素，以免全部被沖進馬桶。

無論我們到何處，細菌都如影隨形，勤奮做著這世界骯髒的工作。挖出一公克肥沃的土壤，可以看到數千種不同的細菌，其中許多都是資源回收工，將廢物和屍體分解，然後讓這些東西迎接新生命。像白蟻是熱帶雨林的一線管理員，會啃咬死亡腐朽的樹木，然後將大多數財富回歸林地。白蟻好比是長嘴巴的培養皿，肚子裏是高密度的微生物生態系統，裏面有數百種微生物株，細菌讓白蟻獲取木屑的營養，像小木偶的老木匠一樣，讓死去的木頭有了聲音。

有些細菌會發亮，帶有讓螢火蟲發光一樣的白熾化學物質；而且正如一隻螢火蟲爲愛閃爍，唯有被同類包圍時，這些微生物才會發光發亮。有些細菌則像現代藝術畫家帕洛克（Jackson Pollock），爲黃石公園潑灑出粉紅、藍、綠、琥珀、磚紅色的鈣沈積，每道色彩都是每個細菌家族享用白堊舒芙蕾後留下的簽名。

細菌到處爲家，連水深火熱、暗不見天之處也不放過。細菌住在聖母峰的山巔上和海洋底部，住在兩極的冰帽和沸騰的深海熱泉邊。細菌在地底岩石深處倖存，也在愛河（Love Canal）裏吸進重金屬與漏油，並且游泳健身。還有一種細菌大名叫抗輻射奇異球菌（Deinococcus radiodurans），可以抵抗一千五百倍會殺死人類、十五倍可烤焦蟑螂的輻射爆炸量。

不過，雖然細菌千錘百鍊的能力和活力令人欽佩，但是細菌能夠脫穎而出，背後還有更偉大、更便利、更根本的無敵超人，那便是精通十八般武藝的細胞，是細菌和地球上所有生物建造的依據。細胞當然是地球生命史最好的發明，而且如布洛貝爾所言，自從第一個細胞出現後，細胞便一直存在著，而且不斷分裂製造出更多細胞，用這種方法讓生命綿延不絕。這裏，我用單細胞生物的細菌，來說明細胞生命的特質。每個細菌都是一個生物，本身裏面有維持生命所必需的化學物質、成分和條件，而且細胞盡忠職守極爲成功，打從第一個細胞在三十億年前出現以後，細胞便一直擔任這項任重道遠的工作，從未離開、午餐或度假，也從未逾齡、過時或遭搶。這是了不起的事情，是生物學最深奧的基本原則之一：當第一個細胞組成，能夠自給自足又能服務他人之後，就再也沒回頭，從此世上一直有細胞的存在。在漫長的旅程中，不管是歷經冰河時代、小行星墜毀、火山暴動、大海發飆，或是地球上百分之九十的生命發生大滅絕，地球上時時刻刻都有一絲生命的線頭存在，縱使衣不蔽體，仍然頑強挺立。

地球上所有細胞都是單系起源，是同一個創始細胞的後裔，而不是複系或具有多重起源，這是從遺傳密碼的統一性得知。我們也能從細胞的結構得知這一點，任何細胞都可以，如細菌、玉蜀黍、果蠅或酒吧常客等，不管是哪裏的細胞，都有明確的地理學與共享的一套特徵，說明為何細胞是全世界共通的生命單位，以及為什麼細胞能有傑出的表現。再想想我們討論過的各種細菌，包括住在口腔、腸胃、高山與海底等地的細菌，在某個意義上，這些細菌彼此大異其趣，每株都賦有一套特定的基因，可以運用像苯或汞等奇怪的資源，或者抵抗落腳之地獨特的環境。另一方面，若是將這些細菌的細胞打開，將會看到它們的裏子是一個模樣：相似的化學條件與相似的酸鹼平衡。同時，細菌細胞的內在環境與人類肝臟或心臟細胞十分類似，也與地球上其它任何生物的任何細胞都相似。這是細胞的力量與美麗，也是現代生物學的核心概念：細胞將自己變成一個避風港，可面對外在世界的艱困與不安。細胞含有可維持境內秩序和安定的所有工具，讓內部保持溫暖潮濕及化學平衡。在這種均衡持穩的環境下，細胞內蛋白質和酵素等重大的勞動力將發揮到極致，讓細胞維持溫和優雅的狀態。沒有東西比細胞更自然了，畢竟自然世界充滿了細胞。同時，細胞也是藝術極品，這輛大禮車內氣溫調控得宜，舒適的座墊並附設私人酒吧，能夠安然度過狂風暴雨的旅程。

細胞是生命的基本單位，也是被視為是有生命的最小物質單位。病毒也具備某些生命特質，尤其很熱中複製自己，並具備突變與演化的能力，然而病毒只不過是基因包裹在蛋白質和糖分子的外套裏，比起最小的細胞（細菌細胞）還要小多了。大多數的科學家即主張，因爲病毒並沒有攝食與排泄等基本生命儀式，再加上完全是依賴宿主細胞的裝備爲自己創造新的病毒粒子，所以病毒不是眞的生命，而是原生（protolife）；病毒企圖模仿生命，但卻只是冒牌貨。科學家將正版的生命證書留給細胞，讓細胞成爲地球上最小的生命包裹，並獻上所有最棒的禮物。

細胞活著、呼吸、攝食、製造廢物，時候到時會複製。細胞可以自給自足，這正是它概念上的美麗和力量。但從更實際、生物力學及專長項目來看，到底什麼是細胞呢？細胞如何工作，精華部分是什麼，爲什麼所有生命都以細胞爲骨架搭建而成？細胞看起來像什麼，爲何堅持小到讓肉眼看不見？首先，我一定要指出不是每個細胞都很小，細胞有三個基本部分：外面有防水的油脂薄膜，稱爲細胞膜，是細胞的邊界，區分自我與他者；第二個部分是大多數工作所在的細胞質；第三個是DNA的藏身處，帶有細胞的基因內容，是通往明日的操作手冊和車票。在所有多細胞生物與不少的單細胞生物中，DNA藏在細胞核當中，這個舒適的空間有一層薄膜，是細胞膜之外的第二層保護。相較上，細菌細胞中的DNA會在細胞質中自由飄蕩。在爲這兩大類基本細胞命名時，我們很自然著眼在DNA是否另有隔間保護做區分，有核心的細胞叫作眞核細胞（eukaryotic cell），eu 的意思是「好」或「眞」，karyote 的意思是「核心」。細菌的細胞和其它缺乏核心的單細胞生物，則被貶低成「無核細胞」（prokaryotic cell），這裏的 pro 不是指贊成或專業的 pro。無核細胞又稱初核細胞（prenuclear cell），在有核心的「好」細胞出現之前，這些壞胚子讓世界忙碌了十億年。細菌偶爾還會出場耍幾招，以專業級的致病性證明自己並非浪得虛名，這些招數包括鼠疫、炭疽熱、梅毒、產褥熱，以及討人厭的蛀牙。

不管有核無核，細胞都須具備上述三種構成要件，而「蛋」在構造上恰好神似細胞。蛋的外面有層薄膜，可食用的蛋黃是黏稠的細胞質，含有母親贈送的半數基因（一套基因）。在與精子提供的另一套基因合併DNA並發展成胚胎前，蛋是一個單細胞，包括煎來吃的雞蛋。是的，信不信由你，在雜貨店買到未受精的雞蛋，是如假包換的單細胞（嚴格來說，是蛋黃加薄膜）。除了蛋黃之外，半透明、會晃動、富含蛋白質的蛋白，再加上外面硬殼的氯化鈣，以及一層光滑的薄膜當襯裏，這些都是當蛋黃從母親的泄殖腔排出來前，一路上附贈的包裝。世界上最大的蛋，也是世界上最大的細胞，由鴕鳥蛋掄冠，約有八乘五吋大，加細胞外殼重三磅，沒有外殼重兩磅（有趣的是，鴕鳥蛋跟母體大小相比是比例最小的鳥蛋，約佔母鴕鳥身體質量的百分之一。母鳥中最值得每個母親同情的是無翼鳥和蜂鳥，產下的蛋約是自己的四分之一大，等於是一個女人生出三十磅重的嬰兒）。

世界上還有其它細胞可用肉眼看到。絕大多數的細菌株都很微小，範圍在百萬分之一公尺，但是有「奈米比亞的硫磺珍珠」之稱的 Thiomargarita namibiensis，卻有一公釐寬，大小約如英文的句點。在所謂的原蟲之中，這種低階的單細胞生物通常肉眼都看不見，如實驗室的常客阿米巴和草履蟲，但除此之外也能找到大隻佬。到目前爲止，發現最大的原蟲是有孔蟲，這種住在海裏的生物約可長到兩吋長。

不過這類微生物細胞是例外，世界上的生物大都是小如塵埃。人類的細胞、大象的細胞、最大動物母藍鯨的細胞，都是極小的，平均只有二千五百分之一吋寬而已。這麼小有什麼好處？我問許多生物學家。爲什麼是細胞？爲什麼要用小到看不見的東西，來建立不知道會長得多大的身體呢？爲什麼我們不是表裏合一，用大塊相同的物質或組織層層打造出來呢？

小則易於控制，約翰霍普金斯大學的娃柏格（Cynthia Wolberger）告訴我。小則容易管理，小則有彈性。因爲細胞與外界有所區隔，雖然無法控制外在世界，但是能夠控制內在事件。而且需要監控的空間越小，則控制也能更緊密有力，且更具動態。

一般公司會一直領會到這層道理：半自治的緊密小團隊天生具有彈性活力。只要公司裏個別單位保持聰明矯健的身手，當大家合力捉拿巨人葛利亞時，便能保有大衛的聰明機智而手到擒來。我們多細胞的生物當然也能長得很大，同時維持生化上的敏捷應變，保護自己免於外在世界的詭譎多變，這一切都歸因於我們是由可管理的小單位建造而成的。

娃柏格說，了解「小」對細胞有何好處，最佳辦法是瞧瞧細胞裏面。這裏要先預告，景象會有一點醜陋。我問娃柏格說，若將細胞吹大到成爲桌面上的東西，將會看起來像什麼。

娃柏格毫不遲疑，輕快地回答說：「看起來會像鼻涕一樣。」

鼻涕？

「是的，細胞非常非常的黏稠。」她說道：「我們有許多實驗在試管中進行，用一杯鹽水和化學緩衝劑便可將細胞的要素隔離出來。我喜歡提醒學生，在眞正活體細胞的情況下，裏面的東西會更加黏稠，更像是鼻涕。」

撇開這個倒胃口的景象不談，細胞還有一本厚厚的命名大全呢！我們或許是七十四兆細胞驕傲的所有人，但是細胞生物學的專門術語，會讓人覺得自己好像是沒有綠卡或地圖的外國人。在突破細胞膜圍成的邊境後，會撞上粗糙內質網，蛋白質便在這一系列的扁囊中製造；接著是與高基氏體相遇，這群扁囊會儲存蛋白質並按照需要進行化學調整；再來還有囊泡、溶體、核糖體、粒線體。還有概括的名詞叫「胞器」，泛指細胞裏面許多小結構，聽起來也太抽象了。

別在意，不要被細胞的黏稠性或誇大的形容嚇到了。細胞的世界真的和我們沒有太大的不同。細胞小歸小，但是行爲表現大都遵照古典牛頓力學，不太受制於量子力學模糊、或然性的規則，像電子從某個軌道消失又突然出現在別的軌道上。即使是最微小的細胞也是有型有款、完全是3D的，雖然細胞變種可能會很像熔岩燈裏的熔滴，但是專門的細胞會有專門、優美的形狀。用顯微鏡觀察，皮膚細胞看起來像是層層堆疊的餐盤，紅血球細胞像是紐約巴利麵包捲，肝臟細胞像是側排一列的鞋盒。身體細胞通常會留在原地，服從組織器官傳來的化學信號，但是底子裏所有細胞會像貓一樣兇猛煩躁。例如，從腎臟、心臟或舌頭取走一些細胞，放在培養皿中餵一點肉湯和正確的營養物，細胞會開始像前寒武紀的海底生物爬行宣示主權。透過顯微鏡看細胞，可以見到它們如何伸出邊緣，如同蝙蝠張開翅膀或者蝠魟伸開魚鰭，爲了找尋更多食物而努力向前行，若是碰到另一個漫遊的細胞則會縮回來。細胞的韌性很強，爲什麼細胞的主人們會覺得自己很虛弱？螞蟻是出名的大力士，能夠背負比自己大上一、二十倍的東西，但是加州理工學院生物工程系的福瑞澤（Scott Fraser）指出，細胞至少比螞蟻更勝一籌。研究人員利用雷射鑷子和塑膠珠子探究細胞彼此如何打訊號，結果培養皿的細胞會用一點細胞膜將珠子圍住，然後把珠子從鑷子拔出來，跟人類用力拔樹根如出一轍。

細胞是生命的單位，它們全力以赴，爲此妝扮與悸動。然而，生命單位中最重要的單位，進行細胞所有吃喝拉撒、運動、生產工作的分子是蛋白質。了解細胞是指了解蛋白質，但是有一點讓許多生物學家一直覺得很挫敗的地方，那就是大眾對蛋白質的觀念很狹窄。梅奧（Stephen Mayo）是加州理工學院生命科學系的教授，他在校園一幢新建築物裏有一間博德中心實驗室，也是少數配有精密安全系統的實驗室，以免裏面動輒十萬美金上下的儀器被偷竊。年輕瘦高與看來乾淨清爽的梅奧，穿著絲光黃斜紋襯衫，袖子卻高高捲起。他的辦公室寬敞明亮又低調奢華，反映出生醫研究這行被認為有莫大的經濟潛能，目前他正在研究設計新的蛋白質，希望日後能與新藥結合。他太太是美國少棒聯盟的義工，有時夫妻倆會一起參加或主辦派對，很容易遇到各行各業的人們。他說：「當他們問我做什麼的時候，我會深呼吸，告訴他們我在大學裏有一個實驗室，我們處理的是蛋白質。然後人們會哦一聲，問說那你是營養師嘍？當人們聽到『蛋白質』時，心裏想到的是漢堡。」他會跟別人解釋，他不是營養師，而是在研發電腦技術來設計新的蛋白質，為醫藥產品發展新生物分子來使用。梅奧說：「但是我知道，他們心裏還一直掛念著漢堡，很好奇待會兒吃下的漢堡有什麼問題嗎？」

當然，漢堡中的蛋白質與梅奧團隊所研究的蛋白質有關聯。當我們吃肉的時候，也正在吃細胞，而細胞充滿蛋白質。當吃花椰菜的時候，也正在吃充滿蛋白質的細胞。我們的身體需要穩定供應食用性蛋白質，以便建造新細胞、修理損壞細胞、補強免疫系統，並且讓身體各部保持活動。漢堡會比水煮花椰菜更容易被聯想到「蛋白質」，那是因為動物的肉是肌肉細胞，蛋白質來源較為豐富，再者這種蛋白質也與人體較接近。因此，要取得必要蛋白質以維持身體健康時，吃動物的肉會比吃桃子更快也更容易，雖然素食人士都可以證明植物王國應有盡有，只要吃東西時多用心，便能從綠色蔬菜獲取全部所需的蛋白質。

不管食用哪種蛋白質，認為蛋白質是沒有生命的無聊東西，其實是呈現出一種令人悲傷、眼光褊狹的態度。胃到底做什麼工作呢？它將遇到的蛋白質撕成小片玩弄，並且像蛋白質化學家所說的讓它們**改變本性**。那就是胃的工作，將一餐攪碎以便處理殘渣部分。讓我們拿牛排來比喻分子吧，蛋白質絕對不只是一堆死肉而已。

那麼到底什麼是蛋白質，在自然的狀態中，在一般的細胞層次上？技術上來說，蛋白質是一串胺基酸，由對生命最攸關的碳、氧、氫、氮等元素聚合組成，會讓每個胺基酸各有一個正電與負電的小把手，這種分子帶有兩種電荷的極化特性，讓胺基酸能組成各式各樣的結構，就像樂高玩具有洞柱，能夠按封面圖案拼成模型吊橋、摩天輪、恐龍等各種奇形怪狀的物體，只要沒散落客廳地板一地的話。細胞可以從無到有合成胺基酸，也可以從食物獲取胺基酸，然後這些化學次單位連接起來，形成新鮮的蛋白質補給鏈。蛋白質的大小差異很大，有數十個胺基酸長的胜肽，也有數千個胺基酸構成的長鏈。但要記住這裏的「大」與「小」只是相對的，即使是最大的蛋白質也許只有芝麻的十萬分之一大小呢！

比蛋白質大小更重要的是形狀，即胺基酸鏈如何在三度空間摺疊捲曲。蛋白質常被形容成是細胞裏的小「機器」，但是這個詞太沈重，容易遮掩它們具有阿爾普（Jean Arp）作品的彎曲與布列克（Breck）女孩的彈性。若是有機會看到蛋白質在桌上打滾，將會發現它們看起來像是一套現代感十足的 Nerf 球，或是用奶油和黏土製成的美勞作品。雖然蛋白質有許多質地，但如果能觸摸到典型的蛋白質，用食指壓住細胞裏的它，上面會感覺黏黏稠稠的，不過也具有相當的韌性。易受擺布的蛋白質並不愚蠢，型態也不固定，因爲不同的型態會有不同的功用。蛋白質的特定形狀、正負電荷沿輪廓分布的方式，讓每個蛋白質得以各司其職。一個細胞的邊境可能有五萬種不同的蛋白質，有些像凹槽，有些像擺出勝利V字的小指頭，有些像纏繞分子的彩帶，有些則是綜合以上或其它形式。大多數的蛋白質有堅硬的部分，也有彈性的部分，這些區域會保持相當的固定，但是受到鄰近分子戳碰的部分則會改變形狀，並隨之改變任務。變變變，蛋白質爲工作而生活，居住的地方很像曼哈頓，一個永不睡覺的忙碌城市，在那裏最重要的是外表和工作。

大忙人蛋白質到底在忙些什麼呢？它們大部分都是酵素，這類蛋白質可刺激或加速細胞裏的化學反應，因爲能夠將分開的成分湊在一起，或者改變其它蛋白質的形狀，促使它們冒險一試而點燃化學反應。酵素獨特的結構是用來搭配細胞裏的一個或少數幾個目標分子，好比說你的行動電話只能插進自己的充電器裏，但是不能用父母、配偶或鄰居的充電插座。一旦酵素搭上目標或基質後，便能實現特有的變形任務。例如，肝臟細胞中有酵素是用來辨識膽固醇環，一旦拴住這些油膩的小圈圈後，會幫忙合成必要的性荷爾蒙，如睪固酮和雌激素。其它肝臟酵素會結合鹽、酸、膽固醇、脂肪和色素，變成黃褐色的膽汁來幫助消化。還有一種乳酸脫氫酶的肝臟酵素可幫人們顧全面子，因爲它會搶先將飲料中的酒精分子分解成較小的非酒精成分，避免喝酒的人會昏倒、嘔吐或胡言亂語一番。

不過朋友們，讓我們能舞動人生的還不僅那些呢！白血球的酵素能夠溶解病毒外殼，胰臟細胞的酵素可幫忙監控多少糖分會讓血液變濃稠，神經細胞的酵素可發出化學訊號流通腦部，讓我們思考、感覺、做事、懊悔等等。

除了作用直接的酵素之外，還有結構蛋白質構成絲狀支持陣列，稱爲細胞骨架（cytoskeleton）。結構蛋白質很像骨頭，帶給細胞形狀和完整性，但也像骷髏一樣，急著手舞足蹈表現一番，讓人覺得好像該藏在衣櫥內比較好。結構蛋白質中最有名的是肌動蛋白，在所有眞核細胞中都可發現，這種用途廣泛的分子不但是細胞的梁桁建材，同時也具備運輸能力，平時可幫助其它細胞蛋白質穿梭移動，或將細胞的廢物運出倒入血液中，或在難度最高的細胞分裂時，讓大家各就定位。在肌肉細胞中，肌動蛋白與另一種結構蛋白質肌凝蛋白合作，在伸縮運動時拉動肌肉細胞，像彎曲二頭肌或將食物推入咽喉，等到彎曲或呑嚥完成後再放鬆肌肉纖維。

因爲結構蛋白質和身體任何五花八門的酵素一樣，都是忙碌又愛管閒事的傢伙，所以有些科學家主張所有的蛋白質都是酵素，是生命改變和驅動的引擎。「酵素」意指「發酵」，和「酵母蛋白質」擁有相同的字源，而希伯來人喝酒說乾杯 L'chaim，也是帶有「酵母」之意，簡單說便是「敬生命」的意思。

於是，細胞與蛋白質、酵素、生命並立。如果可以將細胞打開來看，哈佛大學的生物學家梅尼迪斯（Tom Maniatis）說，看起來會像是蟻丘或蜂窩，但卻是快轉的速度：「裏面忙瘋了，四面八方都有東西在移動，分子以閃電的速度運來運去。」也可以想像細胞的大門有許多東西進進出出，巨大的吸力倏地讓東西消失在濃濁的空氣裏。包住細胞與核心的細胞膜有許多孔洞與通道開開又關關，讓分子進入又讓分子離開；細胞質裏到處都有囊泡，沿著肌動蛋白的軌道分布，在接近分子時用囚衣套住，將它們押解到新地方，然後吐出來。還有高基氏體的小囊稱爲溶體，等於是細胞的胃袋，裏面含有冒泡的酸液，會將吸入的細胞廢物溶解破壞掉。在這個高速運轉的蜂窩裏、在這個來不及喘息的工作室中，許多蛋白質運動員結伴而行，可能是三個或六個球根狀蛋白質化合物，或是十二位酵素天才因結構互補而鎖定，有如鎖鑰般或正負電般快樂結合。直到不久以前，生物學家習慣將蛋白質想成是孤立運作，有如不好相處的個人主義者，在細胞裏單打獨鬥或一意孤行。然而，近幾年有項重大的發現，原來大多數蛋白質是以團隊方式運作，而團體較個體可能具有根本的特性差異。多蛋白聯盟具有流動性與替補性，蛋白質可能暫時加入某個聯盟，然後在數秒、數分鐘或數天後，加入另一個選舉人團，並執行不同的酵素命令。蛋白質的俱樂部特性，在創造蛋白質與締造共和國等家族事業上最爲明顯。

梅尼迪斯說，若是能掀開眞核細胞的頭頂，將會看到忙碌與騷動。現在該是走入細胞核的大門，面對那熙攘喧嘩的大廳了。

在細胞核中，ＤＮＡ分子是赫赫有名的大人物，自然擁有不少稱號。ＤＮＡ是我們的基因，一半來自母親，一半來自父親；也可以胡亂怪罪它，造成我們一口爛牙，或是讓人洗衣服時分不清顏色。ＤＮＡ是我們的染色體，是寶寶們的染色體，二十三對捲曲的小臘腸像卡通中的基思兔會做特技，在產前羊膜穿刺檢查中可將其隔離染色，篩選是否有問題、缺陷或重複之處。人類的ＤＮＡ也稱爲基因體，是「人類基因體計畫」的主角，這項數十億美元的跨國計畫欲將人類全部的遺傳密碼標示定序，將組成人類ＤＮＡ的三十億個化學字母全部破解出來。ＤＮＡ幾乎已被提升至偶像崇拜的程度，其問題恰好與蛋白質相反。人們認爲蛋白質不過是肉品中的一種成分而已，但無所不在的ＤＮＡ感覺太大、太危險了，恐怕不適合食用。另一方面，人們也常誤會「基因改造食品」指帶有「任何」基因的食物，有些餐館老闆爲宣傳拒用這類產品，甚至會在菜單上列印雙螺旋畫紅斜線的圖案。

其實，我們吃每一口食物都有ＤＮＡ，縱使是有機認證的食品也不例外，也就是只經過傳統育種、雜交和畜放技術改造基因的食品，保證絕非安插特定基因讓農作物抗霉害與霜害的現代「科學怪食」(Frankenfood)。事實上，即使堅持只吃有機食品，我們每天仍會呑下數十億基因排成的數百萬ＤＮＡ分子，每一次吃牛排大餐慶祝時，會吃下數百萬牛細胞組成的肌肉，那些細胞充滿蛋白質、肌凝蛋白和肌動蛋白，每個細胞膜和細胞核膜裏面是膽固醇泡泡，每個細胞核裏面有牛的ＤＮＡ，共三十對染色體上都有完整一套牛的基因，構成牛的基因體。每個細胞裏每套牛基因體，都可以像桃麗羊一樣複製出一隻牛，爲「餓到可以吃下一頭牛」這句話增添想像。我們吃馬鈴薯的ＤＮＡ、豆子的基因體、番茄的染色體，而如果不挑食的話，一輩子可吃下數千個物種的生命密碼。基因體不僅是純概念的東西或昂貴的研究計畫，而是充滿身體所有細胞之內，是完整的ＤＮＡ分子副本，由父母孕育我們的那刻所贈與，胎兒發展時，快速增長的細胞在複製時又贈與每個子細胞，成人細胞仍然擁有同套基因體，每次分裂時也會忠實複製一次。唯一沒有ＤＮＡ的細胞是身體內專門運輸氧氣的紅血球，紅血球從骨髓中發展而成，其原始細胞確實有ＤＮＡ，但是在最後的成熟階段準備讓生命呼吸時，也就是要將氧氣從肺部運輸到身體每個細胞時，紅血球吐出核心與ＤＮＡ分子，留下充足的空間讓捕捉氧氣的蛋白質——血紅素足以活動。

這也許是ＤＮＡ故事中最重要的一點：幾乎身體每個細胞都可以找到一個人完整一套的ＤＮＡ分子，裏面有我們所有的基因資料，所有的二十三對染色體，裝滿了長串的基因，以及構成人類基因體的三十億小字母。它或許不是科學家所定位排序出來的**那份**「人類基因體」，因爲這項官方地圖是以少數人的基因樣本爲基礎，包括等待新療法的病人、重要的遺傳研究，以及幾位自知份量的科學家。不過，凡夫俗子卑微的基因體，與美國健康研究院等研究中心所解讀出來的「人類基因體」極爲相似，在基因上，我們人類有百分之九十九點九相同。基因體彼此間的少數差異處造成個體差異，也是人們容易注目與誇大之處。但願我們能看到身體裏面的基因體，然後可體悟到人類骨子裏深沈的共通性。

我們對自身的基因體應該再熟悉不過，因爲它原封不動翻印到身體每個有核細胞裏。我們的肝臟細胞可製造酵素解酒，白血球負責攻擊入侵的微生物，但是細胞核裏都是相同的DNA分子、相同的基因、相同的染色體與相同的基因體。肝臟細胞的DNA，與腎臟或骨頭的DNA不同之處，在於分子如何受到蛋白質同伴的寵愛。

要了解DNA同源性和蛋白質異質性之間的動態學，一定要仔細看DNA巨人在細胞核內如何受盡寵愛。若是將DNA攤開來，會像幼稚園的孩子一般高，但即使是在小小的核心內受到超級壓縮，DNA仍然比一般蛋白質大上數百倍。大歸大，DNA最終是簡單的分子，實際上比周圍的蛋白質簡單許多了。蛋白質是由二十種不同的次單位構成，從這二十種不同的胺基酸挑選、混合與配對，然而DNA只靠四種不同的化學元件組成，這些鹼基構成DNA的骨架，眞是相當驚人。四個鹼基的正式名稱是胞嘧啶、鳥嘌呤、腺嘌呤和胸腺嘧啶，又簡稱爲C、G、A、T。每個鹼基都很獨特，但都是很簡單地以氮環和碳環構成，並形成糖和磷酸分子的螺旋狀骨架。氮環和碳環從骨架向外伸張尋找同伴，DNA既然是雙螺旋結構，表示是由帶有鹼基的兩股磷酸骨架組成，一股上的C、G、A、T會與另一股上的鹼基配對，氫鍵輕輕拉著讓兩方面對面。但是兩股鹼基並非隨意配對，A總是與T搭配，G一定和C配對。這種互補配對剛剛好，可讓DNA分子安定下來，並維持結構的完整性。腺嘌呤和鳥嘌呤都是較大的鹼基，胸腺嘧啶和胞嘧啶則較小。強壯配嬌小，得到漂亮挺拔的組合，不是很甜蜜嗎？高大者是男生，嬌小者是女生，或許可以招呼這些互補的鹼基對，雙雙對對走向諾亞方舟的甲板上。

因此，DNA成爲雙面分子，兩條螺旋化學鏈以寬鬆自如的互補方式情定終生，每邊都有三十億個鹼基，排列出各種組合，所以有充足的CAT、TAG、ACT、TATA，還有落落長的T、A或GC不斷重複，直到你要GAG（窒息）。另一股也有互補的三十億個鹼基列隊相迎，若一邊有CAT，另一邊便有GTA守候。人類基因體計畫的目標，是確定人類DNA中全部約三十億組鹼基對的正確化學序列，這項工作眞的很繁瑣又沈悶，因爲基因體大都重複到嚇人，又單調枯燥，彷彿是身體裏面一大塊無意義的荒地。講明白點，人類基因體大都由「垃圾DNA」組成，這些塡充的鹼基似乎跟DNA的首要任務沒啥關係，也就是編寫製造新蛋白質和新DNA鏈的規則密碼。我們仍然不知道這些垃圾是否眞的是垃圾，霸佔DNA懷裏不肯離去，但因爲沒什麼害處，所以細胞也沒有淸除的壓力。或許，這些垃圾其實身居要角，會幫助DNA正確彎曲，或可爲未來演化布局做先鋒，只是我們並不知道。在三十億鹼基對中，目前了解的只有極少的百分之五到百分之十，投入高壓的蛋白質生技產業。換句話說，只有百分之十的DNA是我們說的基因。

那麼，散布在三十億鹼基對中的三億鹼基對，這些蘊藏基因體奧祕的「基因」究竟是什麼東西呢？這些關鍵的化學序列是身體蛋白質的密碼、食譜、公式與詩歌。最簡單來說，基因是蛋白質的食譜，以DNA的文字編寫，以A、C、T、G排列。密碼是三個一組，三個鹼基代表一種胺基酸，如果某段DNA說CAT，便是組胺酸的密碼，若是GTT，表示這裏想要纈胺酸⑦。另外也有標點，代表「蛋白質食譜從這裏開始」，若是＃＃＃則代表食譜結束了。其它的密碼彷彿是樂譜上跳動的音符，說這裏用力擠，要製造更多蛋白質，或是那裏輕輕踩，製造一些蛋白質就夠了。

但是蛋白質的樂譜並非是直線進行，基因的不同部分、食譜中的不同步驟，可能寫在巨大DNA分子的不同部分，只有在蛋白質塑造的那刻順勢「讀取」。到處充滿垃圾和囈語，不僅在基因之間，也包括基因裏面⑧。科學家或許已經拼出人類基因體，但是序列不過是略具雛形的開始，是揭開序幕的ACT，仍然有許多尚待從基因體的史詩中發掘。我們甚至不確定人類DNA中有多少基因，每一次仔細檢視密碼後，總數便會下降，像一九九○年代後期一般接受的數字是人類

⑦　DNA三個成一組的組合有六十四種可能性，超過二十種標準胺基酸的編碼需求，因此胺基酸大都由幾種不同的組合而成。精胺酸、白胺酸和絲胺酸都有最多的六種組合，而可憐的色胺酸和蛋胺酸只有用到一種組合，所以色胺酸在蛋白質社區中較少見並不令人驚訝。然而，色胺酸對於健康和快樂卻很重要，因為人體利用色胺酸可製造出血清素，這種腦部常見的化學成分是百憂解等藥物試圖提高的物質。

⑧　細菌和其它原核生物中的DNA並非如此，這些生物分裂得更早又更頻繁，所以無法攜帶其它雜七雜八的基因物質，細菌的基因體通常比人類更為簡潔乾淨。

基因大約有十萬個，到千禧年時減到八萬個，幾年後再大砍一半，最新的總數是介於兩萬到兩萬五之間。

不過，身體所擁有的蛋白質遠遠超過兩萬五千種，有些估計指出，人體細胞中可能有二十萬種蛋白質在運作。顯然，昔日風行的「一基因一蛋白質」法則已不再成立。相反的，基因像「下雨天留我不留」這類句子，當改變標點符號或斷句時，會大大影響意義。蛋白質有如目光銳利的領班，可用許多方法閱讀體內的基因，感覺細胞是否需要新的蛋白質，在結構上也能插住DNA分子，發動製造蛋白質的機器。

假設你是一個胰臟細胞，很不幸搭上一個不理性的生物，她不斷將手伸進阿嬤的糖果罐，馬上第九個牙根就要遭殃了。不到一分鐘，她已吞下三顆牛奶糖，血液中的葡萄糖立刻竄高，需要新鮮的胰島素刺激肝臟和肌肉細胞，吸取過多的血糖。胰島素是細胞間打信號的蛋白質，所以又稱荷爾蒙，胰臟則是特定的胰島素來源，而你身爲胰臟社區的一名成員，又不能隨便嚷嚷說糖尿病來了，而是應該要製造胰島素。到底該怎麼做呢？幸好，你是一個細胞，擁有傳承三十億年的演化經驗，原本就知道我們這些智人還不太明白的事情。你熟知每個步驟，可以將細胞外面世界的訊號忠實地傳輸到內在深處，並且將訊號變成新的蛋白質。

當血糖分子開始上衝並搖動細胞膜時，胰臟細胞會感覺需要上場服務了。這個遇險信號由會變形的蛋白質騎兵隊，在細胞質內快速傳遞。好比一部溫馨感人的好萊塢電影，有個孩子寫一封請願信給美國總統，觀眾看到這封信從地方郵局轉到郵政總局，一路送到白宮裏甚受倚重的祕書處，從助理傳助理、再送到總統外圍的顧問團，每個階段累積一點刺激感，直到最後決定應該將這一封信給總統看嗎?哦,是的,總統一定要立刻看到這封信!顧問們衝進形狀剛好像細胞的橢圓辦公室要見總統,而總統一如往常身邊包圍各方人馬,包括保鑣、立法者、遊說人士、顯要人士、一般人士、總統的隨身醫師、總統的占星家/體能訓練師/美髮師,還有內布拉斯加州的陶頓(Ed Tatum),他正好晃進來找廁所。不管旁邊擠滿人,傳信的人不需要總統全心注意,他們和別人一樣,只需要一點點注意,便能開枝散葉、著手辦事。

細胞核中央的DNA是一團密密的核酸鏈毛線球,外面罩著蛋白質,纏繞、纏繞、超纏繞。只有當細胞面臨分裂之際(高轉換率的皮膚和血球細胞發生細胞分裂的頻率頗高,而像腦部一樣很穩定的組織則很少發生),DNA才會分開成爲看得見的染色體,否則所有基因體的染色體會融合一體。除了超纏繞之外,平常未分裂細胞中(如上述情節中的胰臟細胞)的DNA,當然是雙螺旋結構。在這種螺旋梯的結構中,一邊的鹼基會與另一邊互補的鹼基配對,結果在化學上非常穩定。DNA分子相對的穩定性,說明了爲何在極爲少數的情況下,我們可以採到DNA樣本,如困在琥珀中的昆蟲,也可以解釋爲何電影《侏羅紀公園》的前提假設:或許可以從化石中找到殘餘基因,讓恐龍重新活過來,其實不算牽強得可怕。

然而,穩定和功用是兩回事。正如一本書得打開才能閱讀,因此一定得解開雙螺旋中說明書的部分才能了解。於是在這個胰臟細胞中,會有蛋白質知道在巨大、纏繞的DNA家中,該往哪裏才可以找到食譜,再按步驟製造出更多的胰島素。我們還不十分清楚蛋白質如何在三十億組鹼基對裏大海撈針,但它們一定都知道,因爲胰臟每天都會製造胰島素嘛!所以必定有辨識蛋白質,可以靈敏嗅出胰島素密碼。當蛋白質或蛋白質團隊附著到DNA上的正確位置後,會輕輕解開這段區域，然後將兩股雙螺旋分開，露出兩排鹼基對，有如嘴巴張開上下兩排牙齒相對。此刻其它的蛋白質能夠從顯露的密碼中擷取所需知識，以便製造新的胰島素蛋白質。當然，你不會想帶著這項珍貴的原始文件閒逛，如同你不會想將獨立宣言的原本借給五年級學生獻寶，或是隨便呈給眾議院道德規範委員會的委員觀賞。若是這些解開的雙螺旋DNA暴露出來工作太久或太劇烈，將會讓分子承受引發畸變的風險，這種結構上的缺陷在日後可能產生一些問題，例如癌症。這項工作的第一道程序，是轉錄蛋白質製造一份可用的胰島素基因化學副本，即基因的RNA訊息（科學家稱信差RNA）。這些RNA沿著分開的DNA纖維擺動，以觸覺進行閱讀，有如盲人使用點字法閱讀。它們在細胞內到處收集多出來的鹼基，將RNA訊息串起來，看起來很像原來的基因，只有一個小小的例外：在DNA密碼中原本爲胸腺嘧啶的地方，轉錄員會在訊息中放進化學成分非常接近的尿嘧啶。幹得好！一份漂亮的草稿！但是當這些訊息值得出版成爲蛋白質之前，一定要經過編輯蛋白質的校對，熟練地刪除轉錄本中所有的填充密碼，將有意義的段落接起來成爲可用的胰島素配方。

接著，清理過的訊息送到細胞的核糖體，這是由蛋白質與RNA組合成的球狀體，會合成所有全新的蛋白質商品。核糖體用刷卡式，也就是用觸覺解讀訊息。它們一次掃瞄三個鹼基，因爲每三個便是一種胺基酸的代號，不過在蛋白質製造公會的行話裏，呼喚組胺酸的不是CAT，而是CAU，代表色胺酸的不是TGG，而是UGG。核糖體會讀取必要的胺基酸，細胞是跳蚤市場與後院拍賣會，充滿磚材來建造蛋白質和RNA，以及更多的蛋白質和新的DNA。在打造胰島素時，核糖體需要一百一十個胺基酸，當全部排好成一列時，工匠往後退，讓新的蛋白質離去。

衝啊！受到內在比例與目的所支配，胺基酸的直線鏈自立自強，會彎曲扭動並追逐自己的尾巴，跳起倫巴和卡倫巴，幾乎不用周遭的蛋白質群幫忙，便可變成立體紙雕球。這種戲劇化的變身，從平面的胺基酸轉換成球體的蛋白質，以接近自發的方式，利用組成部分極小的力量，推拉一千次而完成，然而並不代表這是孩子的遊戲。科學家對於蛋白質摺疊的細節仍然感到困惑，雖然他們對於基因的隔離與定序已經相當熟練，同時也排出許多物種的基因序列，包括老鼠、蒼蠅、蛔蟲、狗、馬、黑猩猩與許多致命的病菌。他們手上要是有某個基因的DNA序列，馬上便能說出其蛋白質「產品」將會是哪些胺基酸。然而，研究人員仍然無法從一種基因序列或胺基酸序列，預測出最後摺疊完成的蛋白質看起來會如何，或是某種形狀將具備何種能力。這讓人想起湯瑪斯(Lewis Thomas)有趣的省思，他曾提到如果叫他做肝臟的工作，他將會「完蛋」，寧願接手開丹佛上空四萬呎高的七四七噴射機。他寫道：「如果是我負責，那麼沒有東西能解救我和我的肝臟。因爲老實說，肝臟比我聰明多了。」幸運地，肝臟不用醫生的忠告也會自行工作，新生的胰島素蛋白質不需要領悟或掌聲，便能自動發現虛線並照線摺疊，準備好在酒紅色的海洋中執勤。

它們比我們更聰明！蛋白質合成是多麼複雜可敬，然而細胞做得又快又灑脫。通常，一個RNA訊息會同時被許多核糖體閱讀，每個都送出自己那份蛋白質。在一般的人類細胞中，每秒會製造出約兩千個蛋白質，每個細胞每天大約創造一億七千三百萬個蛋白質寶寶，將這個數字乘以人體全部七十四兆個細胞，得到每天製造出 1.28×10^{21} 的結果。在細胞驚人的生產力下，那我們爲什麼沒有越變越大呢？好啦，我們的確變「大」了，不過這裏不是在討論蔓延全球的肥胖傳染病，倒是看看這些採集游獵的細胞們，每天搞出百萬兆個蛋白質，但瞧它們依然苗條動人啊！爲什麼細胞不會胖到脹破，是因爲在龐大的蛋白質建設工程中，同步進行的是無情的蛋白質破壞工程。細胞建造蛋白質，再將它們撕裂。細胞蛋白質中有好大部分是專門用來分解其它蛋白質的酵素，其中包括分解性酵素，所以有破壞膠原蛋白纖維的酵素，有破壞骨頭蛋白質的酵素，有破壞以上兩者破壞性酵素的酵素。一般的細胞蛋白質只能存活一兩天，有的剛從核糖體的產房誕生，馬上就被咔嚓了。

這樁蛋白質買賣似乎太可怕了，既沒效率又浪費。爲什麼花這麼多時間吃肉喝血，只是爲了讓我們的細胞花費這麼多時間吃掉自己？細胞是荒謬地草率、荒謬的完美主義者，或是五角大廈的包商呢？事實上，蛋白質不停的生死循環正點出一則生物學的信念，也將我們帶回早些提到細胞爲何這麼小的問題上。加州理工學院的神經生物學家甘迺迪（Mary Kennedy）向我解釋「動態平衡」的原理，亦即在一個高度複雜的生物系統裏（如細胞），成分間結合時一定要精確又寬鬆，一個酵素一定要對準目標物的把手和凹槽，但絕不會是附近另一個相似分子的把手和凹槽。比如說，當酵素應該附著到寫有胰島素基因的那段DNA分子上，就不應該附著到有製造甲狀腺素密碼的那段基因序列上。

同時，酵素不該永遠停留在DNA分子上有胰島素門牌號碼的地段，好像是打釘固定住了。甘迺迪指出，裝訂時需要謹慎但有彈性，而且要有不同程度的彈性，有時候蛋白質堅固地附著在目標上，有時候是中等程度，有時候只有稍微而已。不同程度的附著本身即傳達重要的訊息：我緊緊捉住這裏，我對任務是認眞的，我需要輸出最大量的胰島素；或是，我只是在這裏探探逛逛，現在沒有要求輸出胰島素，但是誰知道今晚吃完甜點後會發生什麼事情。甘迺迪指出，保持寬鬆與精準交叉的動態平衡狀態，「讓你在系統的每一層次裏，保持高度的控制和反應」。有一個維持特定鬆緊度的方法，是圍住細胞裏的居民並讓它們同時移動，讓各色蛋白質、RNA訊息和染色體摩肩接踵，同時不停移動、換位與持續溝通。這很像是尖峰時間搭地下鐵，乘客進乘客出，有些擠到車廂中央，有些擠在門口，人們喃喃低語說借過借過，要趕在鈴響關門前擠到門口下車。一些座位空出來了，站在附近的乘客注意到，於是彼此打量誰最有需要，「您請、您請」，「不！您請，您請」，我再幾站就要下車了，況且我比較年輕健康。雖然這套系統似乎老是處於無政府狀態的邊緣，但搭紐約地鐵長大的我可以告訴你，這太有效率了，簡直是一個奇蹟，每天用幾百哩長的軌道運送數百萬人上下班，但是很少故障，而且不管車廂多麼擁擠，我總有辦法一路擠到門口，從來沒有錯過站。雖然以下的比喻有點不倫不類，但我很高興地下鐵並不是細胞，因爲離開細胞的「乘客」不是回家或去辦公室，而往往是「壯烈成仁」。這是細胞維持順暢利落運作的方式：一邊吐出新的RNA抄本和蛋白質，另一邊不停毀棄舊東西。

蛋白質經常的汰換正好是控制蛋白質行爲的極佳方法。許多蛋白質出場時，會在額頭上蓋一個有效期限，除非外面有化學信號介入另做指示，否則蛋白質基本上會快速解體。這種設計得以控制細胞最強大的蛋白質運作，例如促使細胞開始分裂的蛋白質。懷海德研究所前任所長與細胞生物學家琳奎斯特（Susan Lindquist）指出，若手邊擁有促進生長的蛋白質，一接到通知便可立即行動，尤其如果是一個免疫細胞的話，需要在病毒一刺激時便馬上展開複製。同時，蛋白質不該無限期地在細胞周圍遊蕩，以免它們開始自己執行任務，助長不必要的細胞分裂。這裏的解決之道便是不斷合成蛋白質，同時讓它們不穩定，只有當正確的生長荷爾蒙或其它分子大使進入細胞，並與蛋白質結合後，才讓蛋白質穩定下來去工作。

這裏，我們又再度看到爲什麼細胞要小到難以看見。細胞透過顯微管理最好，而高密度與高流量的蛋白質最好搭乘班次緊密的船艦出任務。藉由防水的細胞膜和卑微的尺寸，細胞能包住蛋白質、將鹽分分類、讓酸鹼值最佳化，並維持動態均衡。每個細胞雖然本質很不安定，但卻又是一個穩定的社區，像極了有生命的曼哈頓島，既全心投入本身的活動，同時也關注外面世界的一舉一動。

在肝臟細胞裏面的ＤＮＡ，和腦部、舌頭、胰臟或膀胱細胞內的ＤＮＡ都相同，每個細胞的ＤＮＡ都有說明書，可以做任何細胞的工作。大部分工作都是例行公事或家常便飯，不管哪裏的細胞都可以做。身體所有的細胞都必須查閱ＤＮＡ的密碼本，才能製造蛋白質維持身體運作，例如轉動克氏循環的把柄，按步驟將食物轉變成可用的生物燃料。當細胞壞掉或發生變異時，也必須諮詢ＤＮＡ來製造蛋白質進行修理；雖然分子很強，但仍然需要每日保養。

然而還有專家級的密碼，雖然是所有細胞都擁有的蛋白質配方，但卻很少受到諮詢。膀胱細胞裏面的基因體擁有製造胰島素的密碼，但是不管多想尿尿，膀胱不會分泌胰島素。胰臟細胞理論上可以打出受器，教它們分辨苦味與甜味，但是狀似鋤頭的胰臟位於腹腔後面，還有更好的事情要做。身體細胞的ＤＮＡ行爲有所不同，有些基因很活躍，有些則靜悄悄。之間的聯絡工作是由蛋白質承擔，負責喚醒基因或使基因安靜。腦部細胞的蛋白質會插上ＤＮＡ分子，掃瞄製造多巴胺或血清素的密碼，這些神經傳導物質可在皺巴巴的大腦皮質上傳達信號。爲什麼腦細胞境內擁有這些蛋白質，而皮膚細胞卻沒有？爲什麼腦細胞知道如何製造ＤＮＡ裏面的蛋白質，並讀取多巴胺和血清素等腦部化學物質的密碼？如果頭部細胞的DNA與腳趾細胞的DNA相同，那爲什麼我們不能用腳思考，縱使我們可用腳投票呢？

細胞如何分化並承擔特定工作，許多答案隱藏在神祕的胚胎發展上。我們從一個細胞或受精卵開始，這個無所不知、無所不能的細胞眼光遠大，有潛力造出身體全部的器官。但是隨著胚胎成長，快速增殖的細胞們開始發芽，發展成不同的聚落、層次、部門與原始的器官；而當細胞數目越多，每個細胞所保有的移動自由與可能性也越少，並且更專注到自己的定位與職業上，成爲四肢、腎臟或肺臟的一員。在分化期間，每個細胞裏面的基因體會歷經一系列的微妙修正，如果細胞注定要成爲肝臟的一部分，生產膽汁和性別荷爾蒙的基因密碼將會被轉爲活躍的型態，也許所坐落的DNA紐帶會稍微向外轉，讓轉錄蛋白質有管道可接近。同時，對肝臟細胞沒有用的基因序列則被壓制，會往內塞入或是用一些化學「甲基」（細胞版的膠帶）封口。我們對於胚胎發展和背後的遺傳芭蕾舞學了解甚少，雖然已經有廣泛的研究在進行，包括備受關注與充滿政治角力的幹細胞研究，因爲幹細胞是基礎細胞，更專門化的細胞是由此分幹而生。

但即使細胞們已經各就其位，按照設計乖乖當起肌肉細胞或濾泡細胞，仍然會繼續傾聽周圍的聲音，以便磨練技術與更新記憶。肝臟細胞之所以知道自己是肝臟細胞，是因爲胚胎產生期間已經裝了雷管，而且周圍所有細胞時時刻刻都在提醒它自己的身分。細胞們愛八卦、好嚕囌、會偷聽，還樂意當羊咩咩，他們注意並恫嚇鄰居，要大家守好本分。細胞中有一半的蛋白質負責做溝通，接收其它細胞的信號，再將忠告建議傳回來。細胞膜有成千上百個受器蛋白質伸出，彷彿像手臂、針織籃子或打蛋器凸出一般。每類受器的形狀都是爲了擁抱特別的分子、荷爾蒙、生長因子，以及細胞的一首歌；而當遇到真命天子時，受器蛋白質會毅然決然地改變形狀，確定背後整個黏滴滴的村落聽得見。細胞將分子公文送到細胞外藐小的矩陣空間，並且浮在血液或淋巴中跨越全身。腦垂體的細胞會分泌性荷爾蒙，說服卵巢細胞幫助一顆卵成熟，或是讓睪丸細胞供應新鮮的精液。當免疫系統的天線細胞，遇到危險的過敏原（如黴菌孢子或廉價眼影）而響起紅色警戒時，組織胺將會包圍附近的組織，而旁邊帶有組織胺受器的所有細胞都將會激烈反應，使得眼睛紅腫、流鼻水、打噴嚏和嘶嘶喘，讓身體的發炎反應比起威脅本身看起來更嚴重。

在化學外交之外，另有蠻力橫行已久。細胞很強，比螞蟻還強，能夠用力拉扯鄰近的細胞，或從表面伸出細細的絲狀足戳刺。這些機械性的刺激有如很強的荷爾蒙，會重新布置受體細胞內部的蛋白質家具，並發出一串訊號送向核心。經過按摩熟絡後，原本一群不協調、個性內向、各行其是的細胞，瞬間能集結成軍、同步化一。當劃傷自己時，周圍細胞感覺被徵兵，刺激它們開始分裂並幫助傷口癒合。相反的，若是一個細胞感染病毒，會爲大家著想而啓動自殺反應，細胞膜會緊急變粗糙，這是細胞死亡的正字標記，同時誘發旁邊健康的細胞也殺死自己，只爲以防萬一。

科學家不斷發現細胞可以集體思考行動，並曾偷聽它的廣播器。如果從老鼠胚胎取出一些幹細胞，注射到成年老鼠的血液中，幹細胞的命運將會取決於登陸地點，若是投胎到肝臟會成爲肝臟細胞，若是注射到肌肉裏會變成肌肉，落到腎臟裏的幹細胞也會入境隨俗。顯然這些幹細胞沒有機會經歷正常胚胎發展的庇護，按步驟經歷各種傳承變化。相反的，每個細胞都須藉著滲透、模仿與內化來學習工作。如果旁邊比較年長的細胞只會談肝臟的命運，包括分泌膽汁、調節血液供給、儲存脂肪和糖分等等，那麼幹細胞吸收了這些資訊後，便開始服用會刺激肝臟細胞的荷爾蒙或其它分子，乖乖照樣幹起肝臟細胞的工作了。在幹細胞的核心內，DNA分子會調整自己配合肝臟組織的特定要求。所謂精益求精，細胞專門化需要終身教育。

當細胞到達分裂的重大事件時，一定要對社區特別注意。身體有許多細胞的首要任務正是分裂，生長是它們的預設責任，除非另有指示。然而細胞送往彼此的許多化學信號，卻是恰恰相反的生長抑制信號，只有排除這些抑制信號，同時接收到鼓勵生長的積極信號，細胞才能跳起複雜精細的**分裂芭蕾舞**，由龐大的蛋白質軍團共同執行這項工作。DNA分子被打開，正如基因被閱讀的時候，但是這次是一整條長長彎曲的傑作被掃瞄，三十億暴露出來的鹼基會造出一份互補鏈，接下來進行拼字檢查，大部分的缺漏會修補，此刻對應鏈造出，新生的雙鏈互相纏住。接下來這兩位重量級分子，一是DNA母親，一是忠實複製出的女兒，被拉開到核心兩邊，從核心中央被掐成兩個小泡泡，每個都有自己一份DNA，新細胞於焉形成。是的，正如細胞喜歡製造蛋白質，細胞也喜歡分開，它們控制得宜，所以事情做得好。身體每天有數百萬的細胞進行分裂，所以皮膚脫皮後會被下面的新皮膚替換，頭髮一年可以生長半呎，免疫系統幾乎能迎戰任何病菌，因爲可以不斷補充新的作戰細胞。

不過，雖然我們的世界可能是最好的世界了，卻不是一個完美的世界。每一次細胞分裂進行DNA複製時，總是難免會犯錯，如胸腺嘧啶插到屬於鳥嘌呤的地方，或是該插入A的地方卻被C攪局。但這是複製三十億個化學文本耶，若是變成印刷體字，恐怕會塞滿五千本英文書，那又如何期待不犯錯呢?在細胞分裂完成前，大部分的DNA錯誤都會由校正蛋白質更正，而那些少數被漏掉的錯誤，大部分沒有關係，因爲會落入基因體一個無害的區域。不過，偶爾一個嚴重的突變被忽略了，成爲子細胞的最後DNA版本，這種密碼的變化將會在生產線某處產生失常的壞蛋白質產品。目前最壞的蛋白質應屬會將細胞從社區拘束「解放」的那些傢伙，因爲它們會將細胞轉成癌細胞。癌症細胞對於周圍的化學保護充耳不聞，也對鄰居的關注和干預無動於衷。它不再需要外界荷爾蒙的刺激，以便穩定儲藏的複製蛋白質，而是會製造一組蛋白質，用自己的方法穩定下來，然後製造更多的蛋白質並且加以保存。凸出癌症細胞表面的受器可能上面不幹事，然而底部會搖動並彎曲下面的細胞質，將震波傳到核心，送出生長、生長、再生長的命令。細胞膜外層會讓拴在一起的健康細胞軟化，當癌症細胞光臨時不再戒備，讓癌症細胞自由穿梭。而當這個叛亂的細胞定居下來時，一樣不甩周圍組織的訊息，只會聆聽內在惡魔的低語：你是一個細胞，一定要生存下來，所以一定要分裂。但這是一個錯誤的訊息，因爲當癌細胞任意分裂時，在唯我基因獨大的狀態下，癌細胞會殺害身體，並且同歸於盡。

正常的細胞會遵守和平共存的律法，細胞與環境之間（或是更小層次的DNA和周圍的蛋白質之間）是動態均衡的鮮活例子。許多生物學家抱怨DNA受到嚴重誤解，從細胞脈絡中硬生生被截取出來，企圖尋求各種事物的答案，如癌症、心臟病、憂鬱及擇偶等。人們討論自然對養育的話題，想知道自己有多少部分可歸因於「自然」，通常視爲DNA的同義字，即特定的遺傳密碼；另外有多少該歸咎於「養育」或「環境」，一般是指廣泛抽象的「外在世界」，包括父母的育兒方式和偏見、是否參加門檻高貴的私立幼稚園，或是在電視幼教頻道當保母之下度過人格養成歲月。科學家努力希望讓大眾了解：自然對養育的「辯論」已經死了，從一開始便不是科學議題的議題，是喜愛衝突和競爭的媒體煽動出來的東西。「很不幸的是，『自然』(nature) 和『養育』(nurture) 的英文太像了。」傑．古爾德有次對我感嘆，只因爲這諧音「讓這個命題錯誤又誤導的爭辯存活至今」。他和其它科學家堅持，我們不能將自然與養育解開，如同不能將長方形的長與寬拆開來看。傑．古爾德表示：「兩者是影響力聯盟，在邏輯、數學與哲學上都無法分開。」

當剖析人性根源時，倡導以互動論取代辯證觀點的作法無疑是正確的，但卻無法造成根柢的改變：哦，也許DNA和教養眞的合力塑造了一個人。的確，個人DNA密碼中的說明書與實際解讀暨執行之間，具有不可分割的深沈連結，埋藏在身體每個細胞的化學深處。DNA或許是主子，但是自己什麼也不會做，必須透過服務的蛋白質存活，而蛋白質們不斷密切注意彼此及周遭世界，尋找應該如何爲主人做事的線索。蛋白質一邊注意外在信號，一邊回頭注視DNA，有時候可能會改變基因體的本性，微妙轉變所啓動的基因、強度與時機。自然需要養育，養育揉和自然，兩者並存交流從不曾停歇。我們的身體裏面時時刻刻都在上演這曲樂章，但人們常有印象說，如果某種東西是「DNA編碼」，那麼一定是靜態而無法觸及的，相較上環境則被認爲很容易改變。事實上，這種印象是錯誤的，基因體不會與環境隔離，每個細胞都是一個瘋狂的小曼哈頓，每個基因體都是玩家。基因體會回應，對變化和修正敞開胸襟。

的確，製藥產業會樂意勘採基因體的彈性，設計出能夠找到病人細胞中正確原始碼的藥物，調整到基因的對話頻道，以便修補問題，例如說服肝臟製造更多高密度的好膽固醇，或請骨盆組織調整癒合破損之處，或請大腦調出最佳的神經化學雞尾酒，以便克服憂鬱、絕望或長期無能的感覺。還有，爲什麼不能擺脫一再做的噩夢呢？像是夢到在舞台上扮演《綠野仙蹤》裏的稻草人，卻老是記不起來「我會跳舞，我很快樂」之後的台詞是什麼……

喔，但願我們有天能與神經元直接溝通，能爲基因體量身訂製藥物。哦，但願我們擁有肝臟的機智、細胞的精明。是的，朋友們！若是擁有這等聰明才智的話，人生將會一路響叮噹！

8 地質學

想像世界板塊

住在美國首都時，所有的自由紀念碑都由澤西障欄圍起來，至於社會地位是由特勤人員的陣仗，而非薪水或是禮車的大小來衡量，這會讓人習慣想像所有災禍都可能發生。例如，天上的風箏恐怕正在散播炭疽熱；十字路口上，有輛車子在黃燈前煞車停住，車上一定裝有炸彈。一名男子穿著超大的兄弟牌雨衣，看起來十分可疑；一名男子**沒有**穿上超大的兄弟牌雨衣，看起來也十分可疑。

是的，在華盛頓特區必須學會想到「意外」，並且為緊急事故做萬全準備，最重要的是，一定得儲備大量的膠帶、罐頭和貓砂，不過有一件事幾乎從來不用煩惱，那便是地震。因此，某個春天午後當我於辦公室埋首工作，卻突然感到房子輕輕搖晃時，腦海思索除了地震之外的每一種可能性：恐怖分子攻擊；坦克車經過；我的鄰居、他的大狗，以及特大號除草機。這位老兄曾經在晚上下雨時使用吹葉機，他親切地對我解釋說只因為他高興。

但是房子繼續搖晃著，我想到以前在舊金山的時候曾經有一次類似的經驗，這一定是地震。房子持續搖動將近半分鐘，我坐在椅子上不敢動，躲在天花板的風扇下求個安全。我嘗試不要驚慌，試著不要去想卡洛·金（Carole King）曾經唱道：「我感覺地球在我腳下動」。但是我已經想到了，現在已經太晚了，會不會我的結局也一樣呢？最後，當我確定再度搖晃的危機過去後，我打電話給先生，他的辦公室在華盛頓市中心，約離六哩遠。

「你感覺到了嗎？」我喘著氣。

「感覺到什麼？」

「噢，你也許不相信，但我確定剛剛有地震。」我說。

「親愛的，換吃新的藥嗎？」

我嘀咕一聲（或小小詛咒一下），然後掛斷電話，稍稍生了悶氣。一會兒後，我的丈夫回電：「妳對了。」他說剛剛看到一個報導，維吉尼亞州到我們所在馬里蘭州之間有地震發生，芮氏地震規模爲四點五級。我冒險走進大廳，發現牆壁上的掛畫都歪掉了，有一張女人的畫像（現在想來倒很像卡洛·金）幾乎要摔到地板上了。

華盛頓特區不是地震頻繁的地區，缺乏加州活躍的斷層帶、夏威夷的熔岩盛宴，也沒有華盛頓州陰晴不定的火山。然而，即使是安靜、並非地震黑名單的地方，偶爾也會用力聳個肩膀，要求地球科學家關愛一下。這間歇的搖晃震動是「岩床」存在的證明，也是這個地質原則的鐵證：我們所居住的行星，在上面建立生命的岩床，是眞眞實實活著的，從頭到尾、從內到外都會動。

地球常被稱爲歌蒂拉克的星球，這裏的環境對生命恰恰好，不會太熱也不會太冷，原子可以自由形成分子，水滴能夠匯聚成海洋。不過在歌蒂拉克挑剔的品味之外，還有一些特質值得注意：這個女孩不會乖乖坐好，她不安靜又衝動，粗魯無禮得令人驚訝。她自己到森林裏遊蕩，出門前沒打聲招呼或說好幾點回家。她亂闖進別人家裏，自行品嘗每個人的食物，甚至還打破家具。但是我們無法責備她，她無法控制自己。乳臭未乾的歌蒂拉克聰明伶俐，她只是需要宣洩一下，而歌蒂拉克住的地球也是天生的發電機，若是沒有偶爾抽動嘶吼，或是天性不活潑好動，那麼將不會有大海天空，或有山脈可幫忙遮蔽狠毒的太陽電磁射線，而我們這些ＤＮＡ的載體，也無法出現在地球上了。這場交易並非單方向，地球無止無盡的運動讓生命崛起，而生生不息的生命也重新雕塑了地球。

「我們現在了解這不僅是生命適應各色的物理變化，生命也是環境演化的參與者。」哈佛大學的諾爾指出：「地球歷史的一個大主題，便是物理與生物的地球如何併肩共同演化。」

當研究全世界時，很值得面面俱到。地質學家認爲自己是終極的跨科際研究者，他們做田野調查與實驗工作，同時採擷各方面的知識，包括化學、物理學、生態學、微生物學、植物學、古生物學、複雜理論、力學，以及少不了的電腦模型。地質學家與蛋白質化學家比美，能夠產生色彩繽紛的電腦圖形，呈現三度空間的操縱，也可當很漂亮的螢幕保護圖案。他們喜歡到野外，一點一點開鑿岩石，在懸崖峭壁輕快縱躍，人人都慢慢曬出一身黝黑如岩石的膚色。地質學家時常會被吸引到風景壯麗但安全堪虞之處，如活火山、活斷層，或是偶有戰火的高山邊境。不自然的眼中釘也會吸引他們的目光，當山坡炸出一條新隧道時，地質學家會把握機會研究暫時暴露出來的古老地球史，而且若有必要，會將研究生丟到混泥土機前面，以便爭取一些時間。

對地質學家而言，每塊石頭都可能是羅塞塔石，是地球歷史關鍵時刻的鎖鑰；陪著地質學家走過公園時，每塊石頭或露岩都會被翻過來研究一番。有一次在異常冰冷的夏天午後，我跟當時在麻省理工學院任教的霍奇斯教授逛亞諾植物園，他在一塊大腿高的岩石前駐足，這塊石頭看起來很像一大團變硬的餅乾麵糰，他帶我瀏覽了它的履歷表。「這是我們一般說的礫岩，就是混有不同物質嵌塊的岩石。」霍奇斯指著看起來像堅果或是灰白色巧克力片的嵌塊說道：「注意這裏可以看到不同大小的嵌塊，旁邊又被許多細緻的物質包圍，好像這些嵌塊被倒來這裏固定住。」他的手摸過岩石表面，我也跟著做，有稜有角的，摸起來好冰喔。霍奇斯解釋，這種混合細密物質與大型嵌塊的岩石肯定是起源冰河。他在大石頭上坐下來，我雖然不太想但也跟著坐下來了，嗯，**非常**有稜有角，肯定是起源冰河的。這塊礫岩的嵌塊是由龜速爬行的冰板承載著，當冰川融化之後，石頭便落到底下成爲沈積物。霍奇斯說：「因此下一個問題是，這一切是何時發生的？」

他跟我解釋，爲何這顆礫岩定年是一項挑戰，因爲除了其它步驟之外，還需要採樣每種嵌塊，測定微量輻射物質（如鈾和釷）的相對濃度。但是努力是有回報的，我們坐的這塊礫岩具有五億七千萬到五億九千萬年的歷史，和全球各地所發現的許多礫岩一樣。從這些岩石的年齡與分布顯示，遠古有歷時悠久且範圍廣大的冰河時期，這也是現在許多地質學家所持有的假設。霍奇斯一邊深情輕撫礫岩，一邊指出這是地質學家進行田野工作的第一個原則，便是風景中眞正的瑰寶常常是看似最平凡簡單的石頭，這也是我隔著薄薄的棉布褲學到的一門課。

「我們住在會自己記錄歷史的行星上。」諾爾說道：「每次我開車經過猶他州，看到這份奇妙的歷史在眼前展開時，我總是驚嘆不已，而且不一定要是科學家才有這種感受。如果仔細觀察大峽谷、美國中西部的路切面，或是歐洲大教堂的地板，都有機會看到化石；一個中世紀在教堂跪拜前進欲求赦免罪愆之人，很難不碰到鸚鵡螺的化石。」

大家對於「地球表面分裂成板塊」的想法都很熟悉，還有這些板塊與地震、火山爆發和浮石等等有關係。瞧瞧桌上放的地球儀，便可看出板塊長久以來被移來移去：南美洲和非洲拼起來很合，看起來很久以前在一起，但後來被打散成兩邊了，好比沒有將一千片的美國獨立宣言簽署拼圖收好，結果現在約翰．漢考克（John Hancock）的鵝毛筆與約翰．亞當斯（John Adams）的右腿永遠不見了。但是大家比較不知道的是，這些大陸長期遷移與板塊之間碰撞摩擦的理由。在這一點上，我得說有件事情很令人遺憾，那就是可敬的基督教神學家在很久以前，便貶斥所謂地獄是地底深處一個水深火熱、險惡之處的想法，而用一個虛無的隱喻取代，主張「地獄是靈魂上的沙漠，若拒絕上帝將會住在那裏」。事實上，在地底一千八百哩深處眞的埋有一個滾燙的火爐，是地球眞正的地獄，恰好是地球的核心。這個火葬坑、魔鬼的SPA，是一團炙熱的金屬，大約是火星大小，百分之九十是鐵，其餘大都是鎳，燃燒溫度是華氏一萬度，幾乎和太陽表面一樣熱。自從地球凝聚而成後，核心便保持滾燙，硫磺味瀰漫不減，過去四十億年內只冷卻了三百度。大部分熱度都是早期太陽系大熔爐的情況留下來，以及當重力將許多分散的物質凝聚成星球時，潛能不可避免地變成熱能而來。其餘來源爲眾多的不穩定放射性元素如鈾、釷和鉀，在衰變時會將能源釋放到環境中，也就是它們在燉一鍋地球湯，而且不時攪動鍋子。地球特別受到放射性元素的眷顧，而那重原子分解時火熱的砰砰砰再加上核心原本的熱，解釋了爲何地球比起太陽系其它全部行星加總，在地質上更活躍、表層結構變動更劇烈、也是更具挑戰性的地方。在過去，火星一直擁有相似的地質描述，高溫超熱的核心帶動大規模的劇變，包括地殼脆裂及火山噴發。但是火星比起地球小多了，開始時內部的熱度與核產物便比較小，所以火爐早在十億年前便已冷卻，使得火星成爲相對懶散的世界，臉上的坑洞與疤痕已經成爲定局。相對上，地球可是瘋狂的整型大師，病人與醫生結合爲一體。你覺得印度的臉頰貼到馬達加斯加的下巴，好不好？不好！那麼縫合到中國旁邊如何？再來是澳洲，是在下面跟南極洲連在一起好呢？或是當一朵綻放在印度洋裏的花兒好呢？還是你比較喜歡我們將澳洲往北移，跟日本配在一塊好呢？

整型手術永遠不會停止，因爲地球是巨大的熱引擎，而熱的東西永遠要努力使自己冷卻下來。所以，耶魯大學的地球物理學教授柏柯維奇（David Bercovici）指出，最好將地球想成是一顆超大的熱球，試著將熱能甩到太空裏。畢竟，這是熱力學第二定律的要求：熱一定要從相對溫暖的地方移轉到相對寒冷的地方。地球核心約達攝氏六千度，太空的溫度約是攝氏零下二百七十度。因此，核心繼續將熱甩到外太空冰凍的吸納口之內。但是照規則玩不一定容易，地底的鈾和釷不但會源源不絕將熱量泵出來，當熱流從地球核心穿越內部厚厚的地層時，必須要通過幾千哩層層疊疊的岩石、金屬、軟軟黏黏的物質等，再穿透脆薄與絕緣的地殼，而誰又知道地殼會如何因應，是崩縮、塌陷、碎裂，還是向外漲破？這眞是一項挑戰。然而這就是我們的世界：內部有熱，而且渴望釋出。

「這跟這杯熱咖啡的道理是一樣的！」柏柯維奇表示：「每個東西都試著和外面冷冷、空盪盪的空間達成平衡。在冷到不好喝的過程中，會做各種『很酷』（冷）的事情。」

熱移轉時會發生哪些很酷的事情呢？讓我們將世界切開，看看裏面吧！

大約在四十五億年以前，地球從太陽形成後所遺留下來的岩石與塵埃團凝聚生成，而太陽本身是巨大的氣體雲在重力吸引下壓縮的成果。按照天體標準來說，地球等行星很快在一千萬到三千五百萬年之間形成，逐漸累積質量並變成球體（當物體表面每個部分都受重力均勻往中心拉時，圓球體是可預期的幾何構造）。早先是艱困、混亂的日子，天際間散亂著彗星、小行星、外星垃圾，而且大家的軌道還在激辯當中。在太陽系誕生後約五千萬年，地球與一半大小的行星碰撞，激盪出壯觀的效應。這顆煙消雲散的行星有部分質量被吸收到地球內，增加了百分之十的重量。同時，在撞擊中地球有一大塊被敲開來，成爲一塊獎盃，是我們偶然間單性生殖產下的女兒和唯一的衛星：月亮。

剛變大的地球開始變成現在的結構。密度較高的物質如鐵與鎳，被重力場吸引，最後逐漸向中心移動。較輕的物質如氧和矽，受到的拉力較小，於是形成中間與外層。這大致上就是今日地球的結構：中間一球是由密度超高的金屬組成，旁邊包圍較輕較鬆的岩層，再覆蓋薄脆的地殼。但這不是最後收尾的甜點，不是一餐的結束。極大的壓力和輻射讓火焰繼續燃燒，而且當主廚不高興的時候，大家都會感到那股火氣。

對於住在地面或地表附近的生物來說（包括所有已知生命，甚至是依偎在深海熱泉口喘息的小傢伙們也不例外），很難去體會壓力的力量。人類承受著大氣的壓力，不過雖然地球的大氣向上延伸五十哩之厚，我們這些生物又航行在最底下的海平面上，但相對上這眞的是一層薄薄的負荷：平均每平方吋只有十四點七磅的空氣，壓在我們身上。但是在地球內部，情況卻反轉直下，每一層都是固體或相當於固體的東西，每一層都必須撐住上面全部加起來的重量。往下穿過十八哩，每平方吋的壓力爲十五萬磅。往下二百哩，每平方吋的壓力可達一百五十萬磅。當到達核心時，將遇到每平方吋五千萬磅的壓力，或是三百五十萬倍的大氣壓力。

地球的核心是密實的球體，裝滿鐵、鎳和其它密實的元素，眞可謂是球中有球，內核爲月亮大小（約二千六百公里），被火星大小的外核包圍。內核是華氏一萬度的煉獄，這種高熱在大多數情況下都能輕易將鐵熔化（包括太陽烤焦的表面）。然而巨大的壓力使得一般的物質變化無法發生，反倒讓鐵原子緊緊相貼不能流動，使得內核變成固體，有如巨大的鐵製水晶球。

在外核的壓力比較寬鬆些，裏頭的成分也較輕。外核像內部一樣，主要是由鐵構成，但是會像液體一樣滑動。這種流動性衍生出一種特別受到歡迎的效果，幫助地球對生命更爲友善好客。當外核熔化的金屬在固態鐵的內核周圍滑動時，會產生地球的磁場，可以稱爲防護磁罩，因爲地球磁場會擴張到太空數千哩遠之外，幫助擋掉許多太陽風（從太陽表面不停射出的高能粒子噴流），否則太陽風將會像松香油去油漆一樣，將大氣清得一乾二淨。於是，地球磁場與珍貴的大氣共同防禦地球表面，對抗最最危險的太陽光，一起將其中大多數的X光、宇宙射線和伽馬射線打散掉，避免接觸與危害我們的細胞和基因。

磁場也爲我們帶來方向感，產生南北一貫的地圖，許多生物也是利用地球的磁場來辨識航向，包括鴿子、麻雀、食米鳥、露脊鯨、鮭魚、多刺的龍蝦、傻海龜、帝王蝶、蠑螈，以及澳洲中部野足俱樂部的活動。縱使對於完全沒有方向感但會想到用指南針的人，等於可以找到公園管理員，又等於可請直升機來搭救。

地核裏裏外外加起來共佔地球體積的六分之一，但卻佔地球質量的三分之一，可見其密度之高。因爲地球形成時，最重量級的原子大將（質子數與中子數最多者）被地心引力引誘往中間衝，一路上威風凜凜地將蝦兵蟹將推到一旁去。核心由鐵、鎳等原子家族獨佔，幾乎完全排除分量輕的原子，在核心和非核心之間劃下明顯的邊界。從核心進入毗連的地涵（地球的果肉），密度差異有如天壤之別啊！

地球中段主要是地涵（mantle），是德文「斗篷」之意，指地涵披覆在地核上有如斗篷。雖然地涵的密度較地核小許多，但也不是輕浮之物，地涵是硬如岩石的固體，由各種金屬和矽酸鹽（主要是矽與氧化合物構成，是岩石主要成分）組成的廣大區域。人們常會誤解地涵處於融化狀態，是一大片融化的岩石在地下流動，有如熔漿從夏威夷火山口滾滾流出。事實上，雖然地涵大多數都很接近熔點，尤其是接近地核的區域，但幾乎沒有眞正的液體。相反的，地涵更像是傻瓜黏土（不只一個地質學家會留在身邊做示範用，無聊時更可以印報紙搞笑），這種固體有彈性、可擠壓，而且會移動。柏柯維奇建議道：「以冰河爲例，冰河是固體，但是會移動，只是速度非常緩慢。」地涵的移動速度也極爲緩慢，這一大塊包覆在地核周圍、會流動的橡皮岩，每年速率最多十公分，比頭髮成長的速度更緩慢。

地涵上面是地球最外層的地殼，這是眞正的斗篷，也是我們最了解的地方。一方面，「地殼」讓我們住好的吃好的，但是聽起來有點兒廉價。地球上所有生物都住在地殼之上或之中，七大洲、所有島嶼和海底都是地殼的一部分，我們開採石油、天然氣和煤炭的岩床也是地殼的一部分。我們信賴地殼，向來如此。

另一方面，地殼**非常**薄，小到很可憐、很小子氣，佔不到地球質量的百分之零點五與體積的百分之一。若你關在監獄中，有人丟點麵包皮給你吃，厚度相當於地殼對地球的比率，那麼麵包皮將只有零點五公釐厚，勉強比幾根睫毛厚一點。行星的地殼相較於整個星球太無足輕重了，若是把地球變成籃球大小，表面將會比籃球更光滑，比較接近保齡球，我們喜歡征服的崇山峻嶺都會消失。

較恰當的方式是將地殼想成是湖面的一層結冰。因爲冰比較輕、密度較低，所以會浮在水上，被冬天的冷空氣吹成薄薄一層的結晶。地殼也是如此，是由較輕的岩石浮在密度高的地涵上而成。地殼也是地球最冷的部分，所以很容易脆裂。還有，就像湖面的冰層厚薄不一，若是你隨意聽信表哥傑伯的話，膽敢開小金龜車試圖橫越，那就太愚蠢啦！同樣的，地殼厚度變化頗大，從夏威夷海底最薄的三哩深，到喜馬拉雅山最厚的四十三哩深都有。大體上，大陸地殼比海洋地殼厚約六、七倍；再者，雖然海底世界籠罩一股古怪原始的神祕氛圍，我們也許能找到一些倖存的三葉蟲、失落的亞特蘭提斯帝國，或至少《愛之船》（*The Love Boat*）的原班人馬與陣容……，但事實上，大多數海床都比我們站立的陸地，還要年輕數億到數十億年。這爲我們帶來偉大的板塊理論，地質學的基本原則，以及二十世紀卓越的發現之一，也讓我們回到一個非常熱但想要冷卻下來的景象，不管是一杯咖啡、一碗熱粥、核心是熔鐵廠的行星，底下熱氣流動想要冒泡出來的模式都相同。

「大陸慢慢在地球上四處移動」的想法並不新鮮。隨著地圖技術的精進，科學家等人忍不住思索大陸拼圖式外貌的謎題。來自化石、沈積岩以及全球冰川刻痕模式等證據驚人得一致，讓德國地質學家和氣象學家韋格納（Alfred Wegener）在一九一二年發表了開創性的「大陸漂流假說」。韋格納主張，在二億年前所有的大陸是合成一塊的龐大陸地，他稱爲「盤古大陸」（Pangaea，意思是「所有的陸地」），後來不知何故，盤古大陸解體並漂移分開。接下來，英國地質學家福爾摩斯（Arthur Holmes）很快爲韋格納的大陸漂流說，提出一個可能的機制。福爾摩斯在現今的倫敦帝王學院學習物理和地質，他推測地球內部不斷進行中的放射衰變，可能幫忙產生巨大的熱流向表面對流，如同爐子煮湯時一樣。但是一直到二次大戰之後，科學家才收集到證據，證明地底深層放射帶動海底穩定擴張，進而促成大陸漂流。又一直到了一九六〇年代，地質學家才提出一個大統一理論，解釋地球到底如何攪拌對流。板塊構造理論也是具有眞正的理論，寬廣的概念架構可解釋諸多不同的發現，持續加入的新資料會讓理論變得更強大茁壯，可用來解釋各種新奇又隱晦的地球運動假設。雖然，科學家目前還不能滿足大家或保險業界的殷殷期待，準確預測出地震或火山爆發何時會發生，但是他們已能精算出大地震將在何處或隔多久會發生。

在美國，「構造改變」已經滲透成爲流行語，和「量子跳躍」一較上下，用來形容巨大的變化（大致是良好的變化，但也可能是危險的變化），兩者只有細微差別。板塊理論是指地球板塊的改變會如何建構周遭大多數環境，而如同工地可能是危險之地（否則你想工人爲何要戴頭盔、帶鐵製便當盒，以及知道該如何吹口哨？），地球板塊形成、裂開、胡亂劃分國家，但是實際並非如此。我們光看地球，無法得知板塊在哪裏，板塊並不是以大陸形狀或陸地與海洋交會之處定義。事實上，追蹤地球板塊的邊境是很微妙與棘手的工作。一般共識是有七到十個大板塊，以及二十五到三十個小板塊。但是精確計算板塊的數目，遠不如探討板塊的移動方式、方向與碰撞變化等更爲重要。

到底，這些構造板塊是什麼呢？與一般的誤解相反，板塊不只是破裂的地殼，雖然地殼的岩石通常會沿著兩個板塊交接處破裂，然而板塊比地殼更深入，延伸到地涵的上部。每個板塊約是五十哩厚，也像地殼一樣厚薄與密度不均，大陸板塊又厚又輕，相較上海洋板塊薄而密度高。板塊最主要是以運動來定義，是地球外層各片塊間呈一體滑動的部位。每個移動板塊的上面（地殼部分）很脆弱，容易破裂崩解，下面的地涵部分較熱較塑化，受到擠壓時比較容易退讓。所有板塊都會滑動，有時候會和更下面黏稠的地涵一起移動，平均每年是一到十公分，大概是指甲生長的速率。按人類標準那可算是蝸牛散步，但就地質標準可是一點兒也不慢。給板塊一百萬年，將會移動約三十哩；給板塊一億年，將漫步地球三千哩，幾乎是紐約和倫敦之間的距離。

板塊之所以移動，其實代表地球不停地努力要將「窒」熱排散掉。地球散熱時有一些冷卻技巧，會利用傳導放射掉少數熱量，運動速度較快的原子與分子將多餘的熱量，傳給周遭運動速度較慢的原子與分子，道理和將金屬湯匙放進咖啡杯裏攪拌，會使湯匙變熱一樣。地球也會直接利用機械性的通風方法，排除中等程度的熱能，如火山爆發、噴泉和地球打嗝等等方式。不過，地球最主要是依賴對流當散熱傳送帶。對流不僅可以靠把熱的東西往外推而冷卻，同時也可將冷的東西往裏面拉而獲得冷卻效果。全世界的對流複雜又難以追蹤，好比是大氣中大規模的天氣模式，這裏僅概略介紹。來自鐵核心的熱流進入地涵下部分的岩石，當邊界的岩石受熱時會擴散，如同熱氣往上升一樣，受熱擴散的岩石開始上升到上面地涵較冷的部分。當受熱的岩石爬得越高，上面加諸的壓力越小，讓它變得越軟；當它變得越像軟軟的奶油，便越容易流動，使得向地殼爬升的旅程越加順利。但是到了某一個程度後，另一項物理特性會介入，原本使岩石往上冒升的作用開始反轉，因爲岩石上升時會將熱分散到四周，當它變冷時會逐漸回復先前的密度狀態。最後，熱岩石泡泡沒有選擇餘地，相較於周邊環境則太重了，於是開始下沈，一如平凡的石頭：下沈、下沈，回到比較熱的核心，在那裏可以得到更多熱量，然後再重新踏上渴望的旅程。這就是地球內部基本的對流循環，受熱的岩石擴張、上升、冷卻、收縮、下降；讓我們做深呼吸，再來試一次。有些熱對流停在地核邊境打轉，有些大幅傳導過廣大的地涵，有些則是設法穿越地表在海底湧出，那正是地殼最薄、最多破綻的地方。

許多方面的研究共同將板塊構造理論推向高峰，其中最重要的是一九五〇年代一些海底研究，掀起了一連串令人驚訝的發現。其中之一是發現海底有綿延的山脊，最顯著者是大西洋和印度洋中央的山脊，離海底高約三千公尺以上；另外是發現大海溝的存在，比海底更深達兩千公尺以上。另一方面，海底的岩石簡直是乳臭未乾，至多只有一億八千萬歲，而陸上採樣的岩石卻有數十億年之久。海底中最年輕的小朋友最靠近中洋脊，從中洋脊到中洋溝邊緣的岩石，年齡會持續增加。最後一點，雖然陸地上長期不斷貢獻物資下來，包括動植物的殘骸、沙石、礫泥、骨頭、貝殼、諾加海德（Naugahyde）吧台椅，以及「大芬克鐵路樂團」（Grand Funk Railroad）三千張還未拆封的《我們是美國樂團》（*We're an American Band*）CD片，但海底的沈積物相對上卻相當整齊簡單。彷彿海底不斷進行大清掃，再好心放到eBay上拍賣。

板塊構造學幫忙解決了年輕板塊的麻煩。對流循環帶著炙熱的岩石向上到達地殼，有些年輕的熱岩石穿透地表，從洋脊中以半固態的岩漿湧出。岩漿向海板兩邊滾滾流出，並且將較冷、較老的岩石又往外推，於是海板被推開了。最後，海底擴張冷冷的前端遇到地殼中的裂縫（深海溝），於是隱沒進地涵裏。在地涵反芻的過程中，岩石被敲碎磨粉、改裝殺菌，所以倘若日後再度破殼而出，又會是煥然一新的岩石了。海神的輸送帶不曾停止嘎嘎作響，古老的海洋盆地（地殼低點）已經被迴轉數十次了。大陸的情況則不然，因爲大陸岩石相對較輕，浮在海溝的隱沒帶之上，雖然一樣會受到推拉擠壓，但是不會被吸入地涵中；換句話說，雖然大陸塊不停改變輪廓外形，不過許多岩石已保有數十億年的歷史，未曾陷入地底的熔爐裏。

熱岩石湧升之處讓板塊保持運動，而運動的板塊回頭重塑地殼的劇場，讓生命前仆後繼吟詩作曲。海底中洋脊的擴張讓一些板塊彼此分開，正是這種板塊分離運動讓北美大陸和歐亞大陸往相反方向移動，使得大西洋每年擴張約五公分。有些板塊則會互相碰撞，好比兩個路人僵持不下，結果撞到一塊兒，或許從胯下鑽過去就沒事了，於是當厚的大陸板塊摩擦到薄的海洋板塊時，薄板塊也會鑽入厚板塊下面成爲隱沒帶，讓舊海板重返地涵並將重新塑造地貌，例如造成連串的火山並搭配會噴發的岩漿室，或是把海岸翻摺成高山，最適合駱馬、擁有眾多奴隸的國王，以及保有許多醫療險的觀光客們。美國西北部的喀斯開山（聖海倫斯火山所在之處）以及南美洲的安地斯山脈，便是海洋板塊和大陸板塊碰撞的見證。

若碰頭的板塊都有大陸，則陸地會以慢動作碰撞在一起；當大陸被迫硬湊成堆時，前緣會向上鼓起。大陸中間的山脈往往是原本分開的陸塊，因爲板塊聚合而被擠壓留下的證據。例如，喜馬拉雅山大約在四千五百萬年以前開始慢慢往上爬，因爲那時候印度次大陸正好與其餘的亞洲大陸發生碰撞。約在同時，非洲板塊也發生碰撞，造就阿爾卑斯山成爲義大利半島與現今法德兩國之間的分野，在經歷兩次世界大戰、共同貨幣流通和享用彼此的甜點美食後，當年碰撞的痕跡至今仍高高聳立。

不過，板塊構造不一定都是正面碰撞，有時兩個方向相反的板塊只是擦肩而過。如果交會時發生嚴重的擠壓，那麼或許板塊有些部分會黏在一起，尤其在上面易碎的地殼；雖然下面的板塊可能會堅持繼續「反其道而行」，但是上面相連的邊緣則卡住不動，會變得很緊有壓力，於是試了各種方法，包括治療、瑜伽或改叫自己「直布羅陀」。但是壓力繼續累積，最後岩石表面斷裂，在地震中彼此倒向一旁。「地震」是指地球的斷層線（地殼中岩層斷裂之處）突然發生滑動，讓岩石中壓抑許久的能量隨波動向外擴散，造成地面搖動破裂。

在這些危險的板塊邊緣中，最出名的是加州的聖安卓斯斷層，此處太平洋板塊相對於北美板塊朝北爬行，岩石交界處時而卡死、時而鬆脫，通常是慢慢增加力道，偶爾會一口氣拉扯幾公尺。最慘的是一九〇六年的舊金山大地震，加州歐利瑪（Olema）附近的最大錯落高達二十呎。板塊長期的磨合滑動，容易造成邊緣處的岩石發生多個方向與多個界面的破裂，一九〇六年的大地震即估計深達六哩處。結果，像聖安卓斯這類的大斷層線在地殼中不只是一片斷面，而是許多破裂的岩板交錯而成，有時會吸收板塊的紛擾震動，有時卻是力不從心，於是裂成更多片。由於極難確定斷層線岩板的相對韌性有多強，所以要預測下次地震何時發生與嚴重程度，都是相當艱巨的挑戰。

地涵大量的湧升，不僅會不斷以岩漿噴發覆蓋地殼而已，對地球還有重大貢獻。地球內部的對流力量除了造就海床之外，也帶來水塡注。地球顯然充滿水，總共有三億二千六百萬兆加侖，讓這個星球表面有四分之三的海洋涵蓋，且平均深達二點五哩。液態水對於生命是必要的，太陽系中沒有其它行星擁有這般慷慨充裕的水源。究竟依次發生哪些事件，讓地球的衣領上能別上藍彩帶？這個問題仍在討論中，但是大多數的科學家認爲可能是開源與節流而成。液態水在太陽系可能很稀有（宇宙間亦然），但是其它狀態的 H_2O 則不是。在太陽系邊緣充滿彗星，憑良心說它們可眞是「髒雪球」。彗星不過是一團會繞行的冰渣與塵埃，大約有十哩寬，再配上正字標記彗星尾巴，即使在千年歷史的拜約織錦上，也可以讓人一眼認出來。事實上，這條尾巴是這類「太空冰梭」劃過太陽時，表面冰雪沸騰成爲裊裊蒸氣而已。在太陽系演化早期，似乎遠邊有大批彗星被木星龐大的拉力吸入，其中有許多彗星可能忘記帶GPS（或是那時尚未發明GPS），結果超過目標數百哩，最後墜落到地球上。那時地球仍然十分年輕火熱，彗星碰觸後，水分瞬間蒸發回太空，但少數水分滲入地球深處的岩石裏，自此儲量不斷累積升高。大約從四十億年前開始，火山爆發釋放出夾帶礦物質的地下水，以蒸氣的形式噴發到地表，而改善的環境讓水分子得以眾志成「海」。地殼冷卻下來，核心旋轉的熔鐵開始產生磁場，幫忙使炙熱的太陽風偏折。由於受到屏障，巨大的火山雲不會衝散到太空中，而是低旋在地面上怒目狂視，不斷累積直到容不下爲止。當天空過度飽和到地心引力受不了時，烏雲密布讓水氣凝結成雨落到地面上。雨水無情奔流，比諾亞洪水更強更久，只差沒有長頸鹿和斑馬趕著上木舟，盼望自己能重返馬戲團。遠在諾亞方舟的年代之前，大洪水下了數萬年又數十萬年，那時地球才剛擁有麥糖色的矽酸鹽肌膚，結果坑坑洞洞紛紛塡滿雨水，甚至滿到邊緣了。雖然這場傾盆大雨可能是太長的雨季（甚至對西雅圖而言），但是這段建造海洋資源的時期，就地球時間表來說不過是打個噴嚏而已。地質學家康道爾（Robert Kandel）寫道：「沈積岩是在液態水出現時形成，其地質紀錄證明海洋已經存在有三十億年、甚至是四十億年之久」，且當初的體積和今日相當接近。換句話說，當地殼冷卻到出現具體面貌時，

性氫汽車的燃料，那麼一定要從化合物中將氫硬取出來，而這也需要能量。

地球第二次生成的大氣，比起第一次較不容易嚇跑。那時候地殼冷卻了，活火山鬆動了地底石頭的揮發物質，猛然釋放出大量水氣、氮氣、二氧化碳和氨氣等，直到天空擁有的氣體比現今多一百倍左右。從這份毒高湯中，水氣凝結成雨，成就了海洋的開始，也造就了最初生物所需要的空氣。在降雨之後，大海開始吸收大氣裏一些其它的氣體，並溶解二氧化碳，轉變成礦泉水氣泡。洋流大幅激起二氧化碳的小泡泡，直到大氣中幾乎有一半的二氧化碳被吸入海洋中。每個人都愛泡泡！吹泡泡，喝泡泡，洗泡泡澡，戳破別人的泡泡；泡泡好像小狗，總是興高采烈又愛玩。若是沒有人在旁，牽起皮帶領著所有活潑好動的碳基泡泡出去跑跑跳跳，一直跑一直跑，直到遇到有人深深呼一口氣，那可眞是遺憾啊！

我們不知道生命在這個星球上如何開始。我們不知道生命起源何處，是在陽光普照的水面上，或是在深海底下熱氣孔旁；是靜靜依偎在泥土的懷抱中，或是在潮間帶受到浪花拍打沖擊？我們不知道生命起源於何時，估計是在三十二億年前到三十八億年前。我們不知道生命最初的型態，但是知道當生命出現在這個喧鬧不休的星球上時，會像歌蒂拉克一樣移動每件東西，直到這裏像「家」爲止。

生命對地球的衝擊是戲劇性的，本身即是構造大變動，其中以對空氣的衝擊是最鮮明的例子。當生命興起時，大氣是由地底翻攪流動而混合成獨特神奇的產物，可能針對生物之化學提供最理想的環境，讓它能跨出猶豫的第一步，但是這種空氣對現代大多數生物體來說並不「新鮮」，最特別的是當時的大氣並無自由的氧原子。沒錯，在瀰漫的水氣中確實有氧原子帶著氫耳朵逛大街，但是成雙成對的純氧、我們呼吸所需要的O_2，在空氣中幾乎不見蹤影。今日，大氣中大約有百分之二十的O_2，究竟是誰放在那裏的？這應該歸功於會自我犧牲的祖先藍綠藻們，這些細胞是吃太陽光的大型漂浮微生物叢，會利用光線製造糖分。藍綠藻是現知最早的生命型態之一，寫下一頁十分成功的故事，可能是最早精通光合作用技巧的生物，也就是將光、水和碳按照步驟轉變成糖分，成爲萬能的細胞食物。其中陽光充足無缺，再者藍綠藻是水生，所以水也充沛無虞，至於碳的來源，因爲水中有從空氣來的二氧化碳泡泡，藍綠藻叢便可吃個痛快。從二氧化碳中，它們取得烘製碳水化合物（食物）所需要的碳，將不需要的兩個氧（萬能的O_2）排出。不過空氣有一段很長的時間保持不變，因爲當時興盛的古菌農場所排放的氧廢氣，全都悄悄生鏽了。海洋中富含鐵元素，有的是溶解在水中，有些則是藏在海底的岩石裏，而鐵和氧具有密切的關係。在剛剛行光合作用的最初十幾億年中，海洋中的鐵巧妙地收伏氧，所以至今地球大部分製造出來的自由O_2，仍然保存在古老、紅色生鏽的岩石當中。

不過，生命的腳步加快，隨著這類菌叢擴散，約在二十億年前，海洋中與氧接觸的鐵已經氧化夠了，再也受不了O_2，於是多餘的氧開始滲入大氣裏。當氧累積越來越多時，有些偶然自己反應形成O_3，臭氧層又幫忙擋住太陽的紫外線，底下的生命更能穩定增長，包括數量、種類，並在不同環境發生。臭氧罩可讓生物在地面繁殖，而無須擔心被烤焦；而空氣中逐漸增加的氧原子二重唱，也發動了有氧革命。

藍綠藻至今仍在，約有七千五百個品種，而且大多數與先祖一樣厭氧，不需要氧氣來執行日常工作。的確，接觸氧氣將會殺死藍綠藻，這點和其它厭氧微生物一樣，包括住在人類腸道裏的某些共生細菌，以及會引起破傷風和波特淋菌中毒等較不好的細菌。厭氧式的新陳代謝有其作用：可讓微生物活在其它生物無法生存之處，或是當血液無法及時遞送氧氣時，可讓肌肉細胞有機會做爆發性的伸張活動。不過，氧氣是極佳的燃料，以氧氣當動力的細胞會跑得比厭氧類細胞更久遠與更有效率。好氧菌的分裂速度比厭氧菌快上三十到五十倍，若是單靠厭氧代謝的成果，可快跑一到二分鐘，但是若速度慢下來，讓循環系統有機會供應所需要的氧氣，那麼將可以跑上幾個小時，甚至是一整天，若正在爲奧運比賽做訓練，或是欠紐澤西一家地下錢莊很多錢的話。

大約在十五億到二十億年前，當大氣中的氧氣濃度爬升到百分之一時，第一個好氧性微生物出現了，這是第一個可以利用自由漂浮的氧，來當內部動力的單細胞生物。由於分裂速度加快，使得含氧微生物開始佔有優勢，會排擠厭氧性生物或是納入麾下，以便盡情享用這些藍綠色敵手產生的氧氣。好氧性生物死亡時，厭氧性生物會重生，然後氧含量再度升高。這種雙重生存計畫：當可行時燃燒氧氣，當有需求時則轉換成無氧的替代策略，一定曾經發生在這些遠祖的生命型態上，而且效果與感覺良好。第一批眞核細胞（第一批遺傳物質包在核心中、相對於細菌細胞有分隔組織的細胞），被認爲是遠古時兩個不同類的細胞合併之結果。這可能是意外，可能是有童話式結局的「大吃小」，我們不知道實際狀況，但是人類細胞以及所有眞核細胞的分子結構和代謝組織，都意味著以前有某類大型的厭氧細胞（不是會利用光合作用製造食物的藍綠藻，而是會吃掉其它細胞的厭氧性生物），被好氧細胞合併、吞噬或感染了。這些小細胞不是被消化掉，而是在大細胞的細胞質庇護下生存下來，成爲世界上最早的共生伙伴之一：大細胞保護小細胞，當氧氣稀少時可提供厭氧環境餵食小細胞；而當氧分子擴散進入微生物合體內部，並喚起好氧細胞注意時，小細胞則呼出氧氣成爲主顧的動力。這些早期能轉換的細胞有點笨拙，一定曾經在某些死巷中跌跌撞撞過，才能兼顧兩種細胞與繁殖複製的需求，努力做好細胞分裂。雖然它們比純粹的好氧性微生物需要更久時間才能完成分裂，但是新獲得的代謝可塑性和化學敏捷性，卻讓它們擁有充足的優勢繁衍興盛。

今天，在酵母細胞中可以見到這種古老同盟的極致表現；雖然酵母細胞被視爲最「原始」的眞核細胞，但不表示不値得舉杯致敬。它有淸楚的好氧與厭氧階段，第一階段開始讓啤酒冒泡泡，第二個階段則是進行發酵。不過所有眞核細胞對於古老同盟都是活生生的證明，用高倍數顯微鏡觀察自己身體的任何細胞，可以看到臘腸狀、橫紋的粒線體，氧氣在這裏燃燒，食物分子則被轉換成能束儲存備用。粒線體是從前能自由游動的細胞之後裔，雖然長久以來已經放棄靠自己生存的辦法，但是在小小的基因區中仍然藏有過去自由的片段。粒線體的DNA與細胞核中大多數基因組截然不同，其有限的基因編碼蛋白質主要運用在好氧事務與能量生產上。在我們又大又擁擠的細胞中，沒有其它成分享有這點卑微的基因體自治；粒線體的例外被寫入原始的眞核同盟中，經過十幾億年的演化未曾被打破。

還有其它細胞廣納專才的例子。今日的植物細胞被認爲是遠古時藍綠藻細胞與好氧性細胞相遇的結果，前者擁有會吃陽光、無價的化學組成，後者則會利用空氣中的氧氣財富。對應於古代這場媒合，現代的植物過著「雙面人」的生活，白天當太陽發動光合作用的機器時，植物會像藍綠藻一樣吸進二氧化碳，製造糖分並排出氧氣；但是在晚上，植物會取回少量氧氣，利用擴散作用再吸收氣體，用來幫助將自己生產的食物運送到全身。

在好氧與厭氧生命共騎協力車之下，大氣中的氧含量逐漸增高，直到約四億年前到達今日的濃度，共佔五分之一強，只是後來有上下振盪過。科學家指出，氧氣供應增加很可能刺激許多演化變動，其中之一是七億年前多細胞生命的來到，單獨的眞核細胞開始結合，成爲相互依賴的黨團並各司其職，例如：我負責當嘴巴，你專門當腸子。另外是五億三千萬年前的「寒武紀爆炸」，多細胞生命呈現大幅多樣化，演變成眞實的動物寓言集，這份「動物藍圖大全」涵蓋今日各類動物的祖先。有些研究人員也將石炭紀時期出現比例嚇人的節肢動物（如翅膀大如獵鷹的蜻蜓、身子大如臭鼬的蠍子），歸因是三億年前維管束植物呈倍數成長，造成氧氣濃度竄升所致。甚至到今天，氧氣濃度較高的地區常常是培育異常巨大無脊椎動物的家園，最大的水母和海蟲是發現在最寒冷、氧氣最豐富的海水中。不過，巨大和氧氣之間的關係不是絕對的，就我所知，都市的昆蟲雖然住在通風超差的櫥櫃和地下室裏，但是似乎僅靠人們的嫌惡唾棄，便能變身成爲大巨人葛利亞呢！

「生物」與「地質」之間不停的取捨，並不止於氧氣而已。碳在巨大、交會的循環中，經過水、空氣、泥土、生物，有時以二氧化碳飄流進大氣裏，有時沈澱成爲腐植質。鈣蜿蜒行經岩石、水、貝殼、人類細胞，鐵與其它微量金屬在個人生物化學的私領域，與大海地球化學的公領域上，都扮演關鍵性的角色，而且一方所佔的數量多寡，將會影響他方的節奏與機會。

我們中了太陽系的大樂透，活在像歌蒂拉克的世界裏。再過去一個行星是金星，平均溫度爲華氏九百度。向後跳一格是火星，平均溫度是華氏零下七十五度。地球對生命是恰到好處的地方，生命緊緊依附地球生存已經超過三十億年了，有時僅是僥倖存活，因爲曾經活過的物種有百分之九十九都滅絕了。在平日交手的過程中，或許有人定勝天的情況出現，但是地球比人類強大太多了，不管有沒有我們存在，地球最後都會繼續向前。或許我們需要換個新的體驗，來場脫軌的終極假期，飛到另一個天體去（平民化的太空年代應該降臨了，讓普通人家也能負擔得起太空飛行；這是自美國航太總署發明橘子汁粉後，大家就一直期待的夢想）。每個人都該有機會經歷外太空帶來的醍醐灌頂的震撼，如同太空人一再見證說，當第一次從外太空俯視地球這顆湛藍的寶石時，那種渾圓完整的感覺會讓人煥然一新。地球是我們唯一的家園，當太空人凝視地球時，地球也會靜靜對望，輕輕低語：「**我明白**」。

9 天文學
天堂的居民

許多人童年印象最深刻的圖書與童謠，全部與天文有關。我們學會向星光許願，從此老是迷糊搞不懂「我願我能」和「我願我會」之間的差異。大人問我們要不要做個乖小孩「在星星上盪鞦韆」，還是要繼續做個又髒又笨的野孩子？在穿著橫紋睡衣的兔寶寶陪伴下，我們對月亮道晚安，對跳月亮的母牛道晚安，還有對小熊兒、小椅兒、小星兒，還有溫柔說聲「乖」的老奶奶道晚安。咦，老奶奶您到底是誰啊，怎麼會跑進我綠綠的大房間呢？

在紐約布朗士區，天上閃爍的可能只是警用直升機。不過在那兒長大的我也有星空之夢，最喜歡的是五歲時的一場夢：我和家人到鄉下遊玩，夜裏有人叫我到外面看銀河，當我跑出去望向天空時，突然響起叮叮噹噹的音樂，天空灑下了牛奶雨。多麼簡單又快樂的夢啊！不過好險我不會尿床。

每個人從小就對星空充滿幻想，忘不了那無邊的天鵝絨夜空，現在我好想將它拉近，然後縮到那皎潔無瑕的大被子底下睡覺。小時候，大家很快就學會認幾個簡單的星座，如北斗七星或小北斗星、方形的獵戶星座，還有仙后座W形星。我們學會用閃爍與否來區別恆星和行星，因爲恆星距離較遠，看起來像小光點，發出來的光經過大氣層擾動很容易被扭曲而閃爍；行星距離較近、表面較大，反射的光經過大氣層時較不會折射，所以看起來不會閃爍。天氣好的時候，在自家後院用一架小望遠鏡便能讓太陽系的行星兄弟原形畢露，我們可以看見木星及表面的大紅斑（這個有地球三倍大的紅斑，其實是超過四百年之久的龐大氣體颶風）；也可以看見土星和土星環（這個呼拉圈是由冰、灰塵和岩石所組成的正字標記）；以及橘色的火星和皎潔的金星。但是即使是最大的望遠鏡，也不能看見太陽系以外最大恆星的表面，因爲所有的恆星都太遠了，只能以「光點」來形容。

我們注視著夜空，期待某事發生，讓人能了解這無言的靜默。不論是旁白也好，心電感應也好，期盼星空爲我們捎來隻字片語。聚精會神之際，突然間一道光芒劃過天際，就像貓兒將黑色布幔抓出一道刮痕，讓人全身戰慄興奮不已，急忙在心中許下傻傻的願望。你沒看見流星嗎？沒關係，下一次還有機會。不過，流星並不是星星，而是太空碎片，是太陽系行星間布滿的岩屑；雖然大部分只有彈珠大小，但當流星以拋物線軌跡高速進入地球的大氣層時，摩擦高熱產生的光亮足以向千哩之內的觀眾道晚安。

流星悲喜交集的一生在我們眼前上演，當然廣受現代人喜愛，並賦予人性。然而當地球以壓扁的圓圈環繞太陽朝聖時，恆星、行星也會遊走於夜空。而月亮繞著地球，使它產生盈缺，不過其週期一絲不苟，可不像一些減肥人士不規律地忽胖忽瘦。在人類歷史中，月亮自古至今從來沒有少了一次盈缺，古老的文明不忘記錄天上的明月。三萬五千年前，非洲南部萊邦博山的一位雕刻家兼觀天者，在狒狒骨頭上平均刻下二十九道凹痕，每個凹痕可能代表不同的月相。法國著名的拉斯科洞窟壁畫不遠處，也曾發現更新世的工匠在鷹骨上所留下的類似記號。古代中國學者在獸骨和龜殼上刻了天文學圖案，記錄恆星和行星的軌跡，並且認出數以百計的星座。人們認爲，靜默的巨石柱和馬雅的帕倫克在古代也曾作爲天文台之用，這些結構物的方向排列經特別設計，當神聖的夏至到來這一天，太陽光會在建築物上造成戲劇性的光影效果。每週七天的制度則源自於遠古的巴比倫人和希臘人，他們仔細地觀察太陽、月亮和五個詭譎的星球；這五個星球便是肉眼可見的五大行星，因爲距離較近的緣故，看起來在天上平順地移動，以恆星爲背景每夜變換位置。天上這七個特異星體皆以著名的神祇命名，由於每個天神一定要擁有屬於自己的日子，因此一星期七天也各自有了名字。羅馬帝國把希臘名字改了，不過並沒有更動這七天所代表的基本神祇；雖然盎格魯撒克遜人的英文翻譯使星期與天神的關係變得較爲難解，不過若對於衍生自拉丁文的語言（如西班牙語或者法語）稍有了解，便能解開這道天文學／語言學的謎題。星期日（Sunday）是太陽之日，星期一（Monday）是月亮之日，星期二的西班牙文是martes，因此是火星之日，星期三miércoles爲水星之日，星期四jueves源自Jove，是木星之日，星期五viernes則爲金星日。星期六（Saturday）是土星之日，也是我最喜愛的日子，這是可以狂歡暢飲（saturnalia）的日子，或是代表沈默悲觀者（saturnine）的拖延消沈。

自古至今，了解天空的人總被視爲祭司和智者，常被諮詢應於何時種植農作物、求愛、出航或開戰。星辰總是準確地橫跨天際，人們在天上看見代表天神旨意的符號，以及生活中不存在的結構與篤定。在天上，你總是知道明春處女座將會在東南方出現。在地球，誰能確切地說明天會有宴會，還是飢荒、瘟疫或蝗害？人類相信自己的命運由星象決定，這不但產生對占星術的迷信，也同時促成現代貿易。在北極星的穩定指引下，早期的商人可以橫渡永遠戴著一副撲克臉的汪洋大海，在黑暗中找到回家的道路。

今天的天文學家已經不再被視爲文化的聖者，而且他們偶爾會抱怨被誤解。「我不搞占星術，也不是失敗的太空人」，加州大學的天文學家菲利培可好氣又好笑地說道。不過一般來說，天文學家是大眾最敬愛的科學家，他們了解這一點，也喜歡此一殊榮。「我們享有大眾愛戴，並獲得媒體過多的青睞。」加州理工學院的天文學教授史泰德指出：「我去就診或看牙醫時，他們往往準備了一長串的問題，讓我感到驚喜。」

他補充說：「和高能物理學等學門相比，身爲天文學家眞是便宜了我們。」

天文學眞的是廣受喜愛，充滿著看似荒唐卻千眞萬確的事實：新星、超新星，以及高速旋轉又嗶嗶地發著訊號的脈衝星，它像原子核、像夸克一樣密實；而更密實、更黑暗的黑洞，則是恆星崩塌後的屍體，甚至連光都不能逃脫被它的重力吞噬；類星體是位於宇宙邊際的火爐，雖然只有恆星大小，所發出的光卻可與整個銀河的光相比；除了四度時空之外，還有其它維度存在，至於可彎曲時空或作爲時間機器的「蟲洞」捷徑，在理論上也並非全然不可能。天文學所關注的事件都在天上發生，這是最最神聖的疆域，也是埃及太陽神「拉」、毗濕奴、宙斯、歐丁神、泰茲卡特里波卡、雅赫維、耶和華等聖靈的「家」；這類宗教共鳴大幅擴展天文學的吸引力，讓它變得更親近卻又更深沈。天文學似乎比其它科學還神聖，它具有根本的純淨，沒有雜質、突變基、畸體、活體實驗等等。大眾往往不公允地將物理學與核彈和核子廢物連在一起，將化學和殺蟲劑連結，並將基因改造食物或超級嬰兒和生物學扯在一起。相較上，天文學家就像是自律的生態旅遊人士，只透過高品質光學裝置觀賞風景。他們只拍拍照，並以電腦加強影像以供大眾欣賞，什麼也不帶走。而且，在遙遠的火星土壤上除了探測車的軌跡之外，什麼也沒留下……好吧，我差點忘了他們把整台車也留在火星上了。天文學家總是純眞浪漫，他們研究夜空，思索我們在大學時代都想過的重大問題：「我們是誰？」「我們從哪裏來？」「期末考前一天晚上，我呆呆站在外面幹嘛？難道要像老爸一樣做一輩子的工？」天文學家不再爲期末考擔憂，不過卻必須想辦法讓研究提案通過，建造新望遠鏡，至少要保住現有望遠鏡的預算。無論如何，他們是專業的「天哲學」家，總是提出「我們來自哪裏」和「我們是誰」這類大哉問，令他們吃驚的是，這些問題的答案往往「從天而降」。過去半世紀左右，天文學最重大的發現當中最爲超凡者有二：大霹靂的發現與闡明，以及地球上生命起源與古老恆星之間的驚人連結。

大眾往往將天文學與夜晚和黑暗做聯想，不過這門學問其實幾乎完全依賴光線。「宇宙是天文學家的實驗室，要了解這實驗室中發生什麼現象，完全得仰賴分析光線而知。」約翰霍普金斯大學的天文學教授布萊爾（William Blair）指出：「除了小行星或隕石等極少數例外，天文學家無法親手接觸研究對象，不過可以藉由研究物體在整個電磁頻譜所發出不同類型的光波，而得到大量的訊息。我們所知關於宇宙的每件事，幾乎都是藉由研究光而來，很多人並不知道這一點。」要知道一般所稱的「光」，閃爍的星星所發出來的東西，只是佔電磁頻譜中極小部分的可見光。天文學家發展出一整套電眼，足以研究天上傳下來的所有各式各樣的光波，包括在短波長一端的紫外線、X光、高能伽馬線，以及長波段的紅外線、名字取得不大對的「微波」，和在極長波段的低能量無線電波。在一九九七年的電影《接觸未來》當中，茱蒂・佛斯特飾演一位尋找外星智慧生命的勇敢天文學家，她不但得在大海撈針，還必須與顢頇官僚搏鬥。如果你碰巧看過這部電影，就會瞥見蓋在波多黎各的山腹內著名的艾爾西波望遠鏡。這是一具極大的盤狀望遠鏡，直徑三百零五公尺，巨大的鏡面所收集的是波長極長的電波。

天文學家運用各式儀器，以所有可能波長的光線進行觀測，以便了解宇宙的周遭環境。紅外線望遠鏡能透視厚重的塵雲，看見銀河育兒所中的初生恆星。紫外線用來研究年輕炙熱的巨星、年老的矮星、活躍星系，和極度活躍的類星體。藉由X光和伽馬線，科學家可以探查黑洞、脈衝星，超新星和神祕的伽馬線爆發（可能是一種極度劇烈的超新星爆炸），電波則嘶嘶低語著大霹靂的奧祕。

光線訴說著光源的祕密，也帶著旅途的訊息。在誕生地和遇上天文望遠鏡之間，究竟是空無一物、灰塵密布、劇烈變動，還是平靜無波？光線所穿越的物質、所花費的時間以及光源的最終命運，都有蛛絲馬跡可循。天文學的另一項神奇之處，是看得越遠，所看見的便是越古老的光。光線移動迅速，是宇宙間最快的東西，不過卻不是無限快。因此，從甲地到乙地一定需要時間。再者，宇宙是如此遼闊，因此星光所帶來的消息都已是老掉牙的「星」聞了。即使是從最近的恆星太陽的表面所發出的光，也需要八分鐘的時間，才能越過整整九千三百萬哩的真空，照射到你那塗滿防曬油的皮膚。在自家後院望遠鏡中見到的木星影像，是它半個小時前的影像，而土星則是七十分鐘之前的影像。觀看太陽系以外的天體，更是等於瀏覽陳年歷史。例如，比其它恆星都明亮兩倍的大犬座天狼星，現在所見的燦爛光芒其實在九年以前就離開家門了。轉頭看看小北斗星柄端的北極星，當它發出現在我們看到的光線時，小莎士比亞還在穿開襠褲呢。

至行星或彗星的蹤跡。在星系當中，有著僅含十萬個星球的小不點，也有由三兆星組成的龐然大物。不論其形狀或人口，星系有個明顯的共同點：其組成物皆由自身重力吸引在一起成爲命運共同體。英文的星系（galaxy）與銀河同義，其中數以千億計的恆星中的每一成員都把它當作自己的家，就像我們稱自己的星系爲「銀河」一樣。至少，這星系「曾經」是所有恆星的家。要記得星系的距離越遠，影像就越過時。設備齊全的科學博物館或者天文館，都有哈伯太空望遠鏡所拍攝的華麗「超深星場」巡天影像，影像中散布著數以百計的極遠星系。影像中的星系中的恆星，現在絕大多數都已經死亡，崩塌成無聊的白矮星，或是成爲超新星炸個粉碎，將外層物質散入周遭環境。有些星系當中，新形成的炙熱星球已經發著光芒，代替在望遠鏡中留下影像的老恆星。而有些星系則在光傳遞的這段漫長時間中漸漸冷卻變得黯淡。天文學家認爲許多星系中心躲著個黑洞，本銀河系也不例外，就像有些哈伯星場的星系便是已被周圍星系或自身核心的大黑洞所吞噬。

觀察宇宙所帶來的驚悚，往往不下於怪力亂神的通靈會。舉例來說，天文學家時時刻刻都在監視天上超新星出現，蒐集它所帶來的大批資料。一般說來，在每個星系中，每世紀約有一次超新星爆發。爲了要發現如此罕見的事件，天文學家每週都要拍攝同樣八千個星系的照片。菲利培可指出：「我們會比較照片的不同處，最常見的情況是什麼也沒發生，不過，我們偶爾會發現剛爆炸的超新星。去年（二〇〇六年），我們發現了八十二個超新星。」上個星期，它還是個棒狀漩渦星系的老樣子；這個星期，炫目的超新星卻突然出現，比整個星系所發出的全部光線更亮。還有什麼比在你眼前突然發狂的巨大太陽，更能讓你覺得驚懼的呢？當然，時間得遵守光速法則，今天「突然」在天文學家的掃瞄上出現的劇變，在五億年前就發生了。現在，這個超新星早已散入眞空，誰知道它在死亡之際是否觸發了另一個太陽系的誕生，擁有土星、木星甚至孕育生命的蓋婭？至少在宇宙的尺度上，死亡總是帶來新希望。

我們居於其中，逃都逃不開的宇宙，誕生於一百四十億年前，更精確地說，誕生於一百三十七億年前。根據觀測資料，科學家對於這個數字可是十分有信心。宇宙以及其中的所有東西，包括所有已知和猜想的物質、能量、所有的空間和時間、所有破碎的夢、失去的愛、吹花的傘……，都在所謂「大霹靂」這一瞬間開始。如果覺得這個名字有點俗濫和幼稚，那就對了。偉大的霍伊爵士（Sir Fred Hoyle）在六十年前接受廣播訪問時，表示他發明這個名稱其實是輕蔑的意思。霍伊是赫赫有名的宇宙學家，也是堅定的無神論者。當時他很不喜歡逐漸流行的宇宙起源論，認爲這會和宗教搭上線；在他與同儕所提倡的「靜態宇宙」論中，宇宙一直都處在現在所見的狀態。不過，霍伊的中傷用語卻過於朗朗上口，不久之後，支持與反對雙方都將假設中的宇宙起源稱爲大霹靂。到現在，大霹靂已經從假想獲得越來越多證據支持，使它從假設變爲現代天文學的礎石，不過這個名稱仍然廣爲使用。當然，這個「霹靂」是聽不見的。音波需要空氣分子傳遞，而最初不僅沒有空氣，也沒有分子、原子，只有純粹的能量。

大霹靂的「大」，當然也大有問題。在宇宙誕生時，它是小得不能再小，現在的整個宇宙比原子核的億兆分之一還小。不過我們別再挑毛病吧，宇宙的出生當然是非常重「大」的事件，而且「霹靂」含有「爆炸」之意。在令人悚然的空無一物當中，突然間整個宇宙的物質、能量、甚至空間本身，都從一個無限小的「奇異點」中蹦出，然後以不可思議的力量與速度，像吹氣球一樣像四面八方擴張。如果這不是大霹靂，是什麼？我們實在應該感謝霍伊，用簡短的一個辭彙就將大霹靂的概念傳達得淋漓盡致。

科學家不知道爲什麼會發生大霹靂：在之前是什麼，是什麼觸發它？也不知道在關鍵的那一瞬間究竟發生什麼事情。麻省理工學院物理學家古斯說：「科學家用數學模型，可以追溯宇宙到離大霹靂只有10^{-35}秒。」但是要重建最初的那一丁點時間，么秒的千億分之一，卻極爲困難。要探討這問題，科學家必須面對棘手的難題，比如說，物理法則在大霹靂的奇異點是完全失效呢，還是仍然有效？若是仍然有效，則大霹靂是否即根據物理法則產生？不論原因爲何，大霹靂的明確結果便是宇宙由此誕生，此後便一直擴張與冷卻。關於宇宙的結構、形狀和組成的所有種種，如在大尺度的均勻，在小尺度上聚結形成恆星和星系等等，這一切都與最早的那個無限小的巨大事件有很大關係。物理學家兼科學作家賽門・辛（Simon Singh）稱大霹靂的發現爲「有史以來最重要的發現」，他可能是對的。但是，其它重要發現如切片吐司與鐵弗龍不沾鍋的重要性，至少有美味的法國煎蛋吐司作證，但是大霹靂呢？我們碰不到、吃不到、看不到，更不能塗上奶油。在爲大霹靂戴上科學最高桂冠之前，我們爲什麼應該相信大霹靂是千眞萬確的？

大霹靂模型的建立像是反向心理學練習。首先，天文學家發現宇宙朝四面八方擴張，像個膨脹的氣球、發酵的麵包，或在水中展開的日本紙花。然後，科學家朝反向推測。將上述這些日常現象錄影後倒帶，會看到什麼？鼓鼓的氣球漸漸漏氣，變回一坨喪氣的橡皮；或展開的水仙花被吸回一團怪異的小紙球。同樣地，宇宙影片的倒帶中，所有的星系成員會越來越接近，直到所有一切聚結爲一團極小的生麵糰。

一般將宇宙擴張的發現歸功於哈伯（Edwin P. Hubble），這位聰明又體面、抽著菸斗的傳奇天文學家出生於密蘇里。他的太太聲稱哈伯是「奧運級運動員，高大強壯又英俊，擁有赫米斯的肩膀」。哈伯也充分享受他的高知名度，和許多非天文學家名流如費爾班克（Douglas Fairbanks）、波特（Cole Porter）、史塔汶斯基（Igor Stravinsky）之輩交際應酬，同時並維持不墜的科學聲譽。在他死後五十年，哈伯的名聲依舊，因爲天文學家仍然應用「哈伯定律」、測量「哈伯常數」，而且美國太空總署決定將一具價值數百億美元的太空望遠鏡命名爲「哈伯」，使哈伯成爲家喻戶曉的名字。雖然，哈伯望遠鏡漸漸走向黃昏了。

哈伯是確切證明銀河系並不是整個宇宙的第一人，這也是他的成名之作。天文學家一向把照片上的眾多神祕霧狀斑點稱爲「星雲」，並認爲它們是銀河的一部分。哈伯證明這些星雲其實距離極爲遙遠，個個都像銀河系是獨立完整星系。在深入研究這些獨立自主的星系之後，哈伯發現它們不僅距離極遠，而且還越來越遠！不論朝哪個方向觀測，其它星系都對我們可憐的銀河系避之唯恐不及，好像它是痲瘋病人或是伸手討錢的乞丐，而且越遠的星系也逃得越快。哈伯知道這一點，因爲星系在逃離時會「臉泛紅光」，而且跑得越快，臉就越紅。

這種「紅移」現象，是天文學的最基本定則，爲大霹靂模型和宇宙演化提供極重要的證據。來自遠方星系的光波在向我們報到之前，會受到此紅移現象。如果將來自星系的光譜和地球上已知原子光譜進行身分比對，會發現兩者的明線和暗線樣式吻合，代表遠方光源是由已知的原子混合組成。不過，與地球的光譜相比，遠方星系的光譜整個擠向紅端、遠離藍端。這種紅移代表著什麼呢？它意指光波的振盪在橫越外星系和地球之間的鴻溝之際，被伸展、拉長，峰谷之間距離擴大，振幅變緩，不再那麼殺氣騰騰。

想要深入了解紅移，可以仔細聽聽火車經過的聲音。若聽過火車鳴笛聲，會注意到火車頭經過時聲音會改變：在接近時，汽笛的高音像短笛；當火車頭與你平行時，音調會降回傳統火車汽笛的嘟嘟聲；而當火車揚長而去時，汽笛聲會轉為低沈。

當你在車站聽習慣火車聲，對於進站離站的汽笛聲烙下印象之後，往往會忘記在火車上聽起來的汽笛聲一直維持同一音調。改變汽笛音調的都卜勒效應，是當音源與聽者有相對運動才會出現。此效應得名自十九世紀奧地利數學家兼物理學家都卜勒（C. Doppler），他發現移動中的物體所發出的波長，會根據運動相對觀察者的方向而改變。如果物體所發出的是音波，在接近時發出的聲音會被壓縮成較尖銳的音調，而遠離時會降低音高。如果物體是一片漂浮的葉子，在它漂向你時，在水上傳布的漣漪間距將會比漂離時縮小。遠方星系研究中所發現的紅移，僅僅是都卜勒效應的另一個例證。

重點在於，來自遠方星系的光總是朝紅方向位移。屬於本星系群的星系當中，由於距離近，有的紅移，有的藍移。舉例來說，仙女座星系的光譜呈現藍移，代表它正朝本銀河系移動。這是彼此重力吸引的結果，而兩個星系大約在六十億年後會合併為一。除了這些近鄰之外，其它星系皆一致呈現紅移，這代表它們統統正遠離我們而去。星系距離越遠，其紅移量就越大，而且兩者成正比。換句話說，如果星系甲的距離是星系乙的兩倍，星系甲的紅移量會是星系乙的兩倍；如果距離是三倍遠，紅移量則是三倍。要怎麼解釋星系距離和紅移的這種關係呢？根據都卜勒公式，製造波動的物體的速度，會影響它波長的增長與縮小量。和慢速火車比起來，快速火車通過時的汽笛聲，會在接近時變得更尖銳、遠離時變得更低沈。事實上，警察正是利用速度和都卜勒位移的相互關係，判斷車輛是否超速了。警察對著來車發射雷達信號，然後測量反彈的雷達波長受到車速改變的程度，依此定出車速；都卜勒效應越大，你就會收到越貴的罰單。同樣道理，越遠的星系，其遠離我們的速度也一定是越快。

其實，我們只是神經過敏，並不是宇宙中所有星系都討厭我們才逃開。不論我們是從仙女座星系、墨西哥帽星系或是M63星系觀測，宇宙的紅移分布都和本銀河系看到的一樣：其它的星系都迅速逃開，而速度與它們的距離成正比。爲什麼星系間彼此避之唯恐不及，好像是喪葬業者出現在結婚典禮上？從以下簡單的實驗便能了解這個現象：準備一顆氣球，一支奇異筆，和一名幫忙吹氣球的助手。首先，在未吹氣的氣球上盡量均勻畫滿點，然後要求助手慢慢爲剛長滿雀斑的氣球吹氣。現在，將手指放在任何一個點上，觀察附近的點，你會發現當氣球膨脹時，附近的點都會漸漸遠離手指，而且距離近者會比距離遠者以更慢的速度離去。原因是距離近的點和手指間的橡皮較少，也較少膨脹的表面積。現在，把你的手指放在另一個距離較遠的點，再一次審查它周圍的點，結果還是一樣。地皮的普遍通膨，使所有的點都互相遠離，而且越遠的點遠離得越快。如果你請阿嬤當助手，實驗進行到此即可，應該給她倒杯茶或汽水，甚至給她氧氣筒了。

宇宙的擴張和氣球的膨脹並沒有太大差異，不過，宇宙大得多、寒冷得多，也暗得多，而且不管你怎麼整它都不會爆掉。從氣球的比喻中我們可以了解，每個點不必眞的是宇宙的中心，看起來就會像是在宇宙中心，而且遠的物體看起來會以較快的速度離開，卻不必具有任何「眞正」或「絕對」的速度。遠方的星系並不是每個都是奧運賽跑選手，它們表現出來的速度只是相對我們而言，對它們的鄰居而言其速度並不怎麼快。愛因斯坦的相對論指出，物體的絕對速度是無意義的，你必須言明速度是相對什麼而定義。從我們的觀點來看，本銀河與鄰近星系大約以每秒五百九十公里的速度移動，這比凌晨兩點在蒙大拿高速公路上狂飆的卡車快不了多少。然而，最遠的星系卻以每秒數千或數萬公里的速度離我們而去，這已經直逼光速，即使在怎麼荒涼的高速公路上都已經超速。不過，對它們當地的交通警察來說，這些遙遠星系的速度卻沒有什麼大不了，大約也只有每秒五百九十公里而已。

擴張宇宙的另一項特質，也可藉由氣球的比喻而更爲清楚：氣球上的點，並非主動積極地互相遠離。它們只是用奇異筆畫在橡皮上，而不是會爬來爬去的螞蟻。進行擴張的，其實只是點與點之間的橡皮膜，點只是隨著橡皮膜運動。同樣地，宇宙的星系並不是眞的急忙地互相躲避。它們並沒有穿越空間，而是隨著空間運動。星系大致上都留在原地，然而星系之間的空間則持續擴張。這使大尺度的星系運動與其它的天體運動產生區隔。在重力的拉扯之下，地球和它的行星兄弟環繞太陽周圍的軌道運行。整個太陽系則緩緩地以銀河的密集處爲中心，每二億三千萬年環繞一周。不過，除了局部的例外（如重力的吸引使我們逐漸朝仙女座星系方向運動），宇宙中的星系分布大體上十分均勻，使它們所受的重力抵銷，位置維持不變。眾多星系既不會越來越遠，也不會越來越大，只有空間本身不斷地增胖。

宇宙的擴張、星系的遠離，並不像炸彈碎片向外飛散一樣具有實際的運動，擴張的是空間本身。我擔心，不管你那臉色鐵青的阿嬤幫你吹了幾百個氣球，這怪誕的觀念還是難以下嚥。空間怎麼會擴張？它不是就在那裏什麼也不幹麼？再者，空間擴張成什麼？更多的空間？如果如此，爲什麼一開始空間不會皺在一起？如果空間擴大爲空間，宇宙怎麼會越來越大？那不是和對著布滿洞的氣球吹氣一樣？差堪告慰的是，即便是天文學家也不能對此觀念有什麼直觀掌握。密西根大學天文學教授馬提歐（Mario Mateo）承認：「空間擴張這觀念，我可以用數學理解，但是我卻無法在個人的層面上直觀理解。」

的確，當約翰霍普金斯物理暨天文學教授桑德蘭（Raman Sundrum）向大眾解釋宇宙擴張與「星系要擴張到哪裏去」這個問題時，他讓聽眾做個簡單的數學練習。他要聽眾考慮簡單整數，一、二、三、四、五等等。然後他問聽眾這些數字互相距離多遠？聽眾回答「一」，數字間的距離顯然是一。然後桑德蘭問這些數字一共有多少個？聽眾回應，數列一直持續下去，所以一共有無限多個數字。「接下來，我要聽眾將每個數字加倍，所以一變成二，二變成四，三變成六等等」。原來的每一個數字，對應到一個新的數字，但是它們之間的距離已經變大了。現在，再一次將所有數字加倍，你會得到四、八、十二、十六、二十……再重複一次，則會得到八、十六、二十四、三十二等。每一次運算中，一個舊數字都變爲一個新數字，所以數字的總數維持不變，但是數字之間的距離卻越來越大。看起來數字們正快速地彼此遠離，和我們所見的星系類似。就我們所知，宇宙無窮延伸，就像整數一樣永無窮盡。宇宙擴張到哪裏去？「我會反問聽眾，這些數字又擴張到哪裏？我們所列的整數和宇宙中的星系之間的距離一樣持續增加，既不必擔心空間會用完，也不用擔心碰到邊際。」

和難懂的擴張空間相比，宇宙學家的另一個頭腦體操：將宇宙演化倒帶播放，便容易理解許多。當將散開的星系以距離成正比的反向速度重新集合，會看到一個個星系全部聚在一起：約一千億個星系，以及每個星系所擁有的幾千億顆星球，全部都擠在同一個地方。光、電漿、火球自然而然會在這種狀況下產生。

從星系紅移反演推論出最初轟轟烈烈聚集的那一刻，其實只不過是宇宙的生日罷了。了解這一點，科學家開始描繪宇宙的早期狀況。他們的計算不僅美妙，而且也有實質結果，產生了支持大霹靂的第二項重大證據，這我們待會兒再討論。宇宙這個「巨嬰」到底長得如何？首先，宇宙學家指出，宇宙並不是在空間中的一個特定的地點誕生，因爲物質以及空間本身都是同時誕生，從×××蹦出來。好吧，我們不知道×××是什麼。空虛？更大的宇宙湯中的另一個泡沫，宇宙裏面的宇宙？我們不知道，而且我們可能永遠不會知道，因爲我們宇宙內的任何望遠鏡、儀器永遠無法探測到宇宙範圍之外所發生的事。在沒有觀測證據支持下，我們所討論的便已經超越了天體物理學，而進入無謂的形而上學、半弔子哲學，和鬼扯淡的範疇。

無論如何，有確切的證據顯示，宇宙早期的確有光亮，而且是讓人受不了的光亮，我們從未見過或感覺過的光熱，甚至不會讓人產生任何視覺或感覺，古斯輕鬆地解釋：「因爲，眼睛裏的感光細胞會在一瞬間蒸發了。」太亮了！太亮了！從爆炸中誕生的嬰兒宇宙，是由純粹能量組成的光種子，比原子的質子還小而又無限密集，溫度達億兆兆度，一誕生便迅速向外暴脹。在擴張開始之後，能量幾乎立即凝聚爲物質，形成種種基本粒子：電子、夸克（質子和中子組成物），以及它們的異性電荷反物質：正電子和反夸克。

物質與能量持續擴張。兆分之一秒內，宇宙便從出生時的次原子尺度暴脹成哈密瓜大小；千分之一秒內，宇宙直徑就已經漲到三分之二哩。宇宙不停長大發光，它所發的光不僅炫目地亮，而且其純度與均勻度遠勝我們身邊的其它光源，如檯燈、太陽、炸彈等。但在幾乎純粹的太初光源中，存在著極小的漣波，這些不均勻的起伏最後將會拯救我們，不過此時這些起伏只有量子振幅，因此宇宙早期所發的光的確幾乎完全平順無瑕。

對於初生的粒子來說，早期宇宙環境實在惡劣。它們時而被撞擊粉碎爲輻射，時而又變回粒子。擴張會讓宇宙消消氣，充分的冷卻後，物質會凝聚而脫離最基本的型態。三個夸克會結合成一組，形成甚爲穩定的質子和中子，反夸克的三人組則形成反質子等，一起泡在電子和正電子穿梭的太初燉湯當中。物質的鍛造並非就此打住，因爲物質和反物質是無法和平共處的。質子和反質子被創生不久，就互相碰撞而湮滅，電子和正電子亦同。所幸，由於某種神祕的原因，早期宇宙的物質比反物質多出一丁點：太初燉湯中每十億個反質子和正電子，會對應到十億零一個質子和電子。結果呢？當物質與反物質捉對廝殺告一段落後，多餘的質子和電子正好足以建構今天宇宙間的所有東西：原子、星球、銀河、貓、帽子、鋼琴、鋼琴調音師、物理學者，和能夠重建早期宇宙情況的粒子對撞機等等。

即使反物質早就全數殲滅，宇宙還是要再等待五十萬年左右才能「見人」。在此之前，只是霧濛濛的一片。早期宇宙溫度密度都很高，物質只能以電漿的方式存在。帶電核子和自由電子將光線朝四面八方散射，如同雲霧中的水滴散射光線一般。「對電磁射線來說，電漿是非常不透明的媒介。」古斯解釋道：「在早期宇宙，光子一直與自由電子碰撞、朝不同的方向反彈，因此光線在這時期中哪裏也去不了。」我們無法直視積雲的中心，同樣地由於早期宇宙的電漿環境，天文學家也無法直視大霹靂的電磁信號。

在宇宙誕生三十萬年之後，濃霧終於散去。宇宙擴大到它現在大小的一千五百分之一，溫度也降低到僅僅三千度，足以讓電子和質子開始表達它們的先天包容性，捉對形成電中性的原子。這雖然是如氫與氦等最簡單的原子，然而卻也是徹徹底底的現代原子。不透明的電漿終於讓位給透明的氣體。最後，宇宙的輻射能終於不再受電漿的羈絆，得以順著直線前進。

宇宙大霹靂模型的支持者在一九四〇年代提出，不透明的早期宇宙和透明的現代宇宙之間存在一道邊界，而且，就像天邊的一朵雲一樣邊際分明，天文學家可能可以觀測到這道邊界。這邊界就是他們所稱的「最後散射面」或者「光牆」，這是宇宙的歷史中，帶電的物質最後一次試圖讓光影模糊。宇宙學家預測，這道光牆應該是在四面八方環繞著我們，因爲這是早期宇宙的餘燼，而宇宙本身已經擴張開來，因此這層煙霧看起來就像是朝我們向各方向散去。現在，我們處於透明的宇宙中，當我們朝遠處看去，仍然能看見一圈濛濛的早期餘暉。

大霹靂理論家說，當然啦，這圈餘暉一定還在。它一直是宇宙的一部分，還能跑到哪裏去？他們也計算出，從這三千度表面湧出的放射線，一開始會具有高能量與短波長。不過在接下來的數十億年中，冗長的旅行會使光線巨幅紅移，移到長波段的微波電磁光譜。這波段已經不是溫度爲三千度發光體的熱輻射了，而是三度的熱輻射。一九六〇年代中期，紐澤西州貝爾實驗室的兩位天文學家偵測到這種紅暈（即早期電漿宇宙的餘暉），正是三度發光體的輻射量，這項成就使他們獲得諾貝爾獎。這無所不在的輻射的正式名稱爲宇宙微波背景，在自己舒服的家中也可以偵測得到，尤其沒有有線電台的話。無線電視在台與台之間所收到的雜訊，就有一部分是來自宇宙微波背景，大霹靂後三十萬年殘留的冰冷餘光。它是最古老的化石、最早的快照，即便聽起來不太悅耳，它也是貨眞價實的「天籟」。宇宙背景輻射和遙遠星系的紅移，和諧而又堅定地唱出了一百四十億年的「霹靂」史。

宇宙微波背景無遠弗屆，而且極爲平均。在澳洲荒原或加拿大新斯科舍的哈利法克斯所看到的星空是由不同星座組成，但是兩地的宇宙微波背景卻在波長和強度上幾乎一模一樣。這代表在尺度較小而且密度較高的早期宇宙，溫度分布比現在的中年宇宙來得均勻。各個方向相同的微波信號，也可推論出宇宙的擴張是非常均勻的。電漿宇宙的迷霧是以極度對稱的方式散去，使四面八方看起來都是同樣的冷溫度。

其實，各個方向的微波輻射並非完完全全相同。天文學家用人造衛星和高空氣球所搭載的敏感儀器進行測量，發現微波背景中有微小的溫度以及波長的變動。宇宙學家指出，光牆上的這些冷、熱點，代表不透明的早期電漿宇宙並不是完全平滑無瑕地分布。他們推論，物質一旦生成，就因爲次原子粒子的量子起伏自然而然留下漣漪。量子物理的或然率本質，使物質分布一定得留下起伏。而在極度平整的背景上所見到的極小漣波，很可能正爲今天的宇宙帶來多樣化和各種機會。「這些漣漪最後形成星系、恆星，以及宇宙其它的結構。」古斯說：「沒有它，宇宙只會是團龐大的氫氣雲，一個非常單調的地方。」

宇宙當然不只是個無聊的氣團。從一開始，物質分布就存在著骨架般的結構，其對比隨著宇宙擴大而增強。幾億年下來，原子密度較大的區域開始凝聚形成第一代恆星和星系。雖然今天所有恆星從出生到死亡都「住」在星系當中，星系之間的荒野也不會出現孤單流浪的恆星，不過這不代表宇宙中是先有星系才有星球。畢竟，「居民」最知道如何建立溫暖的家、繁榮的社區，以及星光璀璨的社會。天文學家對宇宙結構的演化仍有許多不清楚的地方，不過他們現在認爲，最早從如蛛網般的結構中凝聚誕生的並不是星系，而是一個個的恆星。這些星球長得並不像我們所喜愛、珍惜的太陽，第一批星球很可能比太陽還巨大幾千倍。巨大的星球所具有的能力，是物理學家牛頓除了蘋果、重力之外所夢想的能力，即鍊金術。巨星能從最輕的簡單原子氫與氦出發，讓它轉化成整個週期表調色盤中的各種元素，變成像魯本斯畫一樣色彩豐富的核種，如鎳、銅、鋅、氪、銀、鉑、金、鎢、鉬，當然也包括鍊金師最愛的汞和鉛。星球和人類一樣都喜歡閃閃發亮的東西，不是嗎？重金屬有助於恆星與星系的形成，因此一旦氣體中開始出現微量重金屬，早期宇宙的氣體雲便會開始大批大批地凝聚成各種結構，在非常短的時間內，宇宙就已經布滿數以百億計的恆星與星系。

現在，我們就可以談到現代天文學中另一項最重大的發現：歌手喬妮·米契爾（Joni Mitchell）一點也沒錯，每個人都是不折不扣的星塵。生命仰賴天上這個還活著的太陽才能延續，不過在此之前，許多太陽必須死去，才能賦予我們生命。

可見的宇宙並不是一大團沒有形狀的氫氣雲，不過氫這種最輕的元素的確是最常見的。尋常物質中有四分之三是氫，氫原子是由一個質子和一個電子組成。門得列夫週期表上排名第二的氦，則含有兩個質子和兩個中子，約佔已知物質的百分之二十四。今天宇宙中所有的氫和氦，連同一點點的鋰、硼和鈹，都是大霹靂的直接產品，跟著全新的宇宙一起誕生。孩子們總是喜歡帶回那種會頑固飄浮多天、醜陋的塑膠氦氣球，下次當你要趁氣球主人不在把它毀屍滅跡之前，請先默思這些即將散逸空中的氦原子，已經以這種型態存在一百三十七億年之久了。想完之後，你應該在小孩回來之前趕快把那玩意處理掉。

雖然大霹靂驚心動魄，它創造元素的能力卻很有限，而且為時不久。不管物理法則是在大霹靂之前就存在，或是之後才誕生，電磁斥力總是會確保帶有同樣正電荷的氫核之間距離越遠越好，除非有外力擠壓它們，直到強作用力接管。強作用力是宇宙間最強的力，能夠強迫原本仇外的氫核融合成爲氦核。氦也可以進一步融合爲更大的核子共和國「鋰」。然而，原子核越大，便需要更高的熱和密度，以便讓強作用力作為斡旋籌碼，克服電磁的排擠而統一成新的核種。大霹靂最多只能驅使五個質子變成少許鈹原子，接下來溫度與壓力就隨著擴張而降得太低，結果在大霹靂之後，宇宙中大部分的物質還是以原來的氫原子形式各自爲政。

然而宇宙原子融合史並沒有就此結束。別忘了太初原子雲中的漣波、量子起伏，還有親切溫暖、無所不在的重力。重力是自然界四種力中最弱的一個，但是重力對於質量大的物質影響很大，而且都是吸引力而非斥力。大霹靂後一百萬年，在似乎永無止境地擴張後，重力終於開始發揮反制，讓物質較密集的區域不再擴張，而開始停滯、搖晃、旋繞。而且，一旦氫氣開始形成，重力更能發揮威力，將氣體吸聚成球體。隨著球體收縮，氣體溫度上升，原子振動加劇，電子再度和原子核拆夥，氣體回歸早期宇宙的電漿態。球體中心的高熱和高壓，不但讓全部的原子游離，更讓氫原子的質子緊密聚集，最後電磁斥力終於被克服，核融合的戲碼再度上演，而且這次比大霹靂核融合的規模還盛大。

多年來能源業者一再向大眾宣傳核融合有多棒。在星球中，核融合不只把簡單的輕原子轉變成重原子，而且融合過程會以電磁輻射的方式釋放大量能量。人類已經成功融合氫原子，並以爆炸方式釋出能量：這便是氫彈啓示錄般威力的來源。要如何在控制的條件下有秩序地融合原子核，而且在符合成本效益下製造能源，則比製造氫彈困難許多。這是極爲艱巨的任務，不過對太陽和宇宙中的其它億兆個恆星來說卻是家常便飯。恆星的能量來源、它的光與熱，便是高熱核融合反應。核融合的能力也用來定義恆星，重量與密度都必須達到一定程度才會點燃核融合。木星是個很大的氣體星球，但是還是不足以成爲恆星，核心原子所受的壓力不足以改變元素成分。比木星大八十倍的氣體球心才足以引發核反應，讓不情願的原子核湊在一起。

太初星雲中凝聚出第一代星球，很可能比木星大八十倍以上，甚至比太陽大八百倍，這是因爲它們不含任何重金屬。體型巨大是要付出代價的：巨星死得年輕，而且死狀慘烈。其生命固然短暫，所留下來的藝術品卻影響長久，我們現在可以來看看它們到底留下了什麼傑作。

爲簡化問題起見，假設第一代星球完全由氫組成，其組成物來自大霹靂，尚未受污染。巨大的氫氣團比太陽還大幾百倍，在高溫高壓下所有電子都被扯離原子核，變成游離的電漿湯。重力將所有物質往中心拉，越向中心，氫原子密度越高。在極高溫高壓的核心，氫原子核持續被緊壓，直到戰勝斥力的門檻，開始將一個個氫原子核融合成氦。核融合反應所釋放的能量從中心向外放射，向外湧現的光與熱則抵消向內擠的重力。事實上，就是因爲核融合所發出的射線，才讓恆星撐住保持形狀，使內層不被超重的上層壓垮，不過這項過程激烈且殘酷。

牛津大學化學家亞特金斯曾寫道，恆星對於氫的食慾有如無底洞。舉例來說，太陽每秒把七億噸的氫融合成氦，因此每天都把本身一部分輻射掉，溫暖整個太陽系，九（或八）大行星、衛星、小行星帶，以及哈爾波普和克荷德彗星。即使太陽已經燃燒五十億年，日漸憔悴，也還有足夠的氫，足夠再發亮五十億年。

太陽的祖先是貪吃的第一代星球，就沒有這麼長壽了。其龐大的重量使中心的溫度與壓力陡升，劇烈的核融合很快地在短短幾百萬年內耗盡恆星的氫存量。當氫燃料用盡時，原本用來對抗重力的融合能量驟然停止，恆星就受重力吸引而收縮。縮小的結果是，星球中心的溫度和密度再度上升，直到跨越下個核反應的門檻。這次換先前融合產物氦原子核開始融合，變爲碳原子核，再一次釋放得以抵抗重力的能量。等到氦也消耗殆盡，另一回合的收縮會點燃下一階段更重的原子的融合。恆星在這個推遲崩潰的過程中，持續用越來越重的元素作爲燃料，融合成氮、氧、鈉、磷、鉀、鈣、矽，囊括所有營養標籤上的熟悉元素或海灘上的沙子中的成分，最後一路融合到鐵和鎳這兩種具最穩定核子結構的元素。鐵與鎳只在週期表中四分之一的位置，接下來還有許多更重的元素等著被合成。穩定的鐵和鎳代表核融合已經無法再輸出能量。將鐵核與另一原子核融合在一起，將不會放出任何能量。相反的，這個結盟過程需要能量輸入才能進行。由於能量釋出是維持恆星不塌縮的條件，最後的再見已經不遠。

走到這階段，恆星就像是一個巨大的球狀千層糕。鐵鎳的核心外被較輕的元素所包圍，這些元素是長久以來核融合產物尚未被消耗的部分。核心無法再產生對抗重力的輻射能，核心再度收縮使溫度竄升到八十億度，足以融合比鐵鎳更重的元素，然而，這卻沒有辦法維持結構的穩定：融合不再能夠抵擋重力壓縮。核心開始崩潰，上層垮倒下層，高能光子朝四面八方發射，把擋路的重核子扯散。恆星的內部像是自由落體，電漿往核心中央奔去。在一秒之內，原本直徑爲太陽許多倍的星球核心，便收縮到只有北美洲的大小。災難式的收縮所造成的震波讓整個天體爆炸，亞特金斯說「就像個球狀海嘯」。恆星爆炸成爲超新星，而且在這轟轟烈烈的結局，週期表上的重量級元素紛紛誕生，如鉑、鉈、鉍、鉛、鎢，以及黃金等，新生的原子連同其它物質被散布在太空中。

我們應該感謝恆星賜給我們這些炸彈碎片。超新星在年輕的宇宙中撒下些微重元素，觸動了下一波恆星的形成。史泰德解釋，由於原來的背景氣體雲很熱，而過熱的氣體很難吸聚形成星球。祖先恆星遺贈的金屬原子爲星雲帶來冷卻效應，讓星雲吸聚形成恆星群。「天文學家認爲宇宙在十億年以內，很快地從重星演化爲小型星系」，史泰德說。然後較大的星系以合併和獲得方式形成。藉著在星系之間的碰撞組合，或較密較重的星系將較小星系的物質吸收，形成更大的星系。在大霹靂後十七億年，也就是一百二十億年前，宇宙中的多數星系已經形成，包括我們的銀河系。它們在無垠的空間飄蕩，隨著宇宙擴張彼此遠離；每個星系持續演化，已吸聚的物質繞著質量中點轉動，其恆星居民根據自身質量以及環境來決定壽命長短與溫度高低。在許多星系中，尤其是漩渦狀星系，蘊藏許多恆星的孕育場所，新生星球持續從氣體和灰塵中誕生，而這些恆星生成常常是由附近的超新星爆炸所觸發。

我們的太陽系可能也是這麼來的。五十億年前，一顆超新星爆發，將重金屬扔入星際空間並且產生震波，觸發了銀河旋臂上的一團氣體塵埃開始收縮。它一面收縮一面旋轉（就像花式溜冰選手將手臂收回時，身體會加速旋轉一樣），物質吸聚環繞成一個平盤（好險花式溜冰選手不會變成這樣）。如此環繞了數百萬年之後，大部分的質量會因爲重力而吸聚到平盤的中心，使它漲大隆起，密度和溫度持續上升，最後在中心點燃核反應而發光發熱。不過，仍有少許盤上物質環繞於新生太陽的周圍：一點氣體、一點灰塵，和百來種門得列夫的元素。這些物質形成一個個團塊：

原始行星和它們的原始衛星。在中心恆星的附近，只有岩石和金屬的組合物可以抵抗熱，因此四個內行星水星、金星、地球和火星，是岩石和金屬等固體組成，稱爲類地行星。盤面較遠處的低溫會讓水凍結，而且一旦冰粒子形成，它們會互相碰撞，與塵埃氣體結合，像雪球般越滾越大，生成四個外行星，即所謂的氣體巨星：木星、土星、天王星和海王星。至於冥王星和賽德娜（Sedna）等較小星體，不管稱作行星、矮行星、微行星、半吊子行星都無妨，總之它們於古柏帶（Kuiper Belt）生成，這是太陽系中極寒冷的地帶，太陽系盤面最稀薄最零散的區域。冥王星和賽德娜在古柏帶的岩石、冰屑中可以算是龐然大物了，不過冥王星的體積還是只有小不點水星的十分之一，更只有地球的一百五十分之一。

太陽目前屬於生龍活虎的階段，生命只過了一半而已。但是當氫儲量拉起警報後，太陽將只剩幾個招數讓電漿繼續燃燒。過了五十億年，當太陽核心的氫已經耗盡後，會開始燃燒較薄外層的氫，並且是現今的三十倍大。那時候的太陽比較冷但會變得更紅，倖存的地球人將目睹它紅通通的大臉逼近，只是立足之地可能在紅巨星擴張勢力之際先被活活蒸發了。所以，人類後裔應該及早放棄地球，搬到木星或土星較大的衛星上。隨著太陽擴大，木衛三與土衛泰坦星都會比今天變得更適合人居，天空會變亮，冰封會融成大海河流；泰坦星甚至具有大氣圈，雖然今日無法呼吸，但理論上可以重新調配適合人類呼吸，況且還擁有漂亮的土星環當景觀呢！只要太空中有光芒閃耀，大家都可以踢掉鞋子，愜意地躺坐懶人椅上，太陽將以紅巨星之姿，再放送二十億年的光芒。

再來呢？該是收拾營地，搬到另一個全新太陽系的時候了。由於太陽缺乏足夠的質量發生爆炸，所以只能漸漸黯淡。當太陽外殼的氫也燒光後，核心將劇烈收縮，外層則會散落到太空裏。最後，只剩下緻密、冒煙的碳氧灰燼，比地球稍大而已。曾經是權傾一時、無所不能的紅巨星，將會退化成一個白矮星，再也不會產生核融合，只是餘熱仍會發光，如此度過殘生。

太陽等中等恆星能夠產生我們樂高生物所需要的一些元素，特別是碳、氧和氮。許多恆星調製氧元素，因此氧是宇宙第三常見的元素，僅僅排在氫和氦之後；而氫和氧的普遍也解釋爲何到處都有水，雖然只有地球有豐富的降雨足夠飲用。但是恆星有限度的手段與特質僅能自給自足，只能提供微量的後氦成分給宇宙，而這些重元素正是創造生命體的原料。肉體絕大多數的成分，包括細胞中的碳、骨頭中的鈣、血液中的鐵、促成心臟跳動的鈉鉀電解質等等，都是來自更大恆星燃燒的火爐裏，當恆星爆炸時才飛散到宇宙間。「我們是星塵，是宇宙的一部分。」菲利培可表示：「我這不是在故弄玄虛或打比方而已，你、我、你的貓咪、我的兒子，我們身體裏面每個細胞都是在巨大的恆星裏調製而成。我認爲這是科學史中最令人驚異的結論之一，我希望每個人都知道這一點。」

過去一百億年來，這附近曾發生多次豪華的超新星大爆炸，讓原本的氣體星雲能夠增添星塵物質，日後形成我們的太陽系。每次當星雲加入新血後，便更可望最後能夠冷卻、旋轉、濃縮成有跟班的恆星，而跟班又有足夠重量，可以產生生命的岩石行星。

我們知道地球上有生命存在，而且在包羅萬象的物種中，至少有一種肯定十分聰明（雖然不一定很感性或可靠），擅長發明五花八門的工具，尤其是可以讓大家一邊進行生動、無障礙溝通的工具，又可以一邊開車、闖越馬路或是參加女兒的鋼琴演奏會。我們對電信通訊樂此不疲，全世界六十五億名使用者老是感覺講得不夠多，很好奇還可以打電話給誰呢？有其它生物或世界存在，可以讓我們彼此聯絡嗎？人類是孤獨的，或只是宇宙間數百萬個星系、數十億個有生物的行星之一呢？何時才能不再覺得一再探尋是如此困難又空虛？到底有沒有證據證明外星生物存在或不存在？天文學家的腦袋瓜在想什麼，思考這個「宇宙大哉問」的時間，有比一個五歲孩子的銀河鈴鐺夢更久嗎？

這些問題的答案包含壞消息、好消息和沒消息。壞消息是我們至今尚未能聯絡到任何外星生物，即使是地球上已經能打一些神奇的長途電話，像是總統打電話給太空人問說太空食物好不好吃，或是登山客因暴風雪而困在聖母峰頂上時，打電話給心愛的家人討論回家吃晚餐的機會有多渺茫。如果我們眞的可能與外星人搭上線，你不覺得他們早已混入人群中，用可疑的菜市場名（如漢克或雪莉）做起客服代表嗎？

唉！目前來自外星人太空陣線的消息大抵上是毫無消息（或是說「我們不知道」的消息），完全沒有其它世界到底有沒有生命存在的證據，就是簡單四個字「音訊全無」。一九九〇年代曾偵測到火星上可能曾經有或現在有微生物的徵象，這引來大家一陣緊張興奮，結果證明是空歡喜一場。現在也沒有可信的證據證明外星人曾經造訪地球，或者爲了邪惡、不明的理由綁架地球人，進行徹底的搜身研究。一九七七年我們發射兩艘「航海家」太空船，裏面錄有五十五種語言的殷切問候，包括巴哈、貝多芬、阿姆斯壯、祕魯吹笛者、亞塞拜然運動員等人的音樂或招呼，以及鯨唱歌、黑猩猩咕噥、火車鳴笛（展現完美的都卜勒效應）等等，但是外星人至今尚未有回應。其它行星上有生命嗎？我們不知道有或沒有，兩方面都沒有證明，那麼科學家還能有什麼高見？

科學家還是發表了高見。好消息是（但我得警告說不太多）我所訪問的絕大多數天文學家都相信，其它行星上有生命，有些認爲生命很常見，宇宙間充滿著有生命的星球，這些生物具有細胞狀的基礎結構並能自我複製；有些則認爲生命可能很稀罕，但可能不僅限於地球而已。他們的信念回歸至純統計與大數法則，普林斯頓大學的妮塔·巴寇（Neta Bahcall）反問道：「我們很孤獨嗎？」她表示：「我覺得答案簡單又明顯，太陽是這個星系中數千億恆星中的一個，而銀河系又是百億個星系中的一個，所以我們不可能是宇宙間唯一的生命。」

「我認爲生命在宇宙間非常普遍。」加州理工學院的史帝文森說：「當然，最後我可能是錯的，但是目前我相信這個假設。」

在死前不久接受訪談時，普林斯頓的約翰·巴寇說：「我確信外面有更多生命存在，這是極少數我沒有任何證據但願意下很大賭注的事情，而且我的贏面極大。」

天文學家說，不只有數十億恆星、數十億太陽烤爐，正在烘烤光子食物請大家享用，更可能有數十億行星、數十億個餐桌圍繞這些恆星，我們可能會發現有生物會吃喝拉撒睡、會生兒育女，甚至眞的拿婚禮得到的巧克力噴泉禮組來用呢！行星生成似乎是星系凝縮常見的副產品，行星盤的形成是因爲恆星崩塌旋轉的角動量所造成的結果，百分之十到百分之五十的恆星都可能有行星系統。許多天文學家在尋找外太陽系行星的徵象時，會研究恆星運動時有否出現擺動，因爲這是恆星擁有重力同伴的訊號；或者觀察恆星的光線是否斷續變暗，這表示有顆圍繞的行星正通過該顆恆星與我們之間。雖然有一陣子，天文學家唯一找到的外太陽系行星只有巨大氣體、無法居住的那類，不過最近已經偵測到訊號，指出有更小、可能更像地球的世界存在，其繞行軌道相距於母星屬於溫和適宜之處。

天文學家也對於生命在地殼冷卻後相當快速出現，並已站穩腳步一事，感到相當安慰。從奈米技術領域（超小尺度之材料化學）最新的研究結果來看，他們發現碳分子會自然形成環狀、管狀和球狀，而這類架構正是生命的原型。科學家指出，碳是超新星爆炸碎片常見的成分，而碳又很容易自發組成生化分子的先驅，那麼若碳能在特定環境中自發組合（如在有液態水的行星上），生命的崛起幾乎難以避免。同樣的，這並不是太過分的要求，水像碳一樣很常見，雖然水在宇宙中大部分是以氣態或固態的形式存在，但是外太空具有廣大的樣本空間，肯定可以發現其它水綠洲的。「在地球上任何有液態水的地方，都會發現生命。」加州理工學院的安格梭表示：「生命驚人的強韌，能適應極冷、極熱或極酸的水。因爲微生物的生命是如此強韌，所以很難想像有液態水的地方，生命會找不到方法加以利用。」

對於外星生物可能有多複雜，以及是否有科技先進的文明，讓我們理論上可以溝通等問題，天文學家則變得較保留。加州理工學院的史帝文森指出：「當你開始問說，一旦生命發展出來後，需要多久時間才會演化出充分的智慧，會嘗試溝通和旅行？嗯，我不認爲我們能夠得到一個有效的估計。」

然而，幾個叛逆的靈魂還是勇敢地進行估計。其中最出名的當推德雷克（Frank Drake），他曾是康乃爾大學的天文學家，在一九六〇年代創辦「尋找外星智慧生物會」（SETI），用自己發明的德雷克公式，計算在銀河系裏有多少「可溝通的社會」存在。德雷克總共考慮七項變數，包括相對上較直接簡單的因素，如新恆星形成速度與可能擁有行星的恆星數目，再進展到較軟性與更主觀的領域，包括：孕育生命的特定地點衍生出智慧生物的機率；該智慧生物會製造工具的機率；最後，是該科技成熟的文明能夠將傳呼送過來，並存在夠久能夠聽到我們回呼的機率。

史帝文森觀察指出，德雷克公式中最不確定又最可能漏氣的參數是最後一則條件。「如果先進文明的壽命只有短短幾千年，那麼有另一個智慧文明與我們並存的可能性將會很低。」史帝文森表示：「或許有其它文明在我們之前來來去去，而新文明可能正在形成當中，但是等他們成功時，我們也毀滅自己了。不管是哪種情形，我們可能是目前整個星系中唯一的文明。」

但是記住，我們夜晚抬頭看見的視野大都僅限於銀河系，然而我們的樣本空間卻不只如此。縱使每個星系中只有一個可溝通的社會，那麼在希望名單上，我們仍然擁有數十億個可能性。我們必須承認，星系之間存在可怕的距離，大大排除科幻小說之外任何的溝通，但是想到時空中可能存在星光閃爍的伙伴，總是令人感到安慰。而且誰知道呢？他們可能比我們優秀，甚至已經發現完美的星際蟲洞，正朝向我們而來。拜託拜託，請順道來訪，任何星際日期都歡迎。雖然不能保證，但是我們一定會努力嘗試，全心全意用全身的血紅素、九十兆個體細胞和細菌共生體一起撐住，努力避開自相殘殺的流彈，守著地球、守著您的到來。

致謝

我承認，自己不是唯一等書寫到一半時，會花盡數天時間尋找完美的藉口來放棄的人。這個藉口要有說服力，又不會讓人羞於啓齒，讓我可以退還前金，將筆記本拿去資源回收，將硬碟全部格式化，更不用拋家棄子躲到密西根州的奈爾斯。

隨著半途而廢的恐慌過去，我依然沒有找到優雅的退路。我無法忍受讓女兒失望，也無法忍受浪費受訪者那麼多時間；他們一再慷慨分享，讓我點滴難忘。

首先，我要由衷感謝共同促成本書誕生的科學家們。謝謝他們用博大精深的知識，深入淺出地介紹令人畏懼的科學觀念；他們的思緒流暢又不失小心謹慎，譬喻生動鮮活，俏皮話令人會心一笑。即使是受訪過但最後未能具名引用的科學家們，也可在字裏行間看見他們動人的故事。若是沒有這批科學軍團做後盾，任我探詢詰問，本書也不會問世，對他們的感激難以言盡。

我特別感謝在出版之前評閱部分手稿的科學家們，包括芭頓、葛林、古斯、韓德斯曼（Jo Handelsman）、霍奇斯、柯勒、羅賓森、沙杜威、尤瑞與威克。當我在事實、邏輯、概念或美學上迷失時，他們會送我返回正途；他們指出必要關鍵的增修之處，讓我避免太多錯誤，免得造成出版後無限的悔恨。

除了這些專家的幫忙外，這本書也逐行逐字檢查過了。不過錯誤駑鈍在所難免，這點我應獨自受責。

我也必須感謝拜訪大學裏許多認眞工作的新聞室人員。他們幫忙安排訪問，又一再幫忙重新調動時間，也得在我訪談過久而錯過下一個訪問時，幫忙安撫教授的情緒。甚至有一次，他們匆忙之間幫忙安排讓女兒參加當地一個活動，讓我可以安心工作不受打擾。

另外也感謝編輯阿曼達（Amanda）和杰妮（Jayne）、經紀人安妮（Anne），他們幫忙打造本書問世，而且很有耐心，對我的笑話捧場，讓我比較不會覺得孤單迷失。不過寫作需要安靜獨處的空間，這點多謝馬汀（Bruce Martin）以及國會圖書館借給我一間辦公室，讓我得以專心且從容地工作。

再來感謝丹尼斯（Dennis）的無所不能，以及不曾問我「書寫得如何?」的南茜（Nancy）。

最後是瑞克（Rick）。我的感激有如希歐洛特的子民，在貝武夫幫忙除掉格蘭德爾後，在此謹獻上星巴克的禮卡致謝。瑞克也是熱愛科學的同行，他參與本書每個階段，功不可沒。他訪問科學家、幫忙組織結構與規劃章節，他收集了本書的經緯脈絡，犧牲了夜晚、週末和假期，但是不曾失去嚴謹的判斷與睿智。他一再幫我擊退格蘭德爾與妖魔，幸好我在家能煮壺好咖啡回報。

國家圖書館出版品預行編目資料

科學的9堂入門課／娜妲莉・昂吉兒（Natalie Angier）著；
郭兆林, 周念縈譯. -- 初版. --
臺北市：大塊文化，2009.05
面；　公分.--（from ；59）
譯自：THE CANON: a Whirligig Tour of the
Beautiful Basics of Science
ISBN 978-986-213-118-3（平裝）

1. 科學　2. 通俗作品

307.9　　98006333

LOCUS

LOCUS

LOCUS